U0789988

乡村聚落空间重构
——动态模拟与智能优化

孔雪松　著

科学出版社
北　京

内 容 简 介

本书基于乡村转型的背景分析，提出乡村聚落空间重构的概念模型与内在逻辑，在阐述乡村聚落空间重构的数量约束和适宜性评价的基础上，深入分析乡村聚落城镇化时空交互过程与乡村聚落社区化的目标协同机制，并引入元胞自动机、多智能体系统和粒子群优化算法，实现乡村聚落城镇化的动态模拟和社区化智能优化布局。同时，基于乡村聚落的地缘、血缘和业缘关系，将村镇社会联系网络引入乡村空间重构的多目标约束体系中，提升乡村聚落规划布局的合理性与人居满意度。此外，本书还基于政策制度和规划实践层面，深入探讨乡村聚落空间重构的路径依赖及模式创新。

本书可供高等院校从事人文地理学、土地管理学、城乡规划学和相关交叉学科的研究者、相关部门的管理者及相关行业从业者参考。

图书在版编目（CIP）数据

乡村聚落空间重构：动态模拟与智能优化 / 孔雪松著. —北京：科学出版社，2022.6

ISBN 978-7-03-071304-9

Ⅰ. ①乡…　Ⅱ. ①孔…　Ⅲ. ①乡村地理-聚落地理-研究-中国　Ⅳ. ①K92

中国版本图书馆 CIP 数据核字（2022）第 006574 号

责任编辑：石　珺　李嘉佳 / 责任校对：胡小洁
责任印制：吴兆东 / 封面设计：蓝正设计

科学出版社 出版
北京东黄城根北街 16 号
邮政编码：100717
http://www.sciencep.com

北京捷迅佳彩印刷有限公司 印刷

科学出版社发行　各地新华书店经销

*

2022 年 6 月第　一　版　开本：720×1000　B5
2022 年 6 月第一次印刷　印张：13 1/4
字数：260 000

定价：148.00 元

（如有印装质量问题，我社负责调换）

前　言

2008年，在硕士毕业三年之后，我又怀着憧憬回到武汉，开启我的博士求学之旅；和大多数读博的同学一样，刚开始最大的焦虑和困惑便是未来研究方向的选择。人一旦迷茫就会不自觉地想念家乡，我从小在农村长大，在儿时记忆中，那是一片炊烟袅袅、鸡犬相闻的热闹景象。然而，长大后每次回家，我都发现村庄变得越来越安静，平时只有年迈的老人，很难找到年轻人的身影；村庄周围时不时冒出一些新建筑，而我曾就读的小学也已变成一个厂房；村中的农房新旧混杂，传递着乡村剧变的时代信息，曾经熟悉的村落似乎渐行渐远。那时，全国各地正处于以土地扩张为主导的城镇化建设热潮中，乡村土地、人口和资本源源不断地向城镇集中，宅基地闲置、耕地撂荒和乡村社会活力退化等问题日益凸显。城乡发展的鲜明对比和家乡变化带来的切身感受，让我坚定了以农村土地利用和乡村聚落优化为主的研究。

转眼十余年过去了，其间我实地调研了湖北、江苏和山东等地上百个村庄，对农村土地利用，尤其是乡村聚落优化问题有了更加深入的认识和理解。乡村发展，规划先行。尽管世界各国的城乡发展进程不一，但都通过制定并实施一系列乡村规划实现城乡融合发展，如英国的中心村建设、德国的村庄更新、日本的造村运动和韩国的新村运动等。中国同样在乡村发展方面开展了积极的实践和探索，从2005年提出社会主义新农村建设至今，中国乡村规划经历了从美丽乡村到全面实施乡村振兴战略的更新升级。城乡社会经济转型和国家战略支撑为乡村发展提供了巨大机遇，各地也在倾力打造新时代的样板村和示范村。

乡村聚落是农村人地关系互动的核心和农村社会的基本单元，是农村城镇化和社区化的重要载体，其空间布局决定了城乡土地利用系统的功能结构与综合效益。当前，中国乡村聚落在结构、形态与功能上正发生剧烈变化，聚落空心化、低效利用和无序建设等问题日益突出，乡村聚落面临着分化重组的新格局，合理引导乡村聚落空间有序重构是村庄规划的重中之重。然而，乡村聚落空间重构不是简单的用地增减和空间置换过程，它涉及政府、企业和农户等多个决策主体，以及城乡二元空间之间的土地动态交互作用和多目标优化关系。随着选址空间及乡村聚落数量规模的增加，空间信息量急剧上升，不同主体、发展方向及优化目标之间的用地冲突愈发明显，急需科学有效的协同优化决策方法。此外，随着国土空间规划体系的重塑，为保障区域粮食安全和生态安全，耕地和永久基本农田保护区以及生态保护红线的空间约束越来越强，乡村聚落规划面临着拆迁难、选址难和落地难的现实困境。然而，当前村庄规划仍主要依赖于地方政府的主观判断和规划者的经验，缺乏技术层面的规划决策支持。

合理的空间布局是实现乡村聚落功能效益最大化的前提，城乡社会经济转型发展对乡村聚落宏观布局和微观选址提出了更高的要求。乡村聚落空间重构需要综合多重影响因素的动态过程和多目标之间的优化关系，以寻求最佳的布局方案。基于复杂系统理论和群智能优化算法的动态空间模型，为解决乡村聚落空间重构过程中的技术问题提供了新思路。本书在乡村聚落空间重构逻辑体系梳理的基础上，面向乡村聚落重构的过程动态性、空间交互性和社会联系性，基于元胞自动机（celluar automata，CA）、多智能体系统（multi-agent system，MAS）和粒子群优化算法（particle swarm optimization，PSO），构建乡村聚落空间重构的城镇化模拟模型和社区化布局优化模型，实现乡村聚落空间重构的动态模拟与智能优化，为村庄规划用地布局和聚落选址提供辅助决策。

本书共分 8 章，第 1、2 章以乡村社会转型的背景分析为切入点，阐述乡村聚落空间重构中定量模型构建的现实需求和理论基础；第 3、4 章分别论述乡村聚落空间重构的基础性分析内容：潜力测算和适宜性评价；第 5 章探讨乡村聚落城镇化的时空关联与动态模拟模型构建；第 6 章研究乡村聚落社区化的目标协同与智能优化模型构建；第 7 章则是在乡村聚落社区化基础上融入村镇社会联系的思考，构建基于村镇社会网络特征的乡村聚落空间智能优化模型；第 8 章回归到制度和实践层面，探讨乡村聚落空间重构的路径优化与模式创新。全书内容架构体现了地理学与社会学相结合的研究思路，既突出了乡村聚落空间重构过程中地理信息技术方法的应用，又体现了实践层面政策制度和规划落地性的思考，并且结合大量的案例进行分析说明，具有很强的针对性和应用价值。

本书是我读博以来研究成果的系统梳理，很庆幸我还在这个研究方向上求索，感谢那些在研究过程中指引和帮助我的人；感谢科学出版社石珺编辑在本书出版过程中付出的辛勤工作；感谢国家重点研发计划课题“县域村镇发展潜力评价关键技术”（2018YFD1100801）和国家自然科学基金项目“耦合家庭结构变迁过程的乡村聚落重构：空间演化、功能转型与优化路径”（41871182）的资助。

乡村聚落重构是一个复杂且微妙的地理学和社会学交叉问题，本书是对其空间重构过程体系和技术方法的积极探索，其中难免有不足之处，敬请读者批评指正。

孔雪松

2021 年 9 月

目 录

第1章　乡村转型与乡村聚落空间重构

1.1　中国乡村转型

乡村是中国人的物质和精神家园，是陶渊明笔下“暧暧远人村，依依墟里烟”的农家烟火；也是辛弃疾笔下“稻花香里说丰年，听取蛙声一片”的田园景象。中国乡村经历了五千年的洗礼，已然成为国人心中那片最充满温情、诗意和乡愁的祥和之地。时至今日，中国乡村承载的农业、农村和农民也依然是国脉发展之基。然而，中国乡村正经历着一场前所未有的挑战和转型。作为最大的发展中国家，中国正处于城乡社会经济发展的转型期和快速城镇化发展阶段，预计 2030 年城镇化率将达到 70%。快速城镇化加速了城乡要素的流动，改变着中国城乡社会结构，带来了城乡关系的深刻变化和关系国计民生的农业、农村和农民问题，耕地非农化、人居环境恶化和农村人口老龄化等问题日益突出，中国乡村正处于转型发展的关键期，面临着分化重组的态势。

1.1.1　从乡土中国到城乡中国

乡村离不开泥土，从而形成乡土。从本质上而言，乡土中国就是乡村与土地高度结合发展形成的传统农业中国，农耕生产与土地之间的依存关系决定村民对于世界的直接认知通常在一日往返范围之内（韩茂利，2017）。土地的不可移动性和交通的限制固化了农民日常的活动空间，形成中国乡村特定的地缘、血缘和业缘关系，也就是费孝通先生所说的“熟悉”的社会；从三五户的小组到上千户的大村，尽管规模有所差异，但跨区域的村落联系是不多见的，乡村地方性尽显无遗，使其在清晰、稳定的地理或地域内形成经济活动与社会交往的封闭性和独立性，且作为独立的文化单元和社会单元而存在（刘守英和王一鸽，2018）。

独立且相对封闭的乡村造就了维系社会治理特定的“差序格局”，形成“一根根私人联系所构成的网络”（费孝通，2008）。在这个乡村社会网络中，生活依靠的是祖祖辈辈的经验积累和乡里乡亲共同遵守的道德规范，城市文化与法律条文难以在传统乡村教育和社会治理中真正发挥功效，甚至无法进入具有自我屏蔽功能的乡村生活圈。传统乡村存在两种基本关系，一种是人地关系，即农民与土地形成的生产和生活关系；中国传统农业注重精耕细作的集约化发展，这与小农经营方式和人多地少的资源禀赋息息相关，而为了便于平时耕作和生活，他们往往就近建房定居和储存粮食，形成一个地域范围内相对稳定的村民与土地的共生关系。另一种是人人关系，即村民与村民之间日常交往和互助协作的关系，并由此形成一定规模的聚落，这种聚落的形成强化了村民之间的身份认同和联系纽带，而聚落周围土地资源的有限供给和耕作半径的限制，使得村民相互之间维系一种自存和共存的平衡关系（梁鹤年，2021），即村民及其核心家庭的自我生存，以及与其他村民和家庭的共同生存；久而久之形成约定俗成的村规民俗，并随时间逐渐演绎发展成具有地域特色的乡村文化和习俗，折射在乡村建筑、饮食服饰、仪式庆典和农业生产等方方面面，浓缩成乡土中国的小缩影，也呈现出乡土中国的大世界。

近代以来，在工业化的浪潮之下，中国开始由传统的农业大国向现代意义上的工业化国家转型，但这种转型在相当长的时间内是极其缓慢的，经历了乡村治理转型到城乡转型两个阶段。第一个阶段的乡村治理转型发生在中华人民共和国成立以后，1949 年，广袤的乡村分布着全国近 90%的人口，农业总产值在工农业净产值中所占比重高达 84.5%，乡村在国民经济中发挥着极其重要而基础的作用，这也让国家意识到乡村治理的重要性，着手重塑乡村人地关系，推行了一系列土地改革和集体化运动，打破村庄传统的私有化土地管理模式，将国家权力全面渗透到乡村基层，传统乡村社会的秩序和治理结构被重构（黄宗智，2003；卢晖临，2003）；第二个阶段的城乡转型是在 1978 年改革开放之后出现的，灵活的市场制度、快速的城镇发展和便捷的交通条件等形成了城乡转型的客观基础，大量村民尝试走出那片长期束缚的农耕土地，传统的乡土中国开始流动起来，并形成规模化、季节性的城乡间迁徙运动，村民活动空间的扩大打开的不仅仅是他们的眼界，更是他们内心渴望的大千世界，最重要的是他们得到了与传统农耕相比更可观的经济收入。传统乡土中国在工业化与城镇化的引吭高歌中一去不返，传统村民关系被城乡两栖人口的聚少离多所取代，传统圈地为农的人地关系被季节性耕种、流转、甚至撂荒所取代。随着城乡人口、土地和资本要素流动的加快，城乡二元分割的界限越来越模糊，一个全新的城乡关系正在形成和发展。

1.1.2 从乡村衰退到乡村振兴

快速城镇化在造就城市繁荣的同时，也导致了全球性的乡村衰退问题（Liu and Li，2017），这一问题在城乡关系长期处于对立状态的中国尤为突出，带来了农村耕地撂荒、宅基地闲置和生态环境恶化等一系列问题。人口是乡村社会系统的行为主体，产业是乡村经济系统的内生动力，而土地则是乡村社会与经济系统的空间载体。乡村衰退必然反映在人口流动与结构变化、乡村产业发展模式与经济效益、土地利用格局与集约状态等方面，表现为显性和隐性两种形态。

显性衰退易于直观察觉，典型的表现为乡村人口的大量流失和乡村土地的低效利用。1978～2019 年，全国乡村人口比例由 82.08%下降到 39.40%，乡村总人口减少了 2.38 亿，而农村青壮年劳动力向城镇的大规模转移，直接加快了乡村人口老龄化趋势，农村出现严重的空巢现象，乡村产业发展动力和活力匮乏。乡村人口问题同时表现在农村教育方面，计划生育的实施和城镇化进程的加快，使得农村义务教育适龄人口减少，大量学校布点分散，教育资源浪费严重；为了优化农村教育资源配置，全面提高中小学教育投资效益和教育质量，促进农村基础教育事业健康可持续发展，全国对农村教育资源进行整合，实施大规模的“撤点并校”，1997～2010 年，仅农村小学就减少了 30 余万所。乡村教育资源的优化也带来了农村青少年上学难的问题，很多书声琅琅的乡村顿时少了几分喧闹和人气。土地利用的问题也伴随乡村人口总量减少、老龄化和学龄人口减少而生，全国乡村出现大量低效闲置使用的宅基地，村庄凋敝和耕地撂荒现象十分普遍。

隐性衰退的典型表现为乡村社会活力弱化和乡村文化流失。地相近、人相亲、心相通、情相牵、邻里和睦、乡风文明，才是乡土中国的特色，才是治理有效的社会生态（刘奇，2021）。然而，大量乡村两栖人口长期在城镇工作生活，从慢节奏的乡村熟人社会转变为快节奏的城镇陌生社会，生于斯、长于斯的乡村生活渐行渐远，乡村逐渐成为他们假日歇息的驿站和停泊的港湾，儿时亲密无间的伙伴也因天各一方的生活而缺少共同话题，取而代之的是城镇打工收入的攀比和相谈甚少的寒暄，乡里乡亲的社会关系越来越脆弱，乡村社会活力也逐渐因人口的流失和社会联系的减少而弱化。乡村文化是中华民族文明史的重要组成部分，村庄是乡村文化的载体，村民是乡村文化的践行者；然而，传统农耕文化在城镇化浪潮的冲击下正逐渐模糊化，那些我们曾引以为豪的农业文明、农耕技术和农村遗产似乎变得越来越遥远，取而代之的是越来越同质化的乡村景观和物质化的乡村价值观。孔子说：“礼失而求诸野”，但当前乡村传统文化却面临断崖式流失，长此以往，恐怕落入无地可求礼的境地。乡村是文化的家园，传承乡村文化和农耕文明不仅仅是留住乡愁，更是留住中华文明发展的根。有形的人口、土地和资本源源不断地从乡村流向城镇的过程在一定意义上是可逆的，但无形的乡村社会活力与文化价值体系的重塑是极其困难的。乡村需要的不仅仅是青壮年村民追求高品质生活的动力，更需要引导青少年认同乡村文明的教育和老年人追溯乡村历史的记忆，如何应对乡村衰退问题已成为新时代建设美丽中国的挑战。

乡村衰退不是城镇化的必然结果，换句话说，城镇化不是必然导致城进乡退，科学合理的区域发展政策有助于促进城乡融合发展。在快速城镇化过程中出现局部或暂时性乡村衰退是可以理解的正常现象，但当前全国大规模和长时间的乡村衰退需要引起高度关注，这已成为关系国计民生的根本性问题；基于此，党的十九大明确乡村振兴战略为国家战略，并提上党和政府工作的重要议事日程，标志着乡村发展进入一个全新时期，全国掀起了一片改善农村人居环境、建设美丽宜居乡村的热潮。乡村面貌有了历史性变化，农民生活水平显著提高，城乡差距明显缩小。截至2020年底，全国农村地区基本实现农户所在自然村通公路，4G通村率达到98%，农村人居环境全面改善，农村生活垃圾收运处置体系已覆盖全国85%的行政村，全国农村卫生厕所普及率达到68%，全国超过30%的农户生活污水已得到有效管控，建成了一大批生态宜居的美丽乡村[①]。

乡村振兴战略的总要求是“产业兴旺、生态宜居、乡风文明、治理有效、生活富裕”，包括产业振兴、人才振兴、文化振兴、生态振兴、组织振兴的全面振兴。人口、土地与产业是保障农村社会经济发展的最基本要素，在城乡生产要素快速流动与交互作用下，实现人口、土地和产业等基本生产要素协调发展，是保障区域乡村可持续发展，推进实施乡村振兴的关键。尽管近些年乡村振兴取得了一定成效，但大多数乡村以外在的物质环境改造提升为主，由表及里的乡村产业、人才和文化振兴仍有相当长的一段路要走。

1.1.3 从农业乡村到韧性乡村

“国以民为本，民以食为天”，农业的生产状况直接关系到国家民生和兴衰存亡。正因农业的重要基础作用，自古以来中国就有以农治国的传统和重农抑商的政策。中华人民共和国成立后，毛泽东在继承重农思想的基础上，提出“以农业为基础”的发展路线，把农业生产列为经济建设工作的首位。改革开放以来，邓小平继承和改造了既有农业发展思想，提出“首先解决农村问题”的发展方针，将粮食问题看作农业问题的核心，逐步建立和完善了以家庭承包经营为基础、统分结合的双层经营体制，启动农产品流通体制改革（易钢，1998）；2006年，全面取消农业税，建立农业支持保护制度，激发了广大农民的积极性，促进了粮食产量快速增长，全国粮食总产量已超过1.3万亿斤[②]，居世界第一位。

---

① 走中国特色乡村振兴之路. 2021-7-6. http://new.gmw.cn/2021-07/06/content_34972729.htm.

② 1斤=500g。

然而，自然条件的变化对农业来说是一个很大的风险因素，受制于不同的地理条件和环境气候，乡村农业难以摆脱靠天吃饭的事实。中国是农业气象灾害的多发地区，各类农业气象灾害的频繁发生，使得大量农村地区的农业生产始终处于不稳定状态，制约着农业的可持续发展，也让广大从事农业生产的农民感到彷徨和不安，他们想追求更加稳定的生活，而传统农业始终让他们有种风雨飘摇的不安全感，这无形中增加了农户生计的脆弱性。工业化和城镇化的发展给了农民逃离农村和追求稳定生计的机会，客观上助推了农民弃农从工的行为，传统农业面临削弱和萎缩的风险，改变农业靠天吃饭的局面、发展具有韧性的新时代乡村是实施乡村振兴战略的重要目标。

“韧性”的概念来自工程韧性，发展于生态韧性，后随西方人本主义和后现代主义的兴起延伸拓展为社会生态韧性，而韧性乡村的概念内涵与逻辑认知正是在此基础上得以形成和发展（Carpenter et al.，2001；Folke，2006）。Heijman 等（2007）认为乡村作为一个动态的社会生态系统，其韧性是指在适应不断变化的外部环境中维持令人满意的生活水平的能力；虽然不同学者对韧性乡村的概念内涵有不同认知和理解，但基本形成韧性乡村是指在应对外部环境变化时展现的恢复力、适应性和可变性能力的共识。国外早期的韧性乡村研究主要关注自然灾害和气候变化的外部环境变化，如乡村社区在应对火山喷发和洪涝灾害中的应对策略和适应性恢复（Paton et al.，2001；Smith et al.，2011）。在全球城镇化浪潮下，以人口、土地和资本为主的生产要素源源不断地从乡村流向城市，直接影响着乡村地域系统的稳定性，导致乡村区域活力逐渐丧失，韧性乡村研究的视角逐渐从高强度的自然扰动转向复杂的人文作用影响（Kim et al.，2020）。Kelly 等（2015）从自然、社会、经济、文化和政策管理五个方面构建了乡村社区韧性分析的理论框架，促进了乡村韧性研究的多元化；Skerratt（2013）分析了苏格兰 17 个乡村社区在土地信托制度变革过程中展示的自我调节和学习能力，强调乡村韧性研究应从宽泛的理论探讨转向精确的实践论证，推进了实践层面的韧性乡村建设。近年来，随着数字社会和智能社区的兴起，围绕韧性乡村如何响应和适应数字技术发展的研究受到广泛关注，为信息时代韧性乡村建设提供了新视角和新动力。

乡村振兴的关键在于培育和重塑具有韧性的乡村聚落，不断提升乡村社会生态系统面对外界干扰时的防御、适应和转型能力（魏艺，2019）。根据适应性循环理论，在外部干扰下乡村聚落通常经历发展、稳定、衰落和重构四个阶段（Folke，2006），但重构阶段也包含了部分乡村聚落的消亡，只有具有较强韧性的聚落才能真正进入新一轮的发展阶段。乡村振兴不是所有村庄齐头并进，而是需要在遵循乡村聚落发展规律的基础上，合理辨识乡村聚落所处阶段及其韧性强弱，进行科学规划和分类施策，集中力量发展优势村庄，提升乡村社会生态系统可持续发展能力（刘彦随，2020）。随着乡村振兴战略的深入实施，一些人口流失与产业空心化严重的村庄将面临消亡或重组，真正具有发展潜力的村庄才会脱颖而出；与此同时，随着机械化、信息化、数字化、智能化技术在农业中的广泛应用，中国农业已基本实现了由单一以种植业为主的传统农业向农林牧副渔业全面发展的现代农业转变，靠天吃饭的传统农业乡村逐渐被具有可持续发展能力的韧性乡村取代。

1.2　乡村聚落空间重构

1.2.1　乡村重构与聚落空间重构

1. 乡村重构类型与实施路径

乡村重构这一概念较早见于欧洲乡村地理学与社会学学者关于国家和地区乡村发展变迁的论著，是指为适应乡村内部要素和外部调控的变化，通过农村地区社会经济结构的重塑和地域空间格局的优化配置，实现乡村地域系统内部结构优化、功能提升以及城乡地域系统之间结构协调、功能互补的过程（Long and Liu，2016；Woods，2011）。20 世纪 50 年代以来，为适应快速城镇化带来的城乡关系转型，西方发达国家的乡村普遍经历了显著的重构过程，诸如家庭农场和农业的转型、社会结构和阶层变迁、土地利用和农村劳动力市场变化、零售业变化、地方政府管理模式变化等（Keith and Angel，2001；Woods，2009）；此后，随着人本主义思潮的兴起和地理学的“文化转向”，国外乡村重构研究范式逐渐向人文和社会方向转变，目前已形成乡村经济重构、乡村社会重构和乡村空间重构的多元体系（朱晓翔等，2016）。乡村经济重构指的是加快实现农业产业化与农业现代化，广泛运用先进的生产技术，加快生产组织的社会化与管理的科学化，实现土地产出率、劳动生产率与资源利用率相统一，以集聚发展、集约经营为原则，统筹城乡生产力布局。乡村社会重构是指通过加快乡村社区转型，提高乡村社区组织化程度，加强基层民主建设，建立完善社会保障制度，实现农民物质文明、政治文明与精神文明的巨大提升。乡村空间重构，即合理规划乡村聚落，推进农村人口适度集中居住，促进农业规模化经营以及第二、第三产业适度集聚发展。在此基础上，合理配置农村基础设施，切实提高乡村人居环境质量，形成有利于城乡协调互动的空间结构。

2005 年，国家实施了全面建设社会主义新农村战略，全面改善农村生产生活条件，通过农村结构调整形成有序的空间格局。2010 年以来，中国掀起了一片乡村建设与重构热潮，这是一项由中央和地方政府主导的实质性的惠民工程，各地在农村土地整治上投入了大量资金，并取得了显著成效。然而，在重构过程中，一些地方不顾农民利益的盲目进行形象建设和大规模改造，这些不当行为加剧了社会矛盾。对于政府决策者和行业规划者而言，深入了解乡村重构的内涵和目的显得十分必要。

乡村空间重构的核心目的是促进农业可持续发展、改善农村人居环境、提升农民幸福感和获得感。乡村空间重构包括生活、生产与生态空间重构（图 1-1），农村土地整治是实施乡村空间重构的重要抓手，通过农用地整治提高农业生产效率；通过工矿用地整治优化村镇企业布局，促进生产空间适度集聚；通过村庄整治与公共空间治理，促进生活空间适度集聚；通过生态良田建设和废弃地复垦，打造绿色景观，构建乡村综合生态系统。

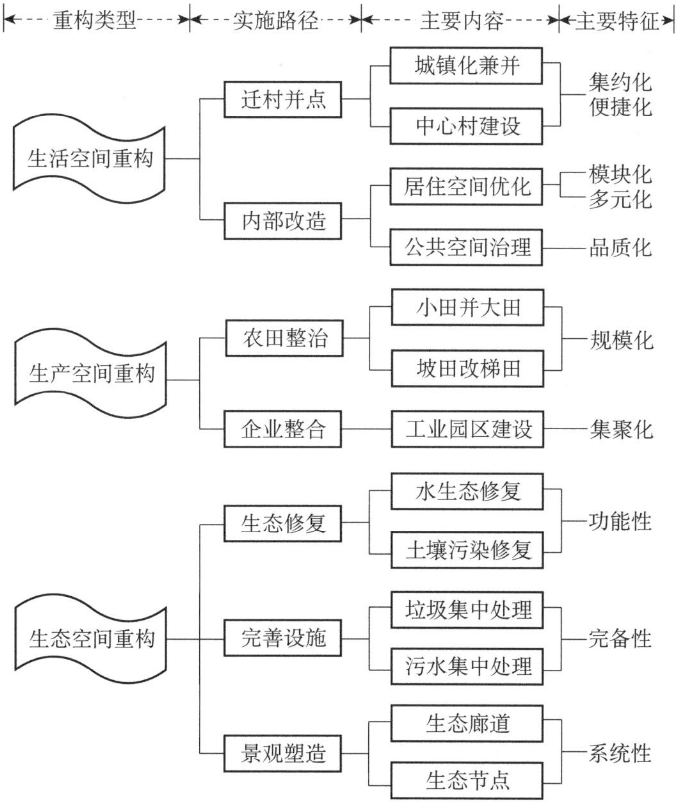

图 1-1　乡村空间重构类型与实施路径

生活空间重构的主要对象为乡村聚落，包含迁村并点和内部改造两种空间组织形式。迁村并点的方向以向城镇和中心村集中为主，可采取有核并点和无核新建两种模式，以实现乡村聚落空间集约化与生活便捷化。内部改造包括农户居住空间优化和公共空间治理两大内容。居住空间优化包含整体村落空间的优化和农户家庭个体空间的优化，前者从规划角度追求乡村聚落用地的统一化和外在形式的模块化，后者从功能视角考虑内部空间的实用化和多元化。公共空间治理则从社会治理视角强调乡村公共空间的综合治理和环境改善，注重绿地、广场等开敞空间的品质化设计。

生产空间重构包括农业与非农生产两大方面，主要通过农田整治与企业整合实现农业规模化经营和企业集聚生产。农田整治是助力乡村振兴的重要抓手，主要目标是加强农田基础设施建设，大规模建设旱涝保收的高标准基本农田，优化耕地多功能布局，有效引导耕地集中连片分布，便于实现规模经营。企业整合的对象主要是乡镇企业用地和砖瓦窑场，通过推进工矿用地整治，引导工业生产向园区集中，发挥产业集聚效益。

生态空间重构包括生态修复、生态设施完善和景观塑造三种实施途径。生态修复的重点对象是水和土壤，重在提高水资源的自净能力和供给能力，以及土壤质量。以城市周边、重污染工矿企业周边、集中污染治理设施周边、重金属污染防治重点区域、集中式饮用水水源地周边、废弃物堆存场地等区域被污染耕地和被污染地块为重点，按照“风险可接受、技术可操作、经济可承受”原则，实施土壤污染治理与修复试点示范项目。生态设施完善和景观塑造均需遵循自然生态规律和景观生态学原理，在大尺度上重视生态网络和绿色基础设施建设，在小尺度上提高生境质量和景观多样性，提高土地生产力、生态景观服务能力和碳汇能力，从不同尺度维护和修复自然生态过程和生物链，构建良好的乡村生态空间格局，提高乡村生态系统的弹性和生态服务功能，使乡村作为城乡发展重要的绿色空间和生态屏障，成为保障食物安全、保护生物多样性、发展低碳经济、应对气候变化的重要战略空间。具体操作过程中，应基于农村生态系统自身特点，严格控制农业生产中化肥和农药的施用量，逐步实现清洁化、绿色化、无公害生产；构建生态拦截系统，吸纳净化面源污染物，结合工矿用地整治强化污染物综合治理工程，确保农村生态环境质量安全，即形成减源、截流、治理体系；着力完善农村生态系统廊道，保护物种栖息环境，保持生物资源的多样性。通过开展土地综合整治，强化农村生态系统的建设与保护，为农村产业发展提供清洁的生产空间，为农村居民提供健康优美的生活空间，优化重构山清水秀的乡村生态空间。

2. 乡村聚落的内涵与特征

乡村聚落，又称农村居民点，是以地缘、血缘和业缘等为纽带形成的农村家庭生活聚居地，是中国城乡建设用地的主要组成部分以及农户重要的生活空间与居住场所。作为乡村人地关系互动的核心，乡村聚落是乡村重构的重要内容和载体，乡村聚落空间重构是为适应城乡发展要素的变化，行为主体采取经济、技术、政策等手段调整村镇空间等级体系及干预单体聚落内部土地资源配置，以协调乡村地域人地关系的过程（屠爽爽和龙花楼，2020）。国外研究对乡村聚落重构过程（Marsden，1996）、社区规划中的公众参与模式（Valencia et al.，2010）和城乡空间重构中的社会经济影响进行了探讨（Oberhauser，2016），形成了涵盖宏观、中观和微观的多尺度探索，并逐渐聚焦于村落社区单元的社会组织与空间重构。

乡村聚落一般可分为农村集镇、中心村和基层村，即建制镇以下的居民点。狭义的乡村聚落是指农户在农村宅基地上建设的住房以及与居住生活相关的建筑物和设施。本书所指的乡村聚落是以农村宅基地为中心的土地利用综合体，根据《村土地利用规划编制技术导则》的相关界定，村庄建设用地包括宅基地、公共服务设施用地、基础设施用地、经营性建设用地、景观与绿化用地、村内交通用地六类。作为农村人地关系互动的核心和农村社会的基本单元，乡村聚落具有如下基本特征：

（1）社会生活性

乡村聚落是农村社会经济活动的重要载体，是城乡社会环境系统中一个完整有效的组成部分。乡村聚落的空间分布在一定程度上反映了社会生活中的地缘与血缘关系，并通过内部各要素的系统组织，形成自然环境、社会结构与生产生活相融合的聚落体系。在土地利用过程中，乡村聚落伴随着农村社会经济结构的调整而不断演变，呈现出新的结构与功能，同时也带来了乡村聚落无序规划、土地资源低效利用与农村生活环境恶化等一系列问题，深刻影响着农村社会生活与生产方式。

（2）空间关联性

乡村聚落是依附于土地资源上的空间实体，在微观空间具有个体功能性与内部分区特征，在宏观空间具有整体规模性与外部关联性特征，乡村聚落在特定空间位置上和自然、社会与经济形成复杂的空间关系网络。乡村聚落依赖于生产耕作关系而存在，伴随着社会生产关系的变革而演变，通过空间结构得以体现；传统乡村聚落往往以耕作半径为空间距离形成对外封闭的生活圈，新型乡村聚落则以城乡空间距离与多元生产方式为中心形成内外开放的生活圈。乡村聚落在空间分布上有明显的地域特征，大散居、小聚居是中国当前乡村聚落分布的主要特征，其空间布局与地形、气候和交通条件等因素有很强的关联性，这种空间关联是乡村聚落演变的原因，也是乡村聚落空间重构的基础。

（3）功能复合性

乡村聚落是农民日常生活的居住之地，是联系农村生产与生活的重要节点，也是家庭细胞与村落分异等社会关系的实体表达形式，集生活居住、农业与非农生产（如畜禽养殖、家庭作坊）、存储与公共服务（如粮食存储、商业店铺）等功能于一身。随着乡村振兴战略的深入实施，农村基础设施与人居环境得到进一步改善与优化，乡村社区的休闲娱乐功能也逐渐得以体现。

当前，中国乡村聚落在结构、形态与功能上正发生剧烈变化，聚落空心化、低效利用和无序建设等问题日益突出，乡村聚落面临着分化重组的新格局（图1-2）。在此背景下，乡村聚落在空间结构与功能上必然发生新的变化，呈现不断向城镇化、社区化和集约化方向发展的态势，在空间布局上主要表现为乡村聚落不断向中心城镇集中、向中心村社区集中。乡村聚落相对集聚是村庄空间发展的趋势，是农村社会各种资源要素重组和整合的要求，是农村社会发展到一定阶段的必然产物，是当前乡村聚落空间重构的主要表现形式。

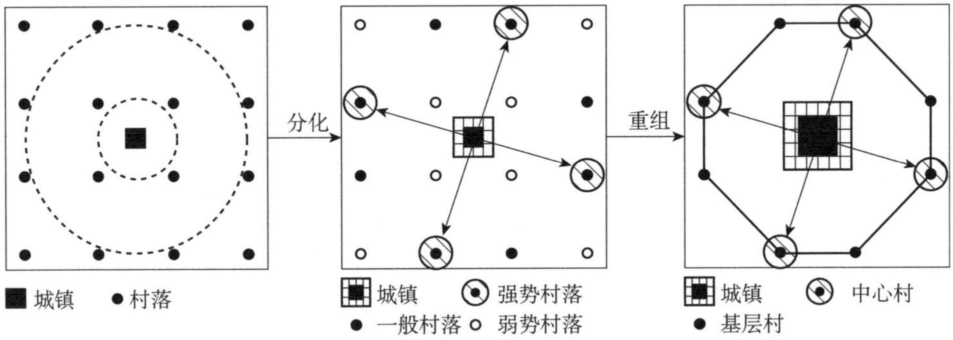

图 1-2　城镇化加速时期村庄集聚的演变示意[源自赵之枫（2001），有改动]

合理的空间布局是实现乡村聚落功能效益最大化的前提，为确保乡村聚落空间布局的合理化与综合效益的最大化、实现城乡统筹发展与美丽乡村建设的目标，对乡村聚落规划要素进行全面系统的科学分析，构建乡村聚落空间配置的动态模拟与智能优化决策模型，有利于充分发挥区域一体规划对城乡土地资源配置与社会经济可持续发展的指导作用，对于城乡用地统筹发展与农村土地资源的优化配置具有极其重要的战略意义。

1.2.2　乡村聚落空间重构类型与方向

乡村聚落用地空间结构反映了人类经济活动在一定地域上的空间组织

形式和相互关系，影响着区域经济发展规模、方向以及可能性（王万茂，2006）。

1. 乡村聚落空间重构类型

（1）渐变型

渐变型指的是区域乡村聚落演化重构是逐步展开的，缺乏中断或跳跃过程，主要指两个方面的渐变，一是指时间过程上的渐变型模式，表现为从自然演化阶段渐渐进入社会演化阶段；二是指空间过程上的渐变型模式，表现为演化首先从某一地段开始，然后渐渐顺次扩大到其他地域。渐变型模式又分为随机渐变与有序渐变两种类型，随机渐变是指乡村聚落较少受到外部环境的影响，在保持乡村聚落空间布局总体特征的基础上，呈自然式随机发展的态势，扩大了村落的总体规模，但同时也往往使得乡村聚落局部更加分散、无序；有序渐变是指乡村聚落在外部自然、社会环境的影响下，逐渐调整原有空间布局，不断向利于聚落发展的地域延伸，以适应新的环境对乡村聚落布局的要求，在空间形态上也往往呈现出典型的线状或面状形态特征。

（2）突变型

突变型指的是区域乡村聚落演化重构在逐步进行的过程中，出现突然的中断或跳跃，一段时期后，又进入渐变的轨道。因此突变型模式也可以看作是渐变型模式的特殊表现形式。这种突变在时间过程上表现为短时期内由一个发展阶段进入另一个发展阶段，或者跳过某一发展阶段；在空间上表现为中断了原有的推移顺序，跳过一段空间后继续演化。这种快速变化往往是因为外部因素的直接快速的干预引起的，包括自然环境的突变、社会安全的急剧恶化以及政府的统一规划等因素，其中，自然环境的突变与社会安全的急剧恶化带来的是一种无序的突变，政府的统一规划则是一种有序的突变。政府规划指导下的村庄合并与重组、搬迁与建设是这种类型最主要的诱导因素，也是该模式研究的重点内容，有利于快速促进乡村聚落科学有序发展与资源合理配置。

乡村聚落渐变型与突变型在空间演化上均表现出无序与有序发展的特征，在时间上经历了无序分布、有序拓展和功能提升三个阶段，是自然条件与社会经济条件综合作用下的结果。无序化的演变以自然环境影响为主，有序化的演变以市场经济发展与政府规划引导为主；无序空间演化往往表现为点状分散乡村聚落的新建与搬迁，有序空间演化则多表现为乡村聚落线状与面状的适度聚集（图 1-3）。

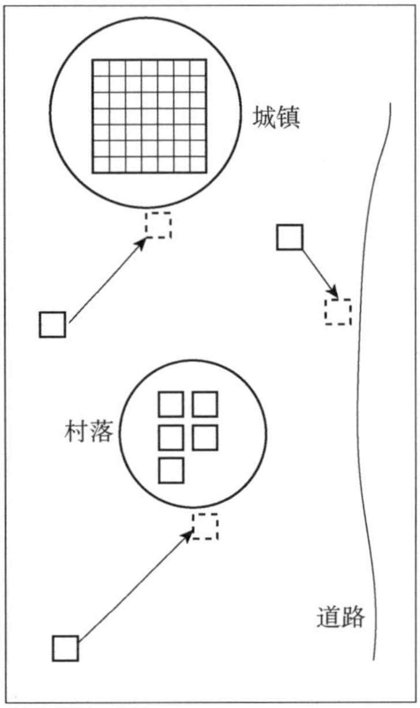

(a) 无序随机式

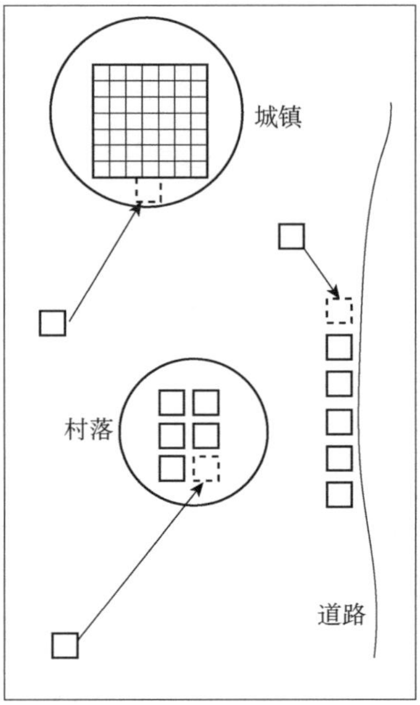

(b) 有序拓展式

图 1-3　无序随机式与有序拓展式空间演化示意图

2. 乡村聚落空间重构方向

乡村聚落的空间结构不仅表现为空间的不同组合关系和构成格局，而且也表现为时间上的动态演变与过程。乡村聚落的空间演化总体上受两大因素的影响，一是城镇化的迅速发展形成的向心力，二是乡村振兴战略的大力实施形成的社区化吸引力；城镇化的向心力较多地表现为经济发展带来的外部拉力，社区化的吸引力则更多地表现为农村社会文化发展带来的内部推力，两者的合力共同推进着乡村聚落在空间结构上随时间而发生动态演变与结构调整。

（1）乡村聚落城镇化

加快推进城镇化发展是城乡一体化建设的必由之路，城乡一体化并不是城乡趋同化，追求的是社会经济发展中城乡相互补充、协调发展。城镇化是乡村人口及土地等要素向城镇转化和不断发展完善的过程，也是乡村空间重构的过程，城镇化过程中乡村聚落的结构演变与空间重组具有必然性。脱离城镇化的概念和过程去孤立研究乡村聚落空间的演变不可能把握其本质规律，科学系统的分析需要打破城乡二元结构的传统思维，将城镇与农村融为一个体系进行全面科学研究。乡村聚落城镇化是指农村人口与生产要素不断向城镇集聚的过程中，城镇用地扩张对乡村聚落的兼并、重组及优化的过程。当前，国家实行的城镇建设用地增加与农村建设用地减少相挂钩制度在很大程度上推进了乡村聚落城镇化的进程，为土地在城乡之间的优化配置提供了政策支持，将使土地成为继劳动力之后在城乡之间有效流动的又一生产要素（张衍毓等，2009）；农村社会发展的变革与城乡一体化建设的内在要求使得乡村聚落城镇化成为未来乡村聚落空间演化的重要方向。

（2）乡村聚落社区化

社区是现代社会的细胞，一个完整的农村社区地域范围通常是以其村民的聚居点为中心，并将由这个中心辐射到附近的各种服务功能的射线极限点联结起来，构成农村社区的地理区域，村庄是特定自然经济条件下人类自发聚居形成的乡村社区的基本组织单位。大力发展现代农业，加强农村社区基层组织建设，全面推进农村社区基础设施建设、社会保障体系建设和文化教育建设，加强和改进农村社区服务，努力建成村民自治、管理有序、服务完善、治安良好、环境优美、文明祥和的新型社区是社会主义新农村建设的重要内容（夏周青，2010）。乡村聚落社区化是指以村庄重组的形式整合乡村聚落，促进乡村聚落适度有序向中心村或村落中心集中，实现村庄社会资源合理流动与优化配置的过程。当前，乡村聚落社区化主要通过村庄内部改造与迁村并点的形式进行。内部改造是在乡村聚落现有布局的基础上，通过村庄规划空间治理优化环境，通过村庄挖潜、改善布局提高乡村聚落集约节约用地水平；迁村并点是将地理环境较差与空间相对分散的乡村聚落合并迁建至地理环境较好、基础设施较完善的区域，形成空间相对集聚、功能较齐全的新农村社区，如图 1-4 所示。乡村聚落社区化过程既是空间布局上的优化过程，也是村庄社会文化的整合过程，通过促进集约用地，提升农村社区发展效率，从而获得较大的社会经济效益。

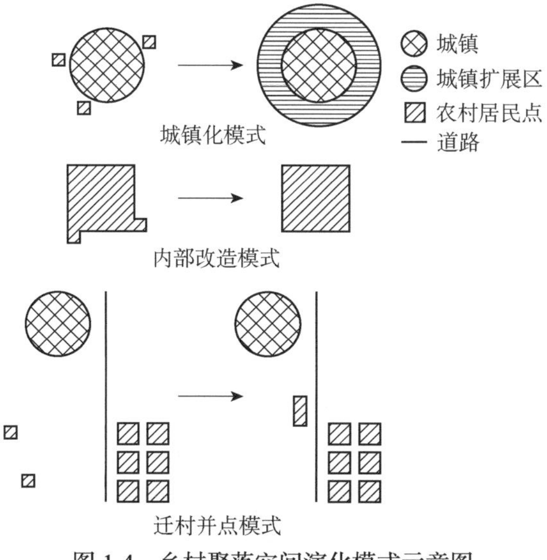

图 1-4　乡村聚落空间演化模式示意图

乡村聚落城镇化与乡村聚落社区化是乡村聚落空间布局变化的两大重要表现形式，两者在规划系统上分别隶属于城镇规划与农村居民点规划两个相互独立又互相影响的系统。城镇化的快速发展必将带来城乡土地的重新配置与人口的大量转移，而乡村聚落的规划整理则为城镇扩展提供土地后备资源，并成为引导城镇用地发展方向的重要影响因素。现有乡村聚落规划布局方法往往具有较强的主观性和空间限制性：一是将城乡二元空间隔离，忽略乡村聚落在城乡二元空间的协同发展与交互作用；二是随着选址空间范围及农村居民点数量和规模的增加，空间信息量急剧上升，不同主体（政府、企业和农户）、二元空间及其子空间（分区）以及多目标间的冲突愈发明显，缺少科学有效的协同优化决策方法。将乡村聚落在空间单元上进行城镇化与社区化的划分，既反映了乡村聚落在空间布局上的地域差异性，又有利于合理地分析不同地域单元乡村聚落动态变化的演变机制，进而有效地开展乡村聚落动态模拟与智能优化研究，使得城乡建设用地在社会经济上协调发展，在空间结构上合理有序。

1.2.3 乡村聚落空间重构机理

自然界和人类社会的发展演化均受制于某些机制，在这些机制的控制与调节下，自然界和人类社会均经过了从简单到复杂并趋向更复杂的发展过程。乡村聚落空间布局演化受到区域自然、社会与经济的多重制约和影响，是一个复杂的非线性复合地理作用过程，具有开放性、动态性、综合性与不确定性等特征；其空间重构同样经历着从简单到复杂、从无序到有序的转变过程，这种重构的驱动力来自内外环境的共同制约与影响，总结起来，其空间重构机制主要包括以下几个方面。

（1）社会经济发展

乡村聚落依托于自然条件而存在，伴随着社会经济而发展，社会经济发展引起产业结构升级与区域空间重组。产业结构升级使得乡村产业呈现非农化发展的趋势，农户逐渐摆脱单一化的耕作模式，生产活动空间扩大，逐渐转向规模化、集约化经营，这就促使乡村聚落相应地发生从空间结构到功能结构的转变；空间上表现为乡村聚落的适度集中以及相应配套基础设施的逐步完善，功能上也开始形成乡村级的工业或商业专门用地。区域空间重组打破了原有的城乡二元结构界限，城乡一体化发展已成为必然趋势，以基层村、中心村和城镇为中心的各级增长极核在引导乡村聚落有序发展中发挥着重要的作用，交通道路网的升级和区域中心的吸引使农村生产和交流方式发生着根本的转变，促使着旧式乡村聚落的消失和新型乡村聚落的产生，由此形成点、线、面结合的网络化乡村聚落分布体系，城乡间的分工协作和职能功效相互协调。

（2）政策制度导向

社会经济发展是乡村聚落演变的直接动力，而社会经济与政策制度总是相伴而生、相互协调的。乡村聚落空间布局不能是无序的拓展，应该是有序的变迁，这种有序变迁是建立在合理的政策制度引导之上的。政策制度直接影响着区域乡村聚落总体布局的方向与农户微观选址的行为，美丽乡村建设和乡村振兴战略的推进，极大地改善了农户的居住环境，提高了乡村聚落用地的集约节约水平。目前实施的美丽乡村建设工程，大多围绕城镇建设用地增加与农村建设用地减少相挂钩的政策和耕地占补平衡制度展开，体现了城乡建设用地统筹发展的理念，有效协调了不同层次与区位的乡村聚落分布，是补充耕地的重要来源；此外，农村土地宅基地划拨与使用制度、农村宅基地制度改革试点等政策有效解决了乡村聚落内部混乱布局和外部无序规划的问题。

（3）生产生活需求

农户是乡村聚落建设和使用主体，他们对乡村聚落居住和使用的要求随生产生活的发展而变化。村庄集聚初期，乡村聚落是作为生存、居住和防灾等基本功能的场所而存在，随着社会的发展，其自然功能逐渐隐退，而社会功能逐渐占主导地位。生产力的提高扩大了农户的劳作半径，生活水平的改善加强了村落之间、城乡之间的经济联系，农户对乡村聚落的选址建设要求已不仅仅局限于方便农业生产，同时希望便于社会交往联系和非农生产活动，这种生活质量的要求与生活观念的转变逐渐反映在乡村聚落内部结构和整体空间布局上，以适应既有的生产方式和满足生活需求为主要目标；农户主观上的需求差异是乡村聚落空间异化的主要原因，也是乡村聚落空间重构的重要依据。

1.3　研究问题与内容体系

1.3.1　研究问题

乡村聚落是农村土地利用的重要类型，是农村城镇化和社区化的重要载体与整治对象，乡村聚落空间分布特征识别与重构是当前乡村地理学研究的重点内容之一。国外注重乡村聚落基础理论研究，国内聚焦乡村聚落实证分析，两者都重视乡村聚落问题和现象背后的机理机制探讨，在此基础上的乡村聚落重构研究也变得深入而具体，已基本形成“空间-社会-经济”三位一体的乡村聚落重构体系和面向“生产-生活-生态”多功能需求的优化模式，呈现出视角社会化、方法多元化、尺度微观化和学科交融化的趋势。

乡村聚落空间重构研究离不开城乡土地利用关系，利用地理信息科学的知识与方法研究城乡土地利用空间变化规律，已成为当前土地利用与土地覆盖变化（land use and land cover change，LUCC）的重要内容。从国内外研究来看，城乡土地利用优化建模经历了传统知识化的经验统计模型、动态空间模型和综合集成模型的发展。传统模型化方法对经验知识依赖性强，很难解决土地利用空间优化配置的非线性、多目标约束问题。基于复杂系统理论和群智能优化算法的动态空间模型，包括以元胞自动机（cellular automata，CA）为代表的地理模拟系统（Li et al.，2008）和以粒子群优化算法（particle swarm optimization，PSO）等为主的智能优化算法（Porta et al.，2013），为解决这类问题提供了崭新的思路。动态空间模型在土地利用空间多层次划分的基础上，通过对土地利用中主要影响因子的分析，获取有效规则并进行动态模拟优化，在城市用地扩展情景模拟以及单一项目优化选址中应用广泛（黎夏，2013）。但是，城乡土地利用空间优化配置是一个动态的多目标优化过程，单纯地采用某一种算法往往难以取得满意效果。当前许多研究已开始将多种算法进行综合集成，如用神经网络、支持向量机和遗传算法获取 CA 转换规则（Santé et al.，2010）；同时针对多目标优化问题，改进算法以提高优化效率（Tsai et al.，2010）。这些模型的综合集成与改进对城乡土地利用空间优化配置有很大的推进作用，也是目前土地利用问题研究的重点。

然而，当前这些动态模拟与智能优化模型在乡村聚落空间重构中的应用研究很少，主要原因有以下三点。

1）乡村聚落的特殊性。乡村聚落空间分布广泛，类型复杂多样，不同区域空间重构与优化标准不一，其空间非连续性特征明显且难以规则化，这在一定程度上限制了乡村聚落空间布局优化的智能化发展。

2）多主体决策行为的复杂性。乡村聚落空间重构优化涉及以农户为中心的不同主体利益，而多主体自身特征的差异性与主观意愿的复杂性，使得各利益主体间的博弈行为与规则难以科学表达。

3）优化过程的多重协同性。乡村聚落空间重构在发展方向上是城镇化与社区化协同并进的过程，在数量和空间上是一个增减并存的动态过程，在优化目标上是一个多目标冲突协调的过程，不同目标间的协同路径难以获取且较为复杂，单一的模型往往难以有效统一多重协同关系，增加了优化建模的难度。

此外，乡村聚落空间布局依附于一定的村镇社会网络关系，并随着村镇社会网络的演变而不断地变化和重组，村镇社会网络特征直接影响着乡村聚落规划布局与优化重构方向。然而，现有乡村聚落规划布局研究往往将其布局优化过程单纯地理解为一种土地利用类型转换过程，忽略了村镇层次社会网络对乡村聚落空间布局的引导作用；此外，随着选址空间及乡村聚落数量规模的增加，空间信息量急剧上升，不同发展方向及优化目标间的用地冲突愈发明显，现有研究并没有形成科学有效的协同优化决策方法。

基于上述研究问题，本书在深入探讨乡村聚落空间重构内在逻辑与理论方法的基础上，将乡村聚落空间重构划分为城镇化与社区化两大区域作用过程，将智能体模型、元胞自动机与粒子群优化算法引入乡村聚落空间重构中，在模型中融入村镇社会网络与乡村聚落空间布局的交互作用机制，构建乡村聚落空间重构的多目标约束条件和交互协同路径，实现乡村聚落空间重构的动态模拟与智能优化，并力图寻求最优的乡村聚落布局模式，为乡村聚落空间重构的智能模型构建提供一套新的研究思路和方法，为乡村聚落布局优化提供空间辅助决策。

1.3.2　内容体系

本书以乡村聚落为研究对象，采用理论归纳、模型构建与实证研究相结合的研究思路，将多智能体系统行为、地理模拟系统、群智能优化方法和社会网络分析等多个学科领域的研究成果，综合运用到乡村聚落空间重构的研究中，通过典型村镇乡村聚落空间重构的案例分析，深化对不同模型方法的应用理解，为乡村聚落布局优化提供科学决策和思考。研究框架与基本思路如图 1-5 所示。

本书的主要内容包括以下 8 章。

第 1 章——乡村转型与乡村聚落空间重构。该章主要分析中国乡村转型的主要特征，明晰乡村聚落空间重构的概念内涵，归纳乡村聚落空间重构的类型、方向和机理，说明本书的主要研究问题与内容体系。

第 2 章——乡村聚落空间重构的内在逻辑与理论方法。该章主要分析乡村聚落空间重构过程中的数量、空间和社会逻辑，归纳乡村聚落空间重构的基础理论和方法，重点介绍元胞自动机、多智能体系统和粒子群算法的基本原理，探讨其在乡村聚落空间重构中的可行性与优势，结合武汉市黄陂区的案例分析，说明智能体模型在乡村聚落空间重构中的应用。

第 3 章——乡村聚落空间重构的数量约束基础：潜力测算。该章主要厘清乡村聚落整治潜力的概念内涵，探讨整治潜力测算方法、影响因素和整治分区，以

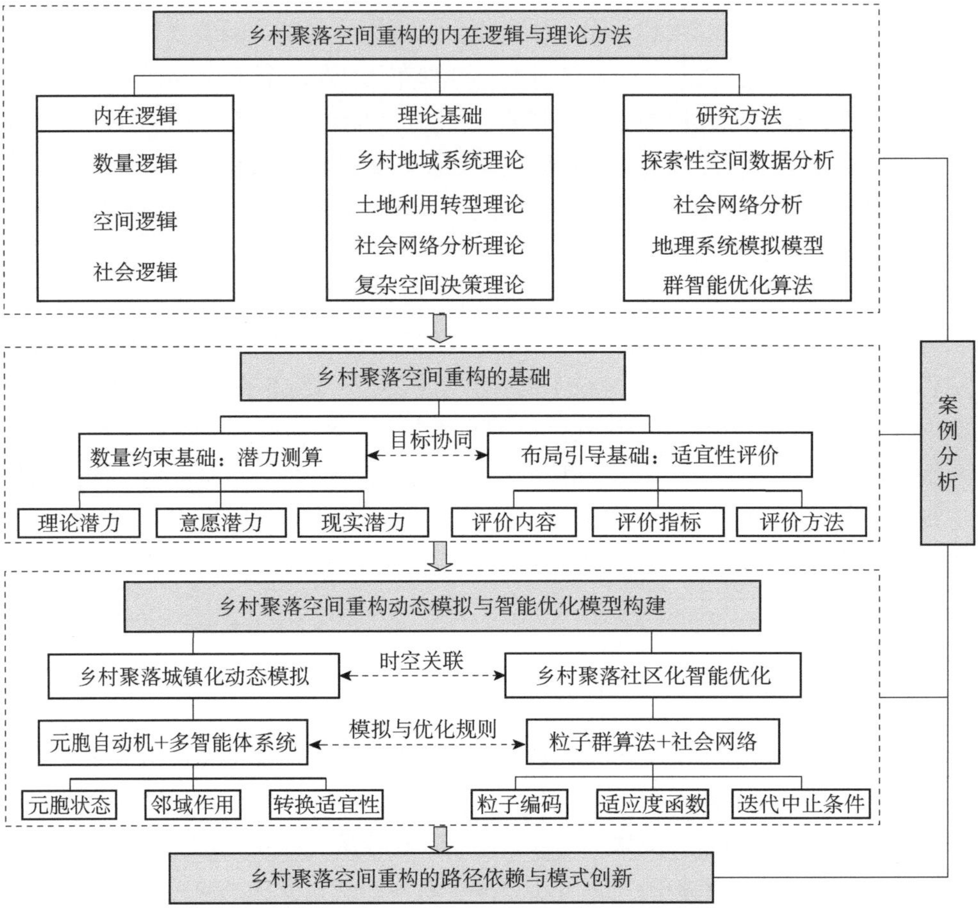

图 1-5 乡村聚落空间重构研究框架与思路

湖北省宜城市为例，深入探讨农村宅基地退出的三类潜力的内在关联性，提出一种基于三类潜力组合特征的分层协同分区方法，为乡村聚落空间重构过程中的数量约束提供方法基础。

第 4 章——乡村聚落空间重构的布局引导基础：适宜性评价。适宜性评价是乡村聚落空间重构的基础，该章主要分析乡村聚落用地适宜性评价的内容、指标体系和模型；以湖北省嘉鱼县典型镇为例，探讨乡村聚落适宜性评价过程、结果及其对重构分区的决策支持。

第 5 章——乡村聚落城镇化的时空关联与动态模拟。主要在深入探讨乡村聚落城镇化的时空交互与影响因素的基础上，将元胞自动机与多智能体系统结合引入乡村聚落城镇化规划布局中，重点分析乡村聚落城镇化过程中不同土地利用主体的博弈机制与决策行为；并将其融入元胞自动机约束体系与转换规则中，构建基于多智能体系统与元胞自动机的乡村聚落城镇化动态模拟模型，同时，将其应用到湖北省嘉鱼县典型镇，检验模型的应用效果。

第 6 章——乡村聚落社区化的目标协同与智能优化。该章深入分析乡村聚落社区化的内涵与影响因素，结合乡村聚落优化过程中的数量约束、地类约束与空间约束，以地类相邻协调性、规划转换可达性、空间紧凑度为目标建立多目标优化函数，构建基于粒子群优化算法的乡村聚落社区化智能优化模型；并通过湖北省嘉鱼县典型镇的实证分析，进一步论证乡村聚落空间重构智能优化布局的可行性和适用性。

第 7 章——基于村镇社会网络特征的乡村聚落空间智能优化。该章主要分析乡村聚落空间重构的社会关联，探讨村镇社会网络构建与评价方法，以及村镇社会网络在村镇体系识别、村镇影响域识别以及智能模型的优化目标改进等方面的应用；并以湖北省陈贵镇为例，基于实地调查数据分析村镇社会网络特征，探讨顾及村镇社会网络特征的乡村聚落空间重构情景。

第 8 章——乡村聚落空间重构的路径优化与模式创新。尽管模拟技术与优化方法可以提高乡村聚落空间重构的科学性和合理性，但乡村聚落空间重构深受国家政策和制度的影响。该章基于社会实践与政策制度视角，分析当前乡村聚落空间重构的政策依赖、生计依赖和空间依赖，提出乡村聚落空间重构的路径优化和模式创新思考；并结合苏北农村人居环境的实地调研，提出乡村聚落空间重构与人居环境改善的政策建议。

第2章　乡村聚落空间重构的内在逻辑与理论方法

2.1　乡村聚落空间重构的内在逻辑

乡村聚落受自然条件、社会经济发展水平、人口密度和生活习惯等因素综合影响，其空间演化在很大程度上反映了农村社会经济发展和各要素之间相互作用的动态过程。乡村聚落重构在空间上表现为乡村聚落规模与格局的变化，而以乡村聚落为中心的人类活动串联着自然生态与人文环境，其空间重构过程必然带来更为复杂的乡村地域人地复合作用关系的变化，折射出乡村生产方式和社会经济结构的改变，具有内在的数量逻辑、空间逻辑和社会逻辑。

2.1.1　数量逻辑

乡村聚落是中国农村土地利用的重要组成部分，其数量多少与结构特征不仅影响着城乡建设用地的布局与发展方向，而且关系到区域用地结构的平衡。中国已进入城镇化快速发展时期，城乡建设用地结构的调整与优化已成为国土空间规划的重点，乡村聚落空间重构是提高农村建设用地效率和集约化程度，促进土地有序、合理与科学化利用的基础。然而，尽管大量人口从农村流向城镇，但村庄建设用地规模却不减反增，根据《2020 年城乡建设统计年鉴》，村庄建设用地面积由 1990 年的 1140 万 hm^2 增加到 2020 年的 1273 万 hm^2，农村建设用地资源粗放利用和闲置浪费问题较为突出。

城乡建设用地总量控制一直是政府部门管控的重点。国土资源部 2004 年出台了《关于加强农村宅基地管理的意见》，这是第一个全国性的有关农村宅基地的管理文件，意见提出“从严控制村镇建设用地”，要求各地引导农村村民住宅建设按规划、有计划地逐步向小城镇和中心村集中，促进村庄适度集聚和土地等资源节约利用，以促进城镇化加快推进。同时，为鼓励农村建设用地整理，盘活利用农村存量建设用地，缓解用地供需矛盾，国土资源部 2005 年发布了《关于规范城镇建设用地增加与农村建设用地减少相挂钩试点工作的意见》(国土资发〔2005〕207 号)，该意见进一步要求“切实做好试点工作，扎实推进农村建设用地整理，促进节约集约用地和城乡统筹发展”，并在全国开展城镇建设用地增加与农村建设用地减少相挂钩的试点工作。2007 年，中华人民共和国第十届全国人民代表大会常务委员会第三十次会议通过了《中华人民共和国城乡规划法》，为加强城乡规划管理，协调城乡空间布局，改善人居环境，促进城乡经济社会全面协调可持续发展制定了细则。国务院 2008 年发布了《国务院关于促进节约集约用地的通知》(国发〔2008〕3 号)，该通知进一步要求提高农村建设用地利用率，“稳步推进农村集体建设用地节约集约利用”；抓好农村居民点规划整理工作既是贯彻落实国务院关于严格土地管理决定的要求，又是当前和今后相当长一个时期内缓解城乡建设用地矛盾的有效手段和途径。2010 年，国务院发布了《国务院关于严格规范城乡建设用地增减挂钩试点切实做好农村土地整治工作的通知》(国发〔2010〕47 号)，要求“切实做好农村土地整治工作”“规范推进以田水路林村综合整治为内容的农村土地整治示范建设”“确保增减挂钩试点和农村土地整治工作规范、健康、有序开展”。一系列政策的实施确立了乡村聚落空间重构的数量基础，即乡村聚落总量得到有效控制，促进农村建设用地节约集约利用。

乡村聚落空间重构的数量逻辑包含了总量和流量两个层次(图 2-1)。总量是指乡村聚落整体规模更加趋于集约化，按照村镇规划标准确定人均建设用地标准，多以人均乡村聚落面积或人均农村宅基地面积为控制目标，结合乡村现状人口结构及未来变化趋势确定乡村聚落总量规模。考虑到当前全国乡村聚落粗放利用的现状，乡村聚落空间重构后的总量应该小于其重构前的总量($S'<S$)。流量是指通过乡村聚落拆迁安置的合理规划释放出的存量乡村聚落规模，又可称为整治潜力($S-S'$)。流量涉及拆迁区与安置区的乡村聚落规模，一般情况下，安置区面积应小于拆迁区面积，即保证拆旧建新后的用地潜力释放。城乡建设用地增减挂钩是控制总量、盘活存量、增加流量的重要途径。但需要说明的是，传统意义上的城乡建设用地增减挂钩聚焦于建设用地空间和结构的双优化，以保障经济建设，其目标本质上是“以地为纲”，局限于土地利用层面的结构优化与功能提升，对于乡村聚落整治与人口发展和产业升级之间的联动效应考虑不足。因此，乡村聚落空间重构不能简单地计算总量和流量，应综合考虑乡村人口、土地和产业的联动关系，基于农户意愿和农村发展实际有序开展。

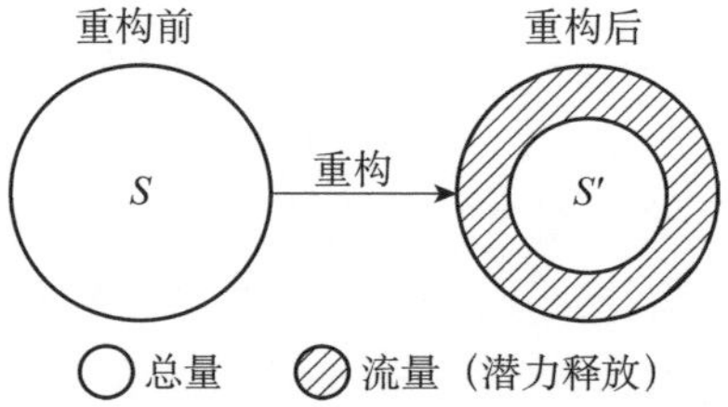

图 2-1　乡村聚落空间重构的总量与流量

2.1.2　空间逻辑

乡村聚落空间布局的地域分异特征与时空演化规律往往能揭示不同阶段、不同地区乡村的人类活动与土地利用的依存关系及互动机制。乡村聚落空间布局的合理性一直是国内外学者关注的焦点，这种合理性分析包括乡村聚落自然适宜性、生活和生产便捷性。

自然适宜性主要指气候、地形和水文等方面的适宜程度。气候宜人、地形平缓和水源丰富的地区往往是乡村聚落布局选址的首选，也是早期人类文明的发源地。1841 年，德国地理学家科尔在其著作《交通殖民地与地形之关系》一书中，对聚落的形成进行了较为系统的研究，证实了地形差异对聚落布局的影响（郭晓东，2013）。生活便捷性重点体现在乡村聚落与学校、医院、道路等公共服务设施和基础设施的空间关联方面，如 Robinson（2003）分析了聚落分布对于农村地区基础设施布局的影响，证实了乡村聚落分布形态与基础设施可达性之间存在密切的空间关联性；国内学者深入挖掘乡村聚落与点（城镇、中心村和基层村）、轴（道路）的空间关联性，进而识别聚落重构方向与路径模式（贺艳华等，2014）；聚落的公共服务设施与村域基础设施构成其空间重构的共生界面，通过空间关联作用形成面向生活功能需求的聚落重构共生系统（Wang et al.，2016）。生产便捷性主要指从事农业或非农生产的劳作距离以及农业生产设施的匹配程度，地处偏远山区的聚落往往面临劳作不便和农业有效灌溉难的困境，是乡村聚落拆迁安置的重点对象。乡村聚落因不同的自然和社会条件而形成不同的空间形态与类型，并随着研究问题的深入呈现出空间微观化趋势，更加注重乡村聚落与周围景观的空间关联分析以及聚落内部空间结构和功能。

从较大尺度而言，乡村聚落空间布局具有一定的等级分布规律，不同规模等级聚落类似中心地理论中的不同中心地，形成空间交互的村镇等级体系，不同等级乡村聚落空间分布具有典型的规模、密度和组合特征。规模与密度是影响人居提供空间接触机会的关键变量，规模体现了一定范围内人口发展与乡村建设的集中程度，密度体现了乡村聚落的分布形式与空间关系。但是，需要指出的是，密度是相对于人居规模而言的，一定范围内乡村聚落高密度分布，并不意味大规模集中分布；相反，可能是大量零散聚落的分布，从空间规划的角度而言，并不一定是合理的，因为这种分散性会直接导致农村基础设施建设和基层管理成本的增加。当然，这并不意味着乡村聚落重构是绝对以空间集聚为导向的，与城市不同，农村的地缘、血缘和生产关系决定其空间重构是一定程度上的集聚与分散相结合。

乡村聚落空间重构还涉及搬迁区与安置区的空间关系，从地缘关系而言，农户并不希望安置区离原有聚落过远，因为这在情感上涉及对乡土的眷恋，在生产上与自家农田有依存关系，毕竟不是所有的乡村聚落都朝着城镇化方向发展，大多农户仍然需要从事农业生产。从规划的行政管控的可操作性而言，位于一个行政辖区（如乡镇）范围内更便于进行乡村聚落统一规划与空间重构，跨区域的乡村聚落重构往往意味着更高的行政成本和更低的农户接受度。此外，安置区有原址安置和异地安置两种，若是前者，在土地利用类型的空间转换上并不存在问题；但若是后者，必然涉及安置区土地利用类型的空间变化，而不同用地类型（如耕地和林地）转变为乡村聚落的成本必然存在差异性，这又带来乡村聚落空间重构的空间转换成本。由此可见，从微观的聚落空间关系到中宏观的村镇空间关系及其所处的自然社会经济条件共同形成乡村聚落空间重构的基础。

2.1.3　社会逻辑

乡村聚落在农民生活、农业生产和社会交往中具有重要作用，其空间分布反映了村落之间相对稳定的社会关系，也就是我们所熟知的地缘、血缘和业缘关系，这种社会联系在居住流动性中起着关键作用。尽管传统乡村社会已经变得更加“现代”，但人们普遍认为“本土”和“乡土”不应在乡村地区发生改变（Pan and Du，2011）。形成和维持社会关系是人类最强大的动力之一，与城市居民相比，农村居民更喜欢与亲戚朋友接触，因为这种接触提供了精神上的愉悦以及自我认同感和社会认同感。农村社会联系是一种“场”联系，这意味着活动范围有限，社会角色种类有限（Stewart，1958）。“场”联系是指那些涉及工作、拜访、购物等的联系，可以进一步分为空间联系和非空间联系。空间联系是指人们日常生活中的运动和活动（Golledge and Stimson，1997），而非空间联系则强调人们通过电话或互联网上的社交工具建立的社会联系。这些密切的个人社会关系在农村生活中非常重要，对农村社会生活的重组起着关键作用（Day，2008）。然而，中国乡村重构受国家宏观政策的影响，目前的重构模式更多地关注外部条件，如常住人口、建设规模和土地利用标准。重构过程中很少考虑农民的内在需求，特别是社会交往方面的需求，导致乡村聚落空间重构迷失方向；在实际规划操作中，容易将乡村聚落空间重构简单地理解为一种为了促进土地节约集约利用的潜力挖掘和空间位置置换，导致农户整体满意度和意愿不高。

随着研究的深入，学者们开始关注乡村聚落空间重构背后的社会经济诉求，意识到空间重构是“形”的呈现，而社会经济重构才是“物”的本质，乡村聚落重构应充分挖掘聚落的社会经济功能，满足农户的社会联系需求。根据中心地理论，乡村聚落的分布与农村地区的社会联系密切相关（Mulligan，1984）。亲属关系是中国农村聚落形成的主要原因之一，随着社会关系的演变，乡村聚落的分布也在不断变化和重构。人们倾向于去他们亲戚朋友居住的具有高效服务能力的村庄，搬迁后的农民更可能基于情感接受这些村庄。因此，对农村社会网络关系的分析有助于决策者和规划者确定农村重构的正确方向。

从农村居民日常活动的起点-终点（origin-destination，OD）信息中可以进一步确定乡村重构的方向。Milbourne 和 Kitchen（2014）根据个人活动确定了农村地区的日常流动性。作者认为农村居民点来源于人们聚集活动的社会经济流动的交汇点。尽管个人活动通常受到个人特征、个体生活方式、经济基础等多种因素的影响，但这些活动实际上源于相似的需求，如工作、拜访和购物。Woods（2012）认为，发展农村社区可以让农村居民获得服务，并使他们对生活更加满意。同样，农村重构可以加强农民的社会联系，改善他们的生活方式。此外，空间流和非空间流在不同的村庄交互联系，在各自的网络中形成不同的节点度。社会联系网络的特征反映了村镇体系的层次结构（如中心村、一般村和边缘村），对乡村聚落空间重构至关重要。然而，很少有研究解释村镇社会联系与乡村聚落空间重构之间的关系，对于社会网络分析在乡村聚落空间重构中的应用研究则更少，如何将村镇社会关系融入乡村聚落空间重构中是值得深入思考的问题。

2.2 乡村聚落空间重构的理论方法

2.2.1 理论基础

1. 乡村地域系统理论

中国人文地理学家吴传钧（1991）提出的人地关系地域系统理论，是地理学研究领域的核心理论。由该理论在乡村地理学中延伸而来的乡村地域系统理论，逐渐成为乡村发展问题研究的基本理论依据。乡村地域系统是指在一定乡村地域范围内，由自然环境、资源禀赋、区位条件、经济基础、人力资源、文化习俗等要素相互作用构成的具有一定结构和功能的开放系统（Long et al.，2016）。本质上，乡村地域系统是由人文、经济、资源与环境相互作用构成的，具有一定结构、功能和区际联系的乡村空间体系，是一个由城乡融合体、乡村综合体、村镇有机体、居业协同体等构成的多系统地理空间（刘彦随，2018）。

乡村地域系统由内核系统与外缘系统构成，其发展状态是乡村内核系统和外缘系统之间相互作用、相互协调的综合结果。从结构上来看，自然资源、生态环境、经济发展和社会发展等要素构成乡村地域系统的内核系统，属于基础支撑系统；区域发展政策、工业化和城镇化发展水平等构成其外缘系统，影响和制约着乡村的发展。乡村地域系统中各要素的组合和结构状况，决定了乡村地域的功能属性和功能强度，并制约着乡村地域系统的要素整合和结构优化，乡村地域功能不断发生演化。随着城镇化、工业化进程的快速推进，乡村地域内核系统不断与其外缘系统进行着物质、能量和信息的交换。在各乡村要素内部变动和外部调控的共同作用下，以人口、土地、产业为核心的乡村发展关键要素发生变化，乡村的就业结构、消费结构、土地利用结构、社会组织结构等发生相应变化（Long et al.，2011）；乡村地域的生活功能、生产功能、生态功能和文化功能也随之不断发生演化和变异，对乡村聚落空间产生深远影响，推动着乡村聚落重构，乡村地域系统理论能够为新时期乡村振兴背景下乡村聚落空间重构研究提供重要理论指导。

2. 土地利用转型理论

土地利用转型一词由 Walker 于 1987 年在分析欠发达国家森林砍伐时首次使用，在地理学领域首次给出土地利用转型概念的则是致力于全球环境变化研究的 Grainger。作为土地利用/覆被变化综合研究的新途径，土地利用转型是指与经济和社会发展阶段的转型相对应的土地利用形态在时序上的变化（龙花楼，2003），包括耕地、林地、城镇土地、宅基地等单一类型土地利用形态以及地域整体土地利用形态的变化。作为土地利用转型研究的核心内容，土地利用形态指一个区域在特定经济和社会发展阶段内由主要土地利用类型构成的结构，或指单一土地利用类型在高一级土地利用类型中所占的份额。土地利用形态通常具有显性形态与隐性形态两种形式。显性形态指一个区域在特定时期内由主要土地利用类型构成的结构，具有数量和空间结构双重属性。数量属性指某一种土地利用类型、集中土地利用类型组合或所有土地利用类型的面积；空间结构属性主要是指各个土地利用类型在地域空间上的分布、排列与组合。隐性形态指依附于显性形态的不易察觉的，需通过分析、化验、检测和调查才能获得的土地利用形态，通常具有质量、产权、经营方式、固有投入和产出能力等多重属性（龙花楼，2012）。土地利用转型理论是根据对土地利用转型的已有认知，采用演绎推理等方法进行符合逻辑的推论性总结。国内现有理论研究已经拓展至地区尺度的城乡建设用地转型以及耕地利用转型，而农村宅基地利用转型理论是乡村地理学研究领域学者们关注的热点。农村宅基地利用转型理论认为，随着城镇化进程加快和人口非农化发展，农村宅基地在城乡建设用地中的占比会逐渐降低，而到城市化后期，这一占比将趋于稳定（罗惠等，2019）。

土地利用转型与乡村发展紧密相关。土地利用转型的驱动因素，如乡村人口、就业、资金、产业发展状况等，均与乡村转型发展的影响因素息息相关。而乡村转型发展进程中显露出的种种社会和经济问题均反映在土地利用上。土地利用变化对乡村发展影响的作用机制和模式也成为乡村地理学研究的热点（Caulfield et al.，2019；黄贤金，2018）。龙花楼（2012）认为乡村转型发展推动土地利用转型，土地利用转型的结果反过来影响乡村的转型发展，土地利用转型与乡村转型发展两者间存在一种耦合关系。作为农村居民生产和生活聚居的主要场所，乡村聚落在乡村发展与土地利用转型中具有重要地位，是乡村发展与土地利用转型的重要源头。土地利用转型与乡村转型发展耦合研究有利于揭示乡村地域系统的演化规律，为深入开展乡村振兴研究提供新的视角。

3. 社会网络分析理论

社会网络的概念最早是在英国著名人类学家布朗（Brown）对社会结构的关注中提出来的，是指人与人之间、组织与组织之间为了达到特定目的进行信息交流的关系网，由节点和关系两部分组成。Barnes 于 1954 年系统地提出社会网络理论，用于研究挪威某渔村的社会关系。社会网络一般是指个体或组织之间的社会关系构成的相对稳定的体系，同时其网络的结构、规模等都限制了资源的流动和分配（李梦楠和贾振全，2014）。社会网络分析是社会学的重要研究领域，是对社会关系结构及其属性特征进行分析的工具、规范与方法（Russell，2005）。它将个体或组织间的相互作用视为基于关系的模式与规则，不仅是表层的分析工具，更是基于关系论的思维方式。作为一种以关系为基本单位对社会结构进行实证探讨的研究方法，社会网络理论认为社会结构是社会存在的一般形式而非具体内容。社会网络理论主要涉及 3 个要素：节点、关系和连线。它以研究区域为节点，以区域之间的联系为边，构建区域联系网络，借助图论工具、代数模型等描述网络关系模式，并探究这些关系模式对网络中成员或网络整体的影响（汤放华等，2013）。社会网络的概念从社会学和生态学领域兴起，但在数十年间的发展中逐渐展现出了理论的普适性，被应用于乡村地理研究领域中。

社会网络分析理论在村镇区域的应用，不仅可以在村镇层次将村镇之间的多种社会经济联系进行有效的量化与可视化，还可以为研究村镇之间的社会经济联系结构和模式提供可行的科学分析方法。社会网络分析理论中关于节点度、联系密度、社团结构、中心性等网络特征的分析，有利于识别村镇层次上社会经济功能网络中处于重要地位的节点，即村庄或者乡镇，而与其他地方发生联系较少的村镇，即孤立村（镇）亦能够被识别。在这种基于网络联系的村镇等级结构的基础上，有利于针对性地对处于不同联系地位的村镇进行差异性分析，揭露和解释中心村（镇）在农村地区的辐射作用和孤立村（镇）在农村地区的边缘化现象。在乡村聚落空间重构过程中，通过村镇社会网络节点的重要性可以有效识别弱势村、一般村和强势村，进而明确乡村聚落拆迁的重点村落以及安置的重点方向，有效提升农户对乡村聚落空间重构布局的满意度。

4. 复杂空间决策理论

复杂性科学（complexity sciences）兴起于 20 世纪 80 年代，是系统科学发展的新阶段，也是当代科学发展的前沿领域之一。复杂性科学包含了崭新的哲学思想和高度现代化的技术方法体系，因其对现实世界运动规律的深刻洞察和揭示而受到各国学者的重视（López et al.，2009；Zhang et al.，2007）。空间决策是一个典型的复杂非结构化问题，如土地利用规划、城市交通调度、项目选址等，围绕时间和空间两大要素衍生出物质运动的相同和分异性特征，这就形成了通常意义上的复杂空间决策问题。复杂空间决策依赖于现实的地理空间，常发生于多维时间和空间尺度上，在均衡与非均衡发展过程中产生有序的时空结构以及无序的混沌行为。它通过应用空间分析的各种手段对空间数据进行处理变换，以提取出隐含于空间数据中的某些事实与关系，并以图形和文字的形式直接地加以表达，为现实世界中的各种应用提供科学、合理的决策支持（刘耀林，2007）。目前，尚没有形成广泛认可的复杂空间决策理论和方法体系，本书认为复杂空间决策（complex spatial decision，CSD）是以复杂性科学为指导，以计算机技术为支持手段，通过深入研究微观主体的决策行为和交互作用，揭示其空间运动规律，以达到优化空间结构、提升综合功能效益的目的。

乡村地域系统是一个复杂的、多要素耦合的动力学系统，大量微观主体（农户）在不同尺度空间交互作用，并随时间呈现结构性变化。传统经验知识化的空间决策具有较强的主观性，难以揭示不同乡村地域人口、土地和产业的作用机制或反馈关系，基于复杂空间决策的地理模型可以更好地揭示不同层次、不同尺度决策主体的行为规则和交互作用机制，从而更好地进行乡村聚落空间优化配置。复杂空间决策模型是建立在时间、空间和主体决策行为基础之上的，具有以下基本特征。

（1）空间复杂性

空间性是乡村聚落的基本属性，乡村聚落空间重构最终都要回归落实到空间布局上，但这种空间性不仅仅是乡村聚落的空间定量和定位，更是与此相应的乡村社会关系和功能的体现，如城乡建设用地布局体现了城乡发展关系和产业结构水平。每一种用地类型的改变都会牵涉到相应主体的利益，如政府、企业和农户，这些利益群体会以各自的价值取向为中心而博弈，这种博弈体现了社会的复杂性，并最终反映在土地利用空间布局上。此外，乡村聚落空间位置的改变不仅作用于乡村聚落位置本身，而且对其邻域空间也会带来一定影响，并进一步反映在数量、空间和社会关系上。乡村地域系统自身空间性、社会性以及邻域间的时空交互作用强化了乡村聚落空间重构的复杂性。

（2）智能性

乡村地域系统的空间复杂性使得传统的计算方法难以准确、科学地获得决策方案，随着计算技术的发展，以智能方式协助决策者完成空间思维和空间行为，模拟不同主体行为变成了可能。乡村聚落空间重构决策是一个“自下而上”和“自上而下”兼而有之的过程，而这种智能模拟是在兼顾“自上而下”的宏观布局的基础上，以“自下而上”的大量微观个体的交互行为为研究对象，以一定的数据或知识进行自学习和自适应，并形成相应规则在空间单元上逐步演化，表现为空间认知和领域智能的结合。诚然，社会空间行为的复杂性使得这种智能模拟存在不确定性，但实践证明，它能够在一定时空尺度很好地为乡村聚落空间重构提供决策支持。

（3）非结构性

乡村聚落空间重构不是单一的过程，是多种过程的复杂耦合，因而不可能以单一的数量或空间目标为最终解决方案，具有典型的多目标、多准则和多解性特征，是一类高度非结构化的复杂问题。简单地以经验、直觉或常识推理等方法显然无法获得满意的决策方案，必须采用知识工程和人工智能相结合的方法，揭示乡村聚落空间重构过程中非线性动力学和时空分形结构之间的内在联系，以求解与社会经济发展相适应的一个或一组乡村聚落空间重构方案。

2.2.2　研究方法

乡村聚落空间重构是基于乡村发展现状和面向未来发展趋势的一种积极有效的空间规划。乡村聚落城镇化在空间上表现为城镇用地的扩展对近郊区乡村聚落的吸收与兼并，乡村聚落社区化则在空间上表现为聚落单元的相对集聚与功能优化。两类聚落在空间布局变化上的内外机制和演化方向存在较大的差异性，在深入探讨乡村聚落城镇化与乡村聚落社区化演变机制的基础上，如何综合以农户为中心的多主体决策的复杂性和村镇社会网络特征，运用复杂系统理论和群智能优化的方法，实现乡村聚落空间重构的协同优化，对于乡村聚落空间优化配置和智能地理信息技术的应用研究尤为重要。将地理模拟系统与群智能优化算法引入乡村聚落规划布局中，在一定程度上发展和丰富了乡村地域系统的研究理论与方法，在时空上将城镇扩展与村庄集约两者有机地统一起来，并且在微观尺度上实现其空间布局的有效模拟和动态优化。

综上，乡村聚落空间重构过程中的现状特征评价、社会网络关系分析以及未来发展情景模拟都需要运用科学有效的方法，主要包括探索性空间数据分析、社会网络分析、地理系统模拟模型和群智能优化算法。

1. 探索性空间数据分析

19 世纪 60 年代 Tukey 面向数据分析的主题，提出了探索性数据分析的新思路。探索性数据分析（exploratory data analysis，EDA）是在一组数据中寻求重要信息的过程，利用 EDA 技术，分析人员无须借助于先验的理论或假设，直接探索隐藏在数据中的关系、模式和趋势等，获得对问题的理解和相关知识。探索性空间数据分析（exploratory spatial data analysis，ESDA）是 EDA 思想在空间数据分析领域的推广，由一系列统计分析空间数据、挖掘事物空间结构和相关性的技术构成（Symanzik，2013）。ESDA 旨在揭示对象的空间分布，识别非典型空间位置，发现空间关联模式，提出不同空间体制及其他形式的空间不稳定性。其核心内容是通过全局空间自相关分析和局域空间自相关分析对空间关联模式进行度量与检验，其中全局指标反映的是某属性值在整个研究区域的空间关联模式，而局部指标用于反映一个区域单元上的某属性值与邻近区域单元上同一属性值的相关程度。在乡村聚落研究中，核密度估计、空间关联测度模型、空间可达性分析等探索性空间数据分析方法常被应用于乡村聚落空间分布特征与规模特征识别，能够有效地揭示不同尺度农村居民点分布的强度、位置与关系，并能呈现直观的可视化效果。

（1）核密度估计

密度特征是揭示乡村聚落空间集聚程度的重要内容，在实际应用中，通常将乡村聚落抽象为点状地物，利用核密度估计方法测算乡村聚落的空间分布密度。核密度估计（kernel density estimation，KDE）是点模式分析中一种常用的非参数估计方法（Parzen，1962；Rosenblatt，1956），用于局部密度估计值较高的“热点探测”。核密度估计将点对象位置与其他地理数据结合起来，考虑了不同位置集聚强度的差异性和空间连续性（禹文豪和艾廷华，2015），被广泛应用于测度地理要素的空间分布密度。乡村聚落具有空间离散、点多面广的基本特征，难以直观识别其时空的整体性和连续性，核密度分析的优势在于其兼顾了评价对象分布的强度与位置特征，能够有效测度乡村聚落分布的空间差异性和连续性；核密度分析同时可以用于识别乡村聚落变化特征。其计算公式如下：

$$f(x,y)=\frac{1}{nh^2}\sum_{i=1}^{n}k\left(\frac{d_i}{h}\right) \tag{2-1}$$

式中，$f(x, y)$为位于位置（x, y）的乡村聚落密度估计值；n 为观测数量；h 为带宽或平滑参数，可根据不同尺度乡村聚落分布情况进行设置；k 为核函数；d_i 为位置（x, y）距第 i 个观测位置的距离。

（2）空间关联测度模型

采用全局聚类分析和空间热点探测分析分别测度乡村聚落规模的全局与局域的空间关联特征。前者主要用来探测整个研究区乡村聚落的空间关联模式，即高值集聚或低值集聚；后者用来判别局部地区不同地域空间上的“高值簇”和“低值簇”的空间分布特征（Getis and Ord，1992），并基于地理信息系统（geographic information system，GIS）空间可视化方法来揭示和展现“热点区”与“冷点区”。

1）全局聚类检验（Getis-Ord general G）如式（2-2）：

$$G(d)=\sum_{i=1}^{n}\sum_{j=1}^{n}w_{ij}(d)x_i x_j \Big/ \sum_{i=1}^{n}\sum_{j=1}^{n}x_i x_j \tag{2-2}$$

式中，d 为距离；$w_{ij}(d)$ 为以距离规则定义的空间权重；x_i 和 x_j 分别为 i 和 j 区域的观测值；对 $G(d)$ 进行标准化 $Z(G)=[G-E(G)]\text{var}(G)$，其中，$E(G)$ 与 $\text{var}(G)$ 分别为 $G(d)$ 的期望值与方差，根据 $Z(G)$ 值可以判别 $G(d)$ 是否已经达到某一指标的显著性水平要求以及是否存在正的或负的空间相关性。当 $G(d)$ 大于 0，且 $Z(G)$ 统计显著时，表明聚落规模布局存在空间集聚，且检测区域出现高值聚类，当 $G(d)$ 小于 0，且 $Z(G)$ 统计显著时，表明存在低值聚类。

2）空间热点探测分析（hotspot analysis）如式（2-3）：

$$G_i^*(d)=\sum_{j=1}^{n}w_{ij}(d)x_j\Big/\sum_{j=1}^{n}x_j \tag{2-3}$$

对 $G_i^*(d)$ 进行标准化 $Z(G_i^*)=[G_i^*-E(G_i^*)]/\sqrt{\mathrm{var}(G_i^*)}$ ，其中，$E(G_i^*)$ 与 $\mathrm{var}(G_i^*)$ 分别为 $G_i^*(d)$ 的期望值与方差，若 $Z(G_i^*)$ 大于 0，且统计显著时，表示位置 i 点周边的值高于平均值，属于高值聚类“热点区”；若 $Z(G_i^*)$ 小于 0，且统计显著时，表示位置 i 点周边的值低于平均值，属于低值聚类“冷点区”。

（3）空间可达性分析

乡村聚落与交通、水源和城镇等地理要素之间的空间可达性是评价其区位条件的重要指标，反映了农户日常生产生活的便捷程度。空间可达性与要素之间空间距离、交通方式和路径直接相关，可通过交通时间成本予以测度。这里将乡村聚落空间可达性界定为从任意乡村聚落点出发，到达距离最近的观测地理要素所消耗的时间成本，其表达函数如下（朱彬等，2015）：

$$T_i=\mathrm{Exp}(i,j) \tag{2-4}$$

式中，T_i 为乡村聚落 i 到达观测地理要素 j 的空间可达性。

由于不同土地利用类型可达性效用存在明显差异，可结合各类用地实际通行效率进行分析，确定公路用地、农村道路、建设用地、水域和其他用地的交通时间成本；运用 ArcGIS 中的栅格成本加权距离函数（cost weighted distance）测度不同地理要素空间可达性，并将生成的空间可达性图层与乡村聚落图斑进行关联分析，进而识别乡村聚落与不同地理要素之间的空间可达性特征。

2. 社会网络分析

社会网络视角下的村镇系统，其结构属性可以由节点和连线来表征，节点代表村镇系统中不同的村庄或聚落，而连线则用来表示实体之间的联系。节点重要性评价可以用来识别村庄在村镇或聚落系统中的功能和地位。村镇社会网络中的节点中心性评价主要从节点度、中间中心性、独立中心度、特征向量中心性和网络流中心性五个方面开展（刘军，2004a）。相关含义与计算公式见表 2-1。

1）节点度：主要是与节点直接连接的联系数量，反映节点的直接影响力；

2）中间中心度：主要是节点所在的路径数，反映节点对网络中资源的控制程度；

3）独立中心度：主要反映节点在网络中联系发生的独立程度，独立中心度越大，其与其他节点的接近程度越小，即其与其他节点发生联系时受其他节点的影响程度越小，该节点就越独立；

4）特征向量中心性：反映节点在整体网络中的核心地位，强调节点在网络中的间接影响力；

5）网络流中心性：反映节点在其他节点对中的中间性，强调节点在网络拓扑结构中的中心程度。

这五个方面从不同的角度对村镇社会网络中的每个节点的重要性进行计算和分析，不同的评价方法得到的评价结果有所不同，从不同角度反映村镇或聚落系统中的功能和地位。

表 2-1　节点重要性评价的主要指标

名称	定义	意义	公式
点度中心度/$C_d(i)$	节点 i 与其他节点 j 直接连接的边数 (x_{ij}) 之和	节点直接影响力	$C_d(i)=\sum_{j=1}^{n}x_{ij}$ ，n 为节点数量
中间中心度/$C_b(i)$	节点对 (s, t) 最短路径中经过节点 i 的个数 ($g_{st(i)}$) 占所有最短路径数 (g_{st}) 的比例	节点对资源的控制程度	$C_b(i)=\frac{g_{st(i)}}{g_{st}}$
接近中心度/$C_c(i)$	网络中某一节点 i 与其他 n 个节点 j 之间的接近程度，其值为路径长度 (d_{ij}) 的倒数	节点在网络中的区位优势	$C_c(i)=\frac{1}{\sum_{j=1}^{n}d_{ij}}$
特征向量中心性/$C_e(i)$	节点 i 的重要性既取决于其邻居节点 j 的数量（即该节点的度），也取决于其邻居节点的重要性 (x_j)	节点在网络中的影响力	$C_e(i)=c\sum_{j=1}^{n}a_{ij}x_j$ ，c 为比例常数，n 为节点数量；当且仅当 i 与 j 相连时 $a_{ij}=1$，否则为 0

注：s，t，i 都代表网络中的节点。

3. 地理系统模拟模型

（1）CA 模型

CA 具有强大的空间运算能力，与系统动力学、分形等模型方法不同，CA 在地理学的核心应用并不是描述和解释各种地理现象的复杂特征，而是模拟和预测复杂的地理过程，常用于自组织系统演变过程的研究（黎夏等，2007；罗平和李全，2010）。

元胞、状态和元胞空间是 CA 的三个基本概念，其构成了模型空间过程表达的概念基础。在物理学领域，CA 被定义为在由离散且状态有限的元胞组成的元胞空间上、按一定的局部规则、在离散的时间维度上演化的动力学系统。即元胞是 CA 的最基本组成部分，其状态取值来自有限集合中一个，所有元胞规则地排列而构成被称为“元胞空间”的空间格网，各元胞的状态随时间而变化。元胞状态体现了特定研究目的下元胞的本质属性，可以是{0，1}的二进制形式，或者是$\{s_0, s_1, s_2, \cdots, s_i, \cdots, s_k\}$整数形式的离散集。严格意义上的标准 CA 的元胞只能是一个状态变量，但在实际研究和应用过程中，往往将其进行扩展，使得每个元胞可以拥有多个状态变量，如元胞状态既可以用来表达土地利用状态，也可以表达人口密度状态；同时也有学者相对离散元胞状态提出了“连续元胞自动机”，认为元胞状态变量是连续的（周成虎等，1999）。元胞空间是元胞所分布的空间网点集合，其空间是完全基于几何方式的划分，每个元胞因分布在元胞空间相应的网格上而获得一个位置，这与基于几何定位的地理空间概念有类似的意义。理论上而言，元胞空间可以是任意维数的欧几里得空间规则划分。对于一维元胞自动机，所有元胞在一条线上，其元胞空间的划分只有一种；而高维元胞自动机的元胞空间划分则有多种形式，其中，二维元胞自动机最为常见，通常可按三角形、四方形或六边形三种网格排列。这三种元胞空间划分方法在建模时各有优缺点：三角网格邻域元胞数目较少，计算速度较快，但不便于计算机表达和显示；四方网格直观、简单、便于表达显示，但不能很好模拟各向同性的现象；六边形网格更加自然、真实，能较好模拟各向同性现象，但邻域数目较多，不便于计算机表达和显示。

1）邻域。CA 的基本思想是一个元胞在某一时刻的状态取决于并仅仅取决于上一时刻该元胞及其特定邻域内所有邻居元胞的状态。CA 的邻域实质上是指在一定空间范围和空间作用强度阈值条件下，确定与中心元胞发生空间相互作用的元胞。在一维元胞自动机中，通常以半径为 r 来确定邻域，距离一元胞 r 内的所有元胞均被认为是该元胞的邻域。二维元胞自动机的邻域定义较为复杂，这里以常见的规则四方网格划分为例进行说明。二维元胞自动机通常采用冯・诺依曼（Von Neumann）型、摩尔（Moore）型和扩展的摩尔型定义邻域，这里以 v_{ix} 与 v_{iy} 表示邻域元胞的行列坐标值，以 v_{ox} 与 v_{oy} 表示中心元胞的行列坐标值。则三种类型数学定义可表示如下：

冯・诺依曼型邻域定义为

$$N_{\text{Neumann}}=\left\{v_i=v_{ox},v_{oy}\left\|v_{ix}-v_{ox}\right|+\left|v_{iy}-v_{oy}\right|\leqslant 1,(v_{ix},v_{iy})\in z^2\right\} \tag{2-5}$$

摩尔型邻域定义为

$$N_{\text{Moore}}=\left\{v_i=v_{ox},v_{oy}\left\|v_{ix}-v_{ox}\right|\leqslant 1,\left|v_{iy}-v_{oy}\right|\leqslant 1,(v_{ix},v_{iy})\in z^2\right\} \tag{2-6}$$

扩展的摩尔型邻域定义为

$$N_{\text{E-Moore}}=\left\{v_i=v_{ox},v_{oy}\left\|v_{ix}-v_{ox}\right|+\left|v_{iy}-v_{oy}\right|\leqslant r,(v_{ix},v_{iy})\in z^2\right\} \tag{2-7}$$

如图 2-2、图 2-3 所示，冯・诺依曼型邻域是以四方向的直线路径确定，直接作用距离为一个元胞，传播速度慢，作用距离小；摩尔型邻域是以八方向的直线或对角线路径确定，直接作用距离为一个元胞，传播速度较冯·诺依曼型快，作用距离较冯·诺依曼型大；扩展的摩尔型邻域可以理解为摩尔型邻域的演化形式，它也是以八方向的直线或对角线路径确定，其直接作用距离为两个及两个以上元胞，传播速度快，作用距离大。

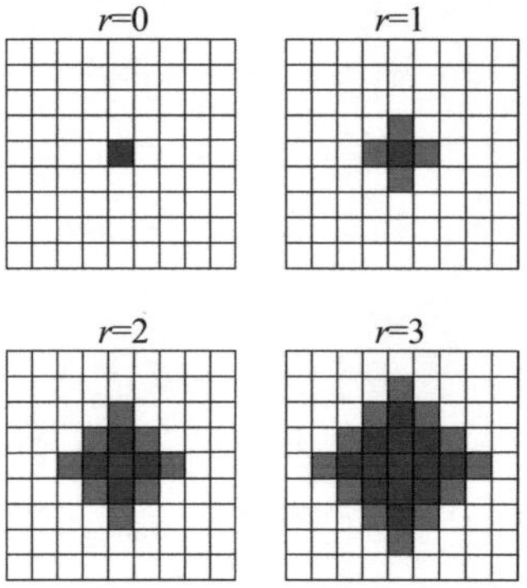

图 2-2　冯·诺依曼型 4 元胞组成的邻域

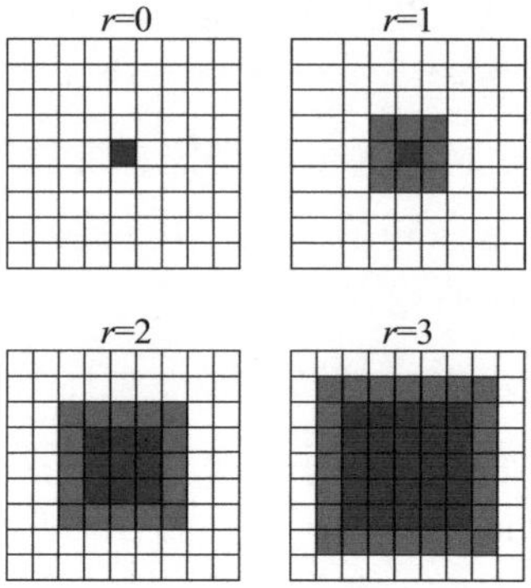

图 2-3　摩尔型 8 元胞组成的邻域

2）转换规则。转换规则是 CA 的核心，CA 的整个模拟过程完全是受转换规则控制的。每个元胞从 t 时刻到 $t+1$ 时刻的状态转变是由转换规则决定的，CA 转换规则是一个动力学函数，严格来说是一个状态转移函数，这个函数构造了一种简单的、离散的空间与时间范围的局部物理成分，尽管物理结构本身每次并不发展，但其状态在不断变化，可以记为

$$S_i^{t+1} = f(S_i^t, S_N^t) \tag{2-8}$$

其中，S_N^t 为 t 时刻元胞邻域状态组合。

以摩尔型邻域规则为例，元胞（i，j）的 $t+1$ 时刻状态值除了受自身 t 时刻状态值影响之外，还受 t 时刻邻域状态值的影响。可以记为

$$S_{(i,j)}^{t+1} = F(A_1, S_{(i,j+1)}^t) \tag{2-9}$$

$$A_1 = (S_{(i,j)}^t, S_{(i,j-1)}^t, S_{(i-1,j-1)}^t, S_{(i-1,j)}^t, S_{(i-1,j+1)}^t, S_{(i+1,j-1)}^t, S_{(i+1,\ j)}^t, S_{(i+1,j+1)}^t) \tag{2-10}$$

同理，$S_{(i,j+1)}^t = F(A_2, S_{(i,j+2)}^{t-1})$，以此类推，对于任意同一行 i 上 $j+m$ 列有：$S_{(i,j+m)}^t = F(A_{m+1}, S_{(j,j+m+1)}^{t-m})$，综合可得

$$S_{(i,j)}^{t+1} = F(B_{m1}, S_{(i,j+m+1)}^{t-m}) \tag{2-11}$$

其中，B_{m1} 为元胞在不同时刻状态值向量综合，由此表明，在摩尔型邻域规则中，随着演化时间的推移，空间上不直接相邻的元胞也存在一定的空间作用，任意元胞 $t+1$ 时刻的状态值受到距离为 $m+1$ 元胞 $t-m$ 时刻状态值的影响，这与地理流研究中空间相互作用思想基本吻合，即随着距离的增加，空间相互作用是衰减的。

由于城镇发展的不确定性，学者们更倾向于对传统 CA 的限制条件进行适当放宽，即往往以概率转换规则代替确定性的转换规则。一个简单的城镇 CA 转换规则可用如下关系进行表达：

If $\text{cell}\{x\pm1, y\pm1\}$ 已发展为城镇用地

Then $P_d\{x,y\}=\sum P_d(i,j)/8$ & If $P_d\{x,y\}\geqslant P_{\text{threshold}}$

Then $\text{cell}\{x,y\}$ 发展为城镇用地

城镇用地的扩张必然涉及乡村用地（包括乡村聚落），基于元胞自动机模型在城镇用地扩张模拟中的广泛应用，可将该模型引入用于乡村聚落城镇化动态模拟。

（2）多智能体系统

智能体（agent）最初是作为一种分布式智能计算模型被提出的，智能体理论与技术的研究是进入 21 世纪后计算机科学领域的一个重要方向（Gibbins et al.，2004；Marco et al.，2010）。由于 agent 没有固定的框架限制，用它来建立模型可以灵活多变，因而受到了多个学科领域研究者的青睐，在社会学科尤为突出。agent 具有丰富的内涵，其中文名称对应有“智能体”“主体”“代理人”等概念，目前学术界对于 agent 并没有一个明确的定义，但一般认为 agent 是一个运行于动态环境内的、接受另一个实体的委托并为之提供服务的、具有较高自治能力的实体（Bousquet and Page，2004）。在实际应用研究中，agent 往往被理解为一种模拟人类智能行为并提供相应服务的计算机程序，能够持续的、自主的进行操作。

agent 具有明显的属性特征，Wooldridge 和 Jennings（1995）认为 agent 应具有自治性、反应性、社会性和主动性等基本属性，并根据其属性特征对 agent 的“弱定义”和“强定义”进行了讨论，其中，只拥有 4 个基本属性的 agent 的为弱 agent，同时拥有其他属性的则为强 agent。4 个基本属性的内涵如下。

1）自治性（autonomy）：agent 具备自我的知识架构和独立思考能力以及方法，在决策与选择过程中，利用与之相关的资源和行为规则，可以不依靠其他主体的参与，能够独立地根据内部状态和感知的环境信息决定和控制自身的行为，不受其他人或物的直接控制。

2）反应性（reactivity）：agent 能够感知周围的外部环境，保持自身的一种状态反射；为了实现自身目标，同时可以通过发挥主动性而对环境以及其他主体的状态作出改变调整自身状态或者改变环境状况的行为。

3）社会性（social ability）：作为复杂系统演化的参与者，agent 具有一定的社会属性，并非独立存在，而是整个复杂系统的一部分；同时，agent 拥有其他实体（人、环境等）的信息，能够与这些实体进行信息交换，协同完成自身问题求

解或者是帮助其他 agent 完成相关活动。

4）主动性（pro-activeness）：agent 不仅仅是简单地被动的适应环境，而且还能够主动采取行动，表现出目标驱动的特性。

除了上述基本属性之外，agent 还具有适应性、协作性与智能性等特性，这些特性构成了 agent 决策的基础。作为一个自治的计算实体，agent 面临的关键问题是如何基于 agent 有效行为能力的可用动作库作出决策，以最大限度地满足自身的目标。

虽然 agent 具有一定特性与功能，但对于实际应用研究中的复杂的、大规模的问题，只靠单个 agent 往往无法描述和解决，需要多个 agent 协作以达到共同的整体目标。由此构成了多智能体系统，即由多个可以相互交互的 agent 计算单元所组成的松散耦合网络，agent 之间通过相互作用，可以求解任何单一 agent 都没有足够能力或知识予以求解的问题（张鸿辉等，2008）。多智能体系统采用从底层自下而上的建模思想，直接从模拟组成系统的个体以及个体与个体之间的相互作用出发来研究系统的整体行为（景楠，2007）。其核心是通过反映个体结构功能的局部细节模型和全局表现之间的循环反馈与校正来研究局部的细节变化如何展现全局的复杂行为。多智能体系统中每个 agent 都有解决问题的不完全的信息，或只具备有限能力；与此同时，不同的每个 agent 之间可能存在复杂的关系，并可以通过信息交流进行交互。这种关系主要表现在结构相关性和行为相关性两个方面，结构相关性是指不同 agent 之间具有对等关系、上下级关系、平行关系、集成关系等；行为相关性则指单个 agent 的决策行为都或多或少对其他 agent 产生一定影响，并进而影响自身行为。如在城镇用地扩展过程中，政府的城镇规划与土地利用政策会影响到企业用地选址和乡村聚落整理行为，同时，企业与农户也并不总是被动地接受政府的规划和土地利用决策，他们会根据自身的利益和经验作出相应的反馈，进而会使政府根据这些反馈行为制定有利于城镇用地发展的土地利用政策，三者之间表现出典型的结构相关性与行为相关性。目前，多智能体系统已逐渐引入到城镇土地扩张研究中，很大程度上弥补了地理信息系统过程模拟能力的不足。

基于多智能体系统的建模方法已成为衔接科学思想和具体实现之间的重要途径，通过构造微观 agent 模型，模拟 agent 间复杂的交互作用，形成人工社会或虚拟世界。多智能体系统建模的核心是通过 agent 对局部细节和全局表现反映出来与外界环境之间的信息接收、反馈和校正，来研究微观主体如何通过这一系列行为产生宏观的复杂性，也就是全局行为的复杂性。多智能体系统建模流程如图 2-4 所示，通过对复杂系统的全局和局部理解，在模型空间上定义整体，并比较系统行为和整体行为，不断调整模型参数，描述整体行为变化规律与现象。一些机构研制了多智能体系统建模的公共平台，如 SWARM、Repast、Ascape、CORMAS 等（Luna and Stefansson，2004；黎夏等，2007），其中，SWARM 系统中各个 agent 通过离散事件相互作用，相应的调度机制保证各个时间步骤依次得以执行；Repast 能够捕捉模拟过程中的每个瞬时状态，记录当时各数据并显示结果；Ascape 拥有非常友好的界面，每运行一次，多智能体系统就执行动作一次；CORMAS 是一个公共资源管理多智能体系统建模平台，由基于对象的语言 Smalltalk 编写，主要应用于经济和生态模拟以及自然资源管理。这些公共平台为多智能体系统在自然和社会科学的深入应用提供了技术基础。

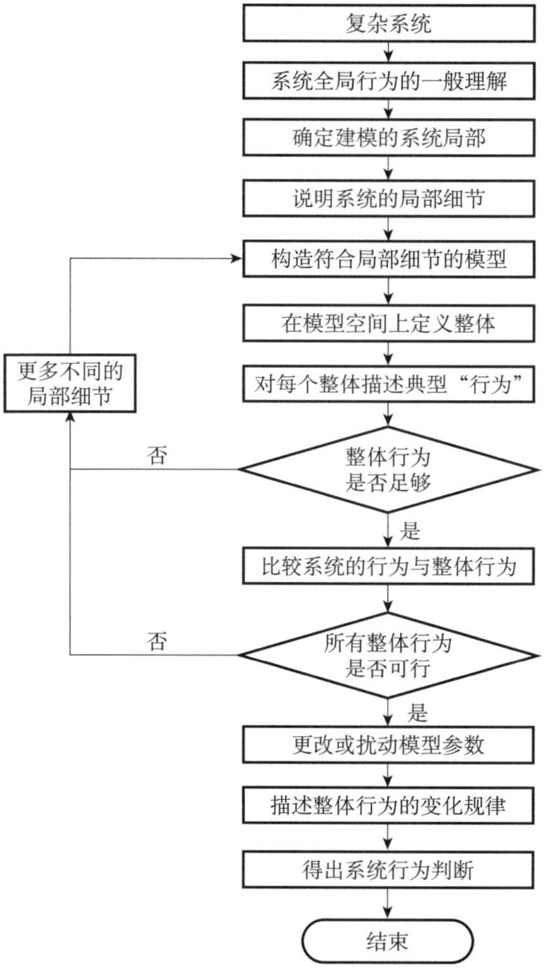

图 2-4　多智能体系统建模流程图（宣慧玉和张发，2008）

基于多智能体系统的建模方法可以从微观视角描述单个个体的行为以及多个个体间的相互作用，并将这些微观个体抽象为相应的agent类型，通过建立agent行为模型，揭示系统宏观演化规律与微观作用机制。乡村地域系统是一个典型的复杂系统，涉及宏观与微观层次不同个体间的交互行为，并通过土地空间实体动态演化得以体现，多智能体系统建模可以较好地仿真模拟乡村聚落空间重构过程中agent的决策行为，进而为乡村聚落空间优化配置提供决策依据。

乡村地域系统人地关系的表达和反馈机制是乡村地理学科学研究的重要内容。随着城乡人地关系研究由静态均衡向动态演化方向的转变，越来越多的研究更关注从多主体决策行为视角分析土地利用变化，并尝试通过系统建模将主体决策行为反映到模型中。多智能体或基于智能体的模型（agent-based model，ABM）在人地关系表达和决策行为动态模拟方面具有独特的优势，其建模思路可划分为“主体决策模型”和“空间决策模型”两类（余强毅等，2011）。同时，为了更好地揭示各主体的相互作用及其与环境的联系，并进行有效模拟，一些研究已开始尝试将MAS与其他模型进行集成耦合，其中，以MAS-CA模型最为典型，并被广泛应用于城市土地情景模拟研究中（Tian et al.，2011）。本书归纳了土地利用中多主体决策行为模拟的主要应用研究（表2-2），其模型主体可以是农户、土地管理者、环境保护者或土地开发者，他们根据地理环境和资源条件形成决策偏好，并做出相应的行为反馈。

表2-2　MAS/ABM在土地利用中的主要应用

土地类型	主体类型	主要特征
城镇用地	居民（Ettema，2011；Feitosa et al.，2011）；地方政府、开发商、居民和环境保护者（Tian et al.，2011）；地方政府、居民和开发商（Liu et al.，2006）	城镇用地发展的影响因素动态分析是划分主体类型的基础，居民主体决策行为及其相互作用机制是模型构建的关键
城镇—农用地	消费者、开发者和农户（Magliocca et al.，2011）；政府、居民和农户（Zhang et al.，2010）；参与者、服务商（Ligtenberg et al.，2004，2010）	以城乡交错带土地利用变化的社会经济驱动力分析为重点，以主体决策行为影响因素分析为前提
农用地	农户、景观主体（Le et al.，2010）；景观主体、社会主体（Mena et al.，2011）；农户（Valbuena et al.，2010）	强调农户在农用地转换过程中的主体地位，融入景观主体反馈作用的决策机制

大量研究表明，作为独立的土地利用类型，乡村聚落在多主体决策建模中往往被忽视，或直接划入农业用地，与之相应的农户决策行为模拟也是缺失的。相关研究虽然已开始关注农户及相关利益群体在乡村聚落布局优化中的决策行为，

但缺少合理的博弈决策分析和空间表达机制。

乡村聚落城镇化过程可以看作是城镇用地扩展对乡村聚落（尤其是城镇周边）的吸收与兼并过程，城镇发展所处的地理环境以及主体决策行为对城镇用地扩展布局与方向有重要影响，进而影响到乡村聚落城镇化的数量与布局。在建模过程中，将土地利用空间划分为一个 $n \times n$ 的二维网格，构建 CA 与 MAS 耦合模型，通过元胞定义地块单元可能的状态值、局部的元胞邻近关系以及作用于元胞邻域上的转换规则，地类元胞同时具有社会组织性与空间拓展性，进而实现乡村聚落城镇化的动态模拟。

4. *群智能优化算法*

优化是人们在社会研究、经济管理与工程科学等诸多领域中经常遇到的问题，随着人类生产活动的深入，许多优化问题呈现出规模化、高维化以及强约束化等特点。传统的最优化方法难以获取多目标的最优解，在研究类似的多目标优化问题时，人们尝试用各种启发式算法，以便能够在合理的时空范围内搜索到满意解，群智能优化算法是解决此类问题的有效工具。乡村聚落布局优化是一个复杂的组合优化问题，数量优化是基础，空间优化是目标，其优化目的是需要在全局搜索到最优解并落实到相应的空间位置。

自然生物系统中，生物个体能够完全依赖自身的本能，通过无意识的寻优行为来优化其生存状态。群智能优化算法就是借助自然生物界规律的启示，根据其行为特征设计出的求解问题的算法，如蚁群优化算法、遗传算法、免疫算法、粒子群优化算法等。

王凌与刘波（2008）根据群体智能优化算法的搜索机制，将其搜索过程归纳为以下三个基本环节：社会协作（social-cooperation）、自我适应（self-adaptation）和竞争（competition），并基于这三个基本环节提出了群体智能优化算法的数学化描述：

$$\text{PIO} = (\text{Pop}, S, A, C, \alpha, \beta, \lambda, t) \tag{2-12}$$

其中，$\text{Pop} = (\text{Pop}_1, \text{Pop}_2, \cdots, \text{Pop}_n)$ 为种群（n 代表种群规模）；S、A、C 分别为社会协作、自我适应和竞争过程；α、β、λ 分别为这三个过程中所需要的信息；t 为时间进程或迭代次数。

群智能优化算法是一类不确定的优化算法，同时是一类概率型的全局最优搜索算法，它在优化过程中不依赖于优化问题本身的严格的数学性质，能够通过自我学习不断提高个体的适应能力；具有潜在的并行性，能同时从多点出发，这种分布式的多智能体系统的协作过程是异步并发进行的，分布式并行模式将大大提高整个算法的运行效率、鲁棒性和快速反应能力（钟一文，2005）。

粒子群优化（PSO）算法是一种模拟自然界生物活动以及群体智能的随机搜索算法，PSO 算法在求解优化问题时，问题的解对应于搜索空间中一只鸟的位置，这些鸟即为“粒子”（particle），通过随机产生一定规模的粒子作为问题搜索空间的有效解，然后进行迭代搜索，寻找最优解。和小鸟一样，每个粒子都具有自己的位置和速度，决定飞行的方向和速率，可以用一个三元组（x_i，v_i，pbest_i）表示，其中，位置向量 x_i 为粒子 i 在 n 维搜索空间的当前位置；速度向量 v_i 为粒子 i 在 n 维搜索空间对应的当前飞行速度；历史最优位置向量 pbest_i 为粒子 i 所经历过的 n 维空间的个体最好位置，在进化过程中，粒子达到某个适应值更好的位置时，会将该位置记录为该粒子的最优向量，并通过粒子不断寻找更优的位置而不断更新最优向量。同时，群体还维护一个全局最优向量 gbest_i，引导粒子向全局最优区域收敛。假设问题搜索空间是 n 维空间上的一个超立方体，在每次迭代搜索到 pbest_i 和 gbest 的最优解后，粒子 x 会根据下式来更新自身的速度和位置。

$$\begin{cases} v_{ij}^{(t+1)} = v_{ij}^{t} + c_1 \cdot r_1 \cdot (\text{pbest}_{ij}^{t} - x_{ij}^{t}) + c_2 \cdot r_2 \cdot (\text{gbest}_{j}^{t} - x_{ij}^{t}) \\ x_{ij}^{(t+1)} = x_{ij}^{t} + v_{ij}^{(t+1)} \end{cases} \tag{2-13}$$

式中，i 为粒子 i，j 表示粒子的第 j 维；c_1、c_2 为正加速常数，也称学习因子；r_1 和 r_2 为[0，1]区间上的随机数；pbest_i 为粒子 i 经过的最好位置（自身经验）；gbest 为群体中所有粒子经过的最好位置（群体经验）。

在研究实际优化问题时，往往需要首先通过全局搜索使搜索空间迅速收敛于某一区域，再采用局部搜索以获得最佳解。学者们根据粒子自身的特性与搜索的实际要求，对上述公式进行了改进，在公式中加入一惯性权重 w，通过调整 w 的参数值来平衡算法全局搜索和局部搜索之间的关系，w 较大时算法具有较强的全局搜索能力，w 较小时算法具有较强的局部搜索能力，通常设置 w 随着算法迭代次数线性递减，以达到提高算法搜索范围与效率的目的，Shi 和 Eberhart（1998）通过实验证明改进后的 PSO 算法具有更明显的优化效果，改进后的方法即为标准 PSO 算法，其公式如下：

$$\begin{cases} v_{ij}^{(t+1)} = w \cdot v_{ij}^{t} + c_1 \cdot r_1 \cdot (\text{pbest}_{ij}^{t} - x_{ij}^{t}) + c_2 \cdot r_2 \cdot (\text{gbest}_{j}^{t} - x_{ij}^{t}) \\ x_{ij}^{(t+1)} = x_{ij}^{t} + v_{ij}^{(t+1)} \end{cases} \tag{2-14}$$

所有粒子都由被优化函数 $f(x)$ 评价适应值，假设需要求解 $f(x)$ 最小化目标函数，那么个体极值点 gbest_i 会根据 $f(\text{pbest}_i)$ 的大小更新粒子的最佳位置，即

$$\mathrm{pbest}_i^{(t+1)}=\begin{cases}x_i^{(t+1)} & \text{If } f(x_i^{(t+1)})<f(\mathrm{pbest}_i^t)\\ \mathrm{pbest}_i^t & \text{Else}\end{cases} \tag{2-15}$$

粒子的速度与位置更新影响因素主要由三部分构成：粒子先前速度（粒子目前状态）、“认知”部分（粒子本身的思考）、“社会”部分（粒子受到的影响）。三者共同决定粒子的空间搜索能力，粒子的当前状态起到了平衡全局与局部搜索的能力，“认知”部分使粒子具有较强的局部搜索能力，“社会”部分则体现了粒子间的信息共享。从社会心理学角度而言，“认知”部分可以用桑戴克（Thorndike）“影响法则”解释，即一个加强的随机行为更有可能在将来出现，这里假设了正确的知识是得以加强的；“社会”部分可以用班杜拉（Bandura）的代理加强概念解释，即当观察者观察到某一模型在加强某一行为时，将增加该模型实行该行为的概率，使得粒子自身的认知被其他粒子所模仿。PSO 算法的心理学假设可以描述为：在寻求一致的认知过程中，个体往往首先记住自身的信念，同时观察同伴们的信念，当发现同伴们的信念较好时，它会适时地进行自身调整。

求解一个最优化问题，就是寻找全局最小（最大）点，如图 2-5 所示，假设全局最优解在点 M 处，在速度 v_1，v_2，v_3 的共同作用下，粒子从 i 处出发，通过迭代不断更新寻找更佳的位置，逐步向全局最优点靠近，直到最终找到最优点。

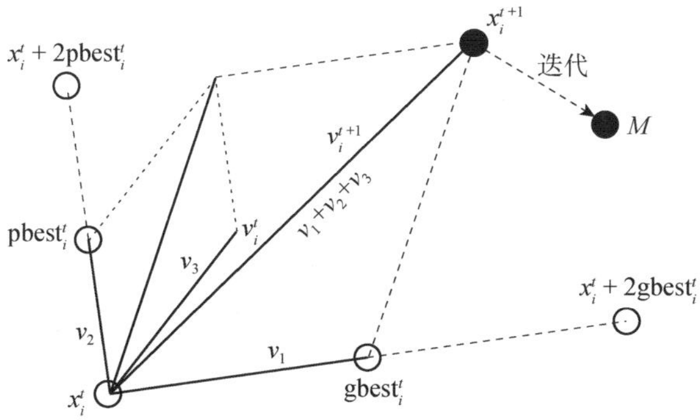

图 2-5　粒子位置更新示意图

PSO 算法的搜索性能取决于其全局探索和局部改良能力的平衡，这很大程度上依赖于算法的控制参数，包括种群规模、最大速度、最大迭代次数、惯性权重因子、加速常数等。PSO 算法与遗传算法相比，原理和机制更加简单，没有选择算子、交配算子和变异因子，而是通过速度更新公式和位置更新公式不断进化获得全局最优解，具有较强的全局收敛能力和鲁棒性，算法较易实现，运行效率更高。PSO 算法的优化流程如下（张军和詹志辉，2009）：

第一步，初始化群体各粒子的位置和速度，并且将个体的历史最优 pbest 设为当前位置，群体中最优的个体设为当前的 gbest；

第二步，在每一代的进化中，计算各粒子的适应度函数值，如果该粒子当前的适应度函数值比历史最优值更好，那么历史最优则会被当前位置所替代；

第三步，如果该粒子的历史最优比全局最优更好，那么全局最优将会被该粒子的历史最优所替代；

第四步，按照位置、速度更新公式更新各个粒子的位置和速度；

第五步，比较当前所有 pbest 和 gbest 的目标值，更新 gbest；

第六步，如果没有达到结束条件，则转到第二步；若终止准则满足，则输出 gbest 及其目标值并停止算法。

以求解问题最小值为目标的 PSO 伪代码表示如下：

```
Procedure PSO
for each particle i
    Initialize velocity Vi and position Xi
    for particle i
    Evaluate particle i and set pbesti =Xi
end for
gbest=min{pbesti}
while not stop
    for i=1 to N
        Update the velocity and position of particle i
        Evaluate particle i
        if fit(Xi)<fit(pbesti)
        then pbesti=Xi;
        if fit(pbesti)<fit(gbest)
        then gbest= pbesti
       end for
    end while
    print gbest
end procedure
```

乡村聚落社区化是因地制宜地形成适度集中与分散相结合的农村社区，实现乡村聚落的集约节约利用与综合效益的最大化，体现了乡村聚落在一定数量结构优化基础上的动态布局优化过程。在建模过程中，可以将每种乡村聚落空间重构方案抽象为一个粒子，粒子的一个维度代表方案内的一个图斑，粒子彼此间信息共享，粒子在飞行过程中根据适应度函数不断调整自身历史最优位置向量（P_{best}）和全局最优位置向量（G_{best}），而村镇社会网络的空间引导，使粒子飞行中具有网络关联性和寻优行为，不断对位置进行更新，经多次迭代满足要求后，获得粒子寻优结果。

2.3　案例分析：基于智能体模型的黄陂区乡村聚落空间重构

2.3.1　区域概况与数据处理

1. 研究区概况

黄陂区（114°09′E～114°37′E，30°40′N～31°22′N）地处武汉市西北部，长江中游北岸，大别山南麓，地势北高南低，其北部为低山丘陵区，中部为平原丘岗区，南部为平原湖区，大体上是“三分半山，一分半水，五分田”。黄陂区辖区总面积 2261km^2，辖 15 个街办、1 个乡、1 个农场和 3 个开发区。2014 年全区户籍人口为 112.16 万人，其中农村人口为 79.9 万人，农村常住居民人均可支配收入 14713 元。根据第二次全国土地调查数据，黄陂区城乡建设用地面积为 219.21km^2，其中乡村聚落面积为 153.79km^2，人均居民点用地面积约 192.48m^2，远高于国家和武汉市规定的标准上限。全区乡村聚落空间分布较为零散，伴随着城镇化的推进，出现了一定程度的空心化现象，乡村聚落重构的现实需求明显，整治潜力较大。

2. 数据来源与处理

本章所采用的基础数据为黄陂区第二次土地调查数据（比例尺 1∶10000），通过 ArcGIS 进行栅格化处理，数据格式采用 ASCII 格式；基于模型精度和运行效率的考虑，数据分辨率为 50m，格网数为（885×1538）个；黄陂区乡村聚落用地适宜性评价根据已有研究确定的多重因素指标评价法获取。其他主要资料包括《黄陂区土地利用总体规划（2010～2020 年）》《黄陂区统计年鉴 2015》以及 2015 年黄陂区村镇调研数据。

本章基于智能体模型，划分 4 类决策主体，模拟乡村聚落空间重构选址过程中的村民决策行为，构建基于智能体的乡村聚落优化配置（agent-based model for rural settlements allocation，ARSA）模型，实现村镇层次乡村聚落自动化、智能式优化布局与动态选址，所开发的 ARSA 模型完全开源，基于主体建模平台 NetLogo（https：//ccl.northwestern.edu/netlogo/）构建。模型界面分为参数设置区和可视化分析区，参数设置区包括控制面板、效用函数设置、参数设置、输入数据和结果输出；

可视化分析区主要通过地图、曲线图以及数值面板实时监控当前优化状态。

2.3.2 模型构建

1. 模型框架

ARSA 模拟村民智能体的选址决策行为，通过智能主体间的空间协作来优化乡村聚落布局。模型优化流程如图 2-6 所示，共分 5 个步骤：乡村聚落类型识别、村民智能体初始化、村民智能体选址决策、居民点布局方案评价和结果输出。乡村聚落类型划分将其识别为 4 个类型：城镇转化型、重点发展型、限制发展型、迁弃型。村民智能体初始化过程相对应地初始化为这 4 类智能主体。在居民点布局方案评价阶段，模型对居民点布局的适宜性、紧凑度和综合效用值进行评定，决策人员根据评价结果决定返回上一步继续优化或者进入下一步输出结果。最后的结果输出阶段不仅输出优化后的农村居民点布局方案，还要输出每个村庄的搬迁距离、方向、数量、目的地信息，以辅助居民点规划的实施。

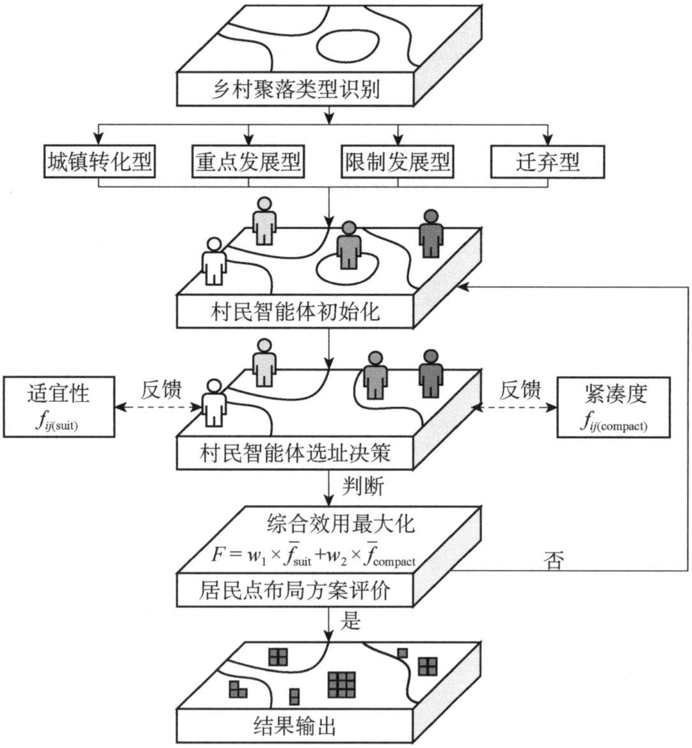

图 2-6 ARSA 优化流程

2. 乡村聚落整理类型识别

综合村庄人口规模、经济条件、生活通达度和生活便捷度等因素，确定不同乡村聚落优化方向，将现有乡村聚落划分为 4 个类型：城镇转化型、重点发展型、限制发展型、迁弃型。城镇转化型乡村聚落位于城镇扩展边界之内，在城镇化推进过程中，将逐渐被城镇用地吸收归并；重点发展型乡村聚落的规模较大、基础设施条件好，未来主要进行内部整理，提升集约节约利用水平；限制发展型村庄集约利用水平较低，未来要严格控制其增长；迁弃型乡村聚落分布零散、生产生活条件差，是乡村重构整理的主要对象，主要通过迁村并点、拆旧建新的方式来改善居住状况。

3. 村民智能体初始化

智能体系统由智能主体和环境两个子系统构成，其实体构成及状态变量如表 2-3 所示。根据确定的乡村聚落整理类型划分 4 类村民主体：城镇转化型村民主体、重点发展型村民主体、限制发展型村民主体和迁弃型村民主体。模型在每个乡村聚落格网单元上初始化一个村民智能体，但是迁弃型居民点需按照出地率随机选取一定比例的格网单元初始化村民智能体，未初始化智能体的居民点单元转化为耕地，作为城镇发展的耕地占补平衡指标。村民智能体以原始坐标为中心，以最大搬迁距离为半径的范围内进行重新选址。另外需要注意的是，本模型所采用的村民智能体并不等同于现实的村民，而是虚拟的智能主体，其行为模式并不完全遵从真实人的行为。由实验区构成的 885×1538 的格网空间，作为智能体迁移的空间范围。每个格网单元的状态变量分别由农村居民点现状特征数据、村庄编号数据、适宜性评价数据以及禁止建设区数据进行初始化。

表 2-3　实体类型及其状态变量

实体类型	状态变量
城镇转化型村民主体	编号（id）
重点发展型村民主体	原始位置（*ox*，*oy*）
限制发展型村民主体	当前位置（*x*，*y*）
迁弃型村民主体	最大搬迁距离（max-distance）
格网单元	村庄类型（village-type） 村庄编号（village-id） 单元适宜性（suit） 是否处于禁止开发区（forbid） 行政村编号（admin-id）

4. 村民智能体选址决策

各类的村民智能体采用不同的选址决策规则，但需遵守的共同准则为：新址必须处在最大搬迁距离内的非禁止开发区。城镇转化型村民主体会转化为城镇居民，其农村居民点将会因城镇扩张而被吸收[图 2-7（a）]；重点发展型村民主体对所在中心村进行内部整理，具体表现为选取一个处在边缘上的智能体，使其选择一个效用值更高且与当前所处居民点相邻的单元作为新址[图 2-7（b）]；限制发展型村民主体保持居民点现状不变；迁弃型村民主体将在所属行政村范围内寻找新的定居点，如果能在搬迁范围内搜寻到重点发展型居民点则迁入，称为“有核并点模式”［图 2-7（c）］，如果搬迁范围内无重点发展型居民点，则选择一个效用值更高的单元作为聚落点，称为“无核并点模式”［图 2-7（d）］。

5. 聚落布局方案评价

村民智能体的自适应行为表现为其总是搜寻效用值更高的单元作为新的定居点，其中计算效用值的效用函数由适宜性和紧凑度构成。适宜性值可直接由智能体所处的格网单元的状态变量（suit）得到，紧凑度采用 8 邻域内居民点所占

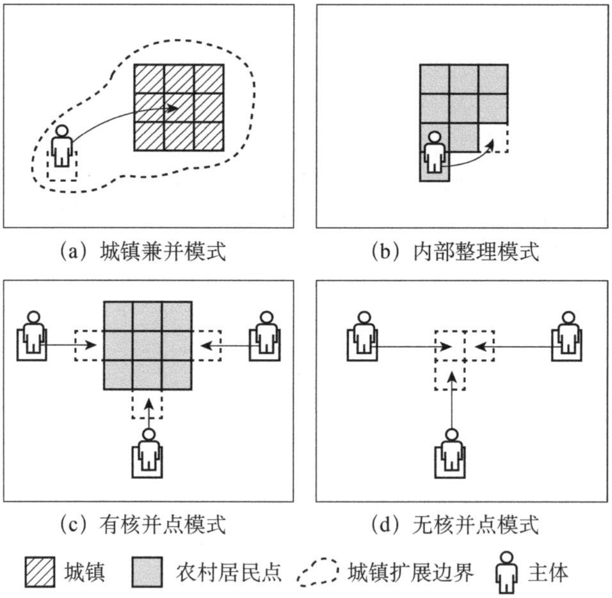

图 2-7　四类主要选址模式

比例衡量，其计算公式如下：

$$f_{\text{compact}} = \sum x_{ij} / N_{\Omega} \tag{2-16}$$

式中，f_{compact}为格网单元紧凑度，当单元格（i，j）为乡村聚落时，$x_{ij}=1$，否则为

0；N_{Ω}为邻域内的栅格数目，一般使用摩尔邻域。

格网单元的效用值为适宜性和紧凑度的加权值，其计算公式如下：

$$f_{ij} = w_1 \times f_{ij(\text{suit})} + w_2 \times f_{ij(\text{compact})} \quad (2\text{-}17)$$

式中，$f_{ij(\text{suit})}$为格网单元适宜性值；$f_{ij(\text{compact})}$为格网单元紧凑度，$w_1+w_2=1$。

布局方案的综合效用值采用所有乡村聚落格网单元的平均适宜性和平均紧凑度，其计算公式如下：

$$F = w_1 \times \overline{f}_{\text{suit}} + w_2 \times \overline{f}_{\text{compact}} \quad (2\text{-}18)$$

式中，F为布局方案的综合效用值；$\overline{f}_{\text{suit}}$为所有乡村聚落格网单元平均适宜性值；$\overline{f}_{\text{compact}}$为所有乡村聚落格网单元平均紧凑度，$w_1+w_2=1$。

2.3.3　结果分析

1. 模型参数敏感性分析

模型试验是在一台 Core i7-4712MQ 2.3GHz 的 Windows PC 上完成，模型涉及 4 个关键参数：适宜性权重、紧凑度权重、出地率、最大搬迁距离，不同的参数组合会对优化结果产生影响。为了考察参数的设置如何影响优化结果，本章设置了 A、B、C、D、E、F、G 共 7 个情景（表 2-4）进行对比实验。这 7 个情景采用不同的参数组合，其中 A～E 试验了不同的权重组合，F、G 改变了最大搬迁距离。由于农村居民点整理的实际出地率可直接根据已实施的农村居民点整理项目统计分析获取，因此这里不作对比分析。

表 2-4　不同情景参数组合下的优化效果

情景	适宜性权重	紧凑度权重	最大搬迁距离/m	适宜性	紧凑度	综合效用	优化时间/s
A	0	1.00	500	0.574	0.605	0.605	1039
B	0.25	0.75	500	0.592	0.621	0.614	1211
C	0.50	0.50	500	0.603	0.618	0.611	1102
D	0.75	0.25	500	0.620	0.590	0.612	1039
E	1.00	0	500	0.630	0.474	0.630	1170
F	0.50	0.50	1000	0.611	0.638	0.624	2765
G	0.50	0.50	2000	0.615	0.650	0.632	8461

对比情景 A～E，可以明显看出随着适宜性权重增大和紧凑度权重减小，优化结果的整体适宜性增加，整体紧凑度减小。但是，情景 A 并没有如预期地显示出最大的紧凑度，究其原因，主要是因为适宜性评价数据空间自相关，适宜性高的地区，农村居民点在空间上往往也更聚集，因此设置适当的适宜性权重既能体

现适宜性的布局要求，也有利于提高布局的集聚程度。情景 A 的适宜性权重为 0，寻优过程完全靠智能体随机选址，忽略了适宜性的导向作用，因此其优化的紧凑度反而没有情景 B、C 高。对比情景 C、F、G，随着最大搬迁距离的增大，适宜性、紧凑度以及综合效用值都得到了显著的提升，而所需要的优化时间也增多。增大搬迁距离意味着更大范围的居民点可以被归并，从而减小了斑块个数、斑块密度，增大了最大斑块面积指数与形状指数，说明布局结构更集聚。

2. 优化重构分析

根据不同情景优化的对比分析，将适宜性权重和紧凑度权重同等设置为 0.50，同时结合黄陂区村镇调研中农户对最大搬迁距离的接受程度，设定 2000m 为最大搬迁距离。出地率根据黄陂区已实施农村居民点整理项目统计值确定为 0.20。经过 2h21min 的 400 次迭代后，得到优化前后的乡村聚落布局（图 2-8）。收敛曲线显示适宜性在迭代 50 次时收敛，紧凑度和综合效益值在迭代 250 次时收敛。从图 2-8 和表 2-5 可以看出，优化后的乡村聚落整体布局更加紧凑，乡村聚落数目减少且平均面积增大。全区乡村聚落较优化前减少了 2732.50hm^2，斑块数量由 5944 个减少到 2911 个，平均斑块大小则由 2.59hm^2 增加到 4.23hm^2。全区乡村聚落适宜性较优化前提高了 7.7%，紧凑度增加了 23.6%，综合效用值提升了 15.1%，优化效果显著。

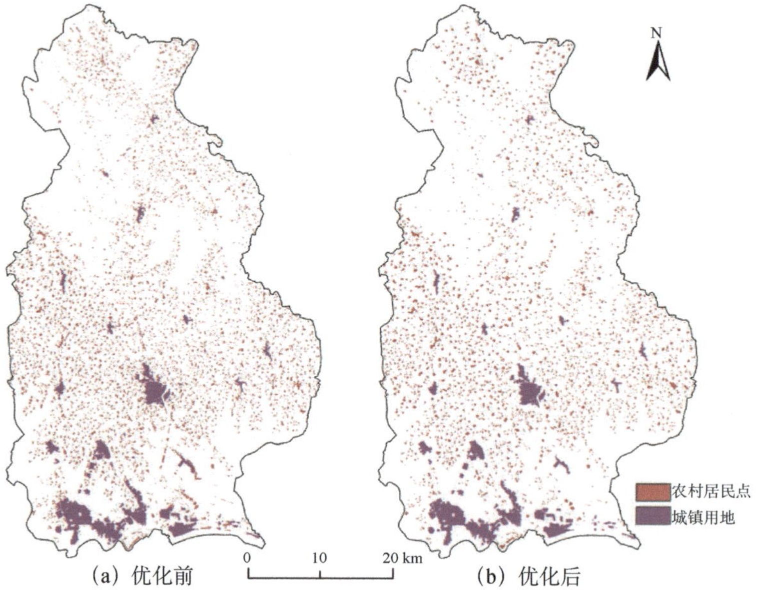

图 2-8 农村居民点优化前与优化后

表 2-5　现状分布和优化结果综合效益统计

状态	适宜性	紧凑度	综合效用	聚落面积/hm^2	聚落数量	聚落平均斑块大小/hm^2
优化前	0.571	0.526	0.549	15379.25	5944	2.59
优化后	0.615	0.650	0.632	12646.75	2911	4.23

不同类型乡村聚落动态变化差异显著，城镇周边有 1712.75hm^2 的乡村聚落被有序兼并吸收，为城镇用地扩展预留了一定空间。通过不同智能体分析决策和相互之间的空间协作，迁弃型与重点发展型乡村聚落互动频繁，迁弃型居民点共减少 1300.25hm^2，这些居民点适度地向重点发展型居民点集中，同时也形成了部分新建的居民点聚集地。这一过程直接带来了重点发展型居民点的进一步集聚，该类型居民点增加了 279.75hm^2。而限制型居民点由于主体决策行为规则的限制，其整体面积并无变化，这也符合乡村聚落重构有序推进、统筹布局的原则。优化结果体现了不同村民主体的决策行为规则，乡村聚落重构方向明确，空间动态增减有序。

为进一步分析不同村民主体决策下的优化效果，选取一些特征区，对比分析其优化前后的变化模式。如图 2-9 所示，a1→a2 显示了城镇转化型居民点消失，成为未来城市扩张的后备区；b1→b2 展现了重点发展型居民点的内部整理，村庄内部的空闲空间被填充，农村居民点整体更规整和集聚，降低了基础设施与公共服务设施的建设成本；c1→c2 表示迁弃型居民点搬迁至邻近的重点发展型居民点，即“有核并点模式”，形成更加集中的聚集地；d1→d2 则展示了另一种集聚模式，即“无核并点模式”，当邻近无重点发展型居民点时，在迁弃型居民点周围选取适宜性较高的地区，新建居民点作为集聚中心。特征区的优化模式表明，模型的局部优化效果符合预期；模型对农村居民点布局在整体上优化的同时，也兼顾了局部地区布局的合理性。

2.3.4　模型应用思考

本章基于不同村民主体空间决策行为分析，设置了包括适宜性、紧凑度和综合效用的目标函数，构建农村居民点空间优化配置模型，对村民智能体的选址决策进行模拟，通过智能体的自适应和空间协作机制，实现村镇层次乡村聚落自动化、智能式优化布局与动态选址。

1）乡村聚落布局优化是一个以村民主体决策为核心，兼顾生产、生活和生态条件改善的复杂动态选址过程。适宜性评价和分区是乡村聚落布局优化的基础，但不同村民主体的空间决策行为具有典型差异性，分区导向下的智能体决策

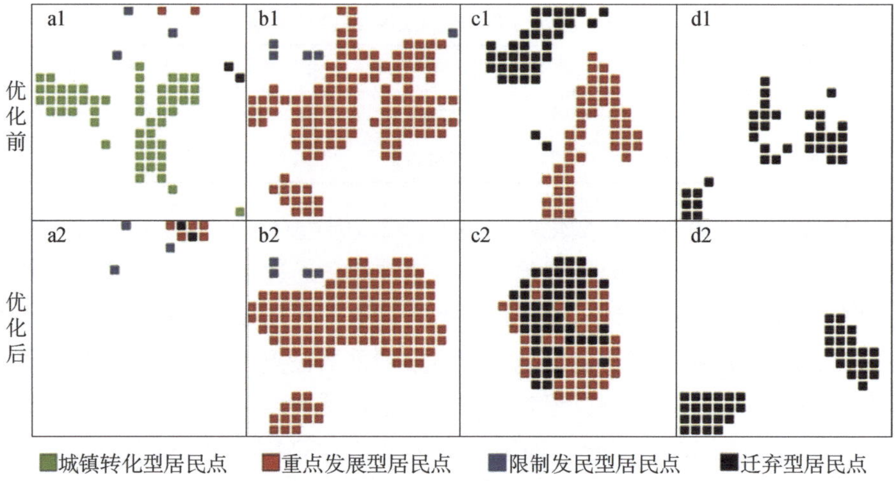

图 2-9　现状和优化结果局部地区对比

模拟将乡村聚落自身特征和不同主体的决策行为有机结合在一起。不同主体遵循各自空间决策行为规则，通过格网单元自身效用值和整体效用值的评价，不断迭代实现乡村聚落综合效用最大化。优化后的黄陂区乡村聚落适宜性、紧凑度和综合效用值都得到明显提升，促进了乡村聚落节约集约利用，验证了 ARSA 模型的适用性。

2）适宜性、紧凑度及最大搬迁距离的目标选择和约束限制真实反映了乡村聚落布局优化的现实需求，是不同主体决策判断与空间协作的基础。最大搬迁距离需要重点考虑农户的可接受程度，而适宜性和紧凑度则是一个需要综合平衡考虑的问题，乡村聚落优化配置是改善宜居性、提高集聚度的过程。过度强调适宜性而忽略紧凑度，会使乡村聚落空间布局较为破碎，这在一定程度上会增加乡村聚落基础设施与公共服务设施的建设成本；过度强调紧凑度，则会导致乡村聚落整体宜居性的降低，而最大搬迁距离的合理确定可在一定程度上兼顾两者的平衡。

3）本章构建的 ARSA 模型反映了分区、分标准、分类型进行乡村聚落空间优化配置的思路，政府规划部门或村镇规划者可以根据不同区域乡村聚落特征进行差异化参数设置，优化结果能够为村镇层次乡村聚落规划布局提供辅助决策。但同时需要说明的是，模型所选取的效用函数相对简单，对于不同村民主体的决策博弈路径也有待进一步细化，以提高模型的适用性和可操作性。

第3章　乡村聚落空间重构的数量约束基础：潜力测算

3.1　乡村聚落整治潜力与测算方法

乡村聚落空间重构涉及聚落规模和空间位置两个重要属性，在其空间重构中通常会将相对分散的小聚落合并为相对集聚的大聚落，这一过程必然带来聚落重构前后的斑块个数、面积和空间位置的变化。乡村人口城镇化直接导致人口与乡村聚落用地配置失调，大量人户分离人口摆脱了传统农业的生计依赖，形成多样化的农户收入结构，这客观上提高了农户社会经济水平，使其具备一定的改扩建农村住房的现实能力；家庭结构微型化一定程度上增加了农户数量，也直接形成乡村聚落扩张的内在驱动力，在宅基地审批与退出机制不完善的情况下易造成聚落规模的增长和无序扩张。与此同时，存量规划背景下城镇发展的土地资源约束日趋明显，城乡建设用地供需不平衡和发展不充分的矛盾日益突出。因此，面向土地节约集约利用目标确定乡村聚落的合理规模是其空间重构的基础，需要通过乡村聚落整治实现存量用地潜力释放和土地资源合理利用。

3.1.1　整治潜力

乡村聚落整治是土地综合整治工作的一项重要内容，是实现耕地总量动态平衡的重要手段，是促进建设用地节约集约利用的有力措施。盘活农村低效闲置土地，对于一户多宅、空心村现象进行统一整治，深度挖掘乡村聚落整治潜力，可以大幅度提高土地利用效率，增加有效耕地面积，推进城乡建设增减挂钩政策落实，从而促进土地资源合理利用。整治潜力测算是乡村聚落空间重构的重要基础研究，对整治潜力进行合理地测算，可以明确乡村聚落重构的规模目标和任务，为新一轮国土空间规划和村镇规划提供科学参考依据。

乡村聚落整治潜力是指在一定的社会经济条件下，通过乡村聚落内部空间治理或迁村并点规划等方式节约的用地规模。不同村镇资源禀赋和人文发展条件的差异形成了乡村聚落整治潜力的基础，使其具有典型的地域分异性和空间关联性特征。理论层面而言，现状乡村聚落中超出国家或地方用地标准的面积均为其可退出潜力，即理论潜力，该潜力往往通过现状户均（或人均）聚落规模与用地标准之间的对比关系，并结合未来人地发展趋势进行综合测算，方法简单适用（屠爽爽等，2015）；但理论潜力假定区域内所有农户都自觉参与聚落整治行动并按标准退出是不现实的，因此，通常仅作为研判村镇层次整体乡村聚落整治潜力上限的依据。

农村宅基地是乡村聚落的重要组成，有效盘活农村宅基地退出潜力，促进宅基地节约集约利用与功能价值提升，已成为当前农村宅基地制度改革亟须解决的关键问题。现实中农村宅基地退出潜力主要来源于四类，一是超标退出，包括“一户多宅”形成的违规占用以及其他超标准额外占用的宅基地；二是农户完全城镇化后的主动退出，这类农户通常已完成了“农转非”的户籍身份转变和生活方式转变；三是户主去世后无人继承或使用的自然退出，以农村少部分孤寡老人居住的宅基地为主，往往已处于闲置或废弃状态；四是新旧置换的规划退出，这种类型包括城镇用地扩张对农村宅基地的兼并和重组，即通过统一的迁村并点规划对原宅基地进行整理和复垦，同时划定安置区规划新村，拆旧区范围往往大于安置区范围，由此形成退出潜力。与前三种退出类型的零星整理挖潜不同，规划退出具有明显的政府主导性和规模连片特征，是当前挖掘农村宅基地退出潜力的主要途径。

农户作为乡村聚落的使用主体，其宅基地退出意愿的高低直接影响着乡村聚落整治潜力的大小。不同类型乡村聚落整治潜力的实现都需要在充分尊重农户意愿的基础上开展，这是维持农村社会稳定的关键，由此形成宅基地退出的意愿潜力。农户意愿潜力可通过实地调研准确获取，该潜力已具有现实层面实现的可能性，但意愿潜力的实现程度又与地方实践过程中的经济水平支撑和规划执行力直接关联（郭杰等，2007），从而形成真正落地的乡村聚落整治的现实潜力。由此可见，理论潜力具有理想层面的宏观指导性，意愿潜力体现农户层面的主体决策性，现实潜力反映了实践层面的可操作性，三者的有机结合能够从不同角度整体把握农村宅基地退出潜力的分异特征和重点推进方向。

3.1.2 测算方法

1. 理论潜力测算方法

现有乡村聚落整治潜力测算方法主要包括政策指标测算法、闲置宅基地抽样调查法、建筑容积率法和综合评价法。政策指标测算法通常以人均用地标准或户均用地标准作为衡量理论潜力的标尺，简便易行，具有长期的宏观指导意义，但测算结果往往远高于实际整理潜力；闲置宅基地抽样调查法是通过对农村内部闲置土地的调查获取乡村聚落闲置率，以此测算乡村聚落整理潜力，该方法计算简单，但忽略了非闲置土地的整治潜力以及农村人口的动态变化，测算的整治潜力值偏小；建筑容积率法通过抽样调查研究区建筑用地容积率的大小，提出规划期末建筑容积率的目标，以现有乡村聚落规模和规划期间的容积率差值为基础进行测算，该方法考虑了农村土地节约集约利用因素，但忽略了闲置乡村聚落的整治潜力，因而评价潜力值偏小；综合评价法是在考虑自然、社会和经济等多种因素情况下，选取与潜力大小密切相关的指标进行评价，方法相对较实用，但在指标选取上，由于受主观因素的偏好及资料可得性的影响，该法在具体应用上标准不一，由此测算的潜力值相差较大。

乡村聚落整治的理论潜力大小由乡村住户户数、聚落规模及用地标准三者共同决定。其计算公式如下：

$$\Delta S_I = S_{t_0} - Q_{t_1} \times P_{t_1} \tag{3-1}$$

式中，ΔS_I 为乡村聚落整治的理论潜力（I）；S_{t_0} 为规划基期年（t_0）乡村聚落现状面积；Q_{t_1}、P_{t_1} 分别为规划期末（t_1）户均聚落用地标准面积和乡村住户户数；t_0、t_1 分别为规划基期与规划末期。

2. 基于理论潜力的修正模型

为了测算更加符合实际的乡村聚落整治潜力结果，学者们综合考虑影响乡村聚落整治潜力的多重限制因素，建立基于理论潜力的修正模型（曲衍波等，2012）。潜力修正模型的设计思路是基于理论潜力测算结果，综合考虑乡村聚落整治潜力释放过程中的自然、社会、经济等多重限制因素，构建限制条件修正系数指标体系，确定各项指标权重，测算各单元限制性修正系数（各修正系数取值区间的理论范围为 0～1，不同条件下各修正系数呈现出不同的变化特征），从而建立潜力逐级修正的估算模型。计算公式表达如下：

$$P(R) = P(T) \times f(N) \times f(E) \times f(S) \times f(\cdots) \tag{3-2}$$

式中，$P(R)$ 为乡村聚落整治现实潜力；$P(T)$ 为乡村聚落整治理论潜力；$f(N)$ 为自然限制性修正系数；$f(E)$ 为经济限制性修正系数；$f(S)$ 为社会限制性修正系数；$f(\cdots)$为其他修正系数。

乡村聚落整治潜力释放一般主要考虑自然、社会和经济因素的影响作用，但随着政策规划的发展和整治潜力研究的不断深入，除考虑自然、经济和社会因素外，最大斑块指数和景观破碎指数等地块空间分异特征、宅基地利用和土地资源状况、成本和效益因素、国家政策和生态安全保护等因素也逐步被纳入乡村聚落整治潜力测算的影响指标体系中，经修正后的潜力往往远小于理论潜力，增加了乡村聚落整治实施的可操作性。

3. 基于意愿潜力的现实潜力估算

乡村聚落整治潜力应是基于测算区域的实际而得出的现实潜力，这一潜力的实现必须在充分尊重农户意愿的基础上开展。其中，政策指标的统筹、农户意愿的协调以及空间分布的体现是考量乡村聚落整治现实潜力大小的 3 个主要因素。孔雪松等（2010）提出在政策指标测算潜力与农户整治意愿潜力的基础上，以乡村聚落斑块面积大于该单元平均斑块面积的数量与该单元乡村聚落斑块总数量的比值为修正系数（该值在一定程度上体现了居民点空间分布特征与现实整理难易度），建立乡村聚落整治潜力的估算模型，其公式如下：

$$\Delta S_i = [(S_i - B_{ti} \times P_{ti}) \times w_1 + (K_i - J_i) \times w_2] \times (M_i / N_i) \tag{3-3}$$

$$P_{ti} = P_{oi} \times (1 + r_i)^t \pm P_i \tag{3-4}$$

式中，ΔS_i 为 i 单元乡村聚落整治潜力；S_i 为 i 单元乡村聚落现状面积；B_{ti} 为 i 单元规划目标年乡村聚落人均建设用地标准；P_{ti} 为 i 单元规划目标年乡村聚落人口总数；P_{oi} 为 i 单元现有乡村聚落人口总数；r_i 为 i 单元人口自然增长率；t 为规划期；P_i 为 i 单元机械人口增长量；K_i 为 i 单元基于农户意愿调查的乡村聚落整治面积；J_i 为 i 单元基于农户意愿调查的乡村聚落置换面积；w_1、w_2 分别为基于国家人均用地标准的整治潜力权重和基于农户意愿的整治潜力权重，且 $w_1 + w_2 = 1$；M_i 为 i 单元乡村聚落斑块面积大于该单元平均斑块面积的数量；N_i 为 i 单元乡村聚落斑块总数量。

3.2 乡村聚落整治潜力影响因素识别与整治分区

3.2.1 影响因素

乡村聚落整治潜力受到自然条件、社会经济发展水平、政策因素等多重因素的综合影响，统筹考虑各相关因素科学测算乡村聚落整治潜力是进行乡村聚落整治分区的重要基础。影响乡村聚落整治潜力的主要因素归纳如下。

（1）自然因素

乡村聚落的形成和发展与区域地形地貌、土壤质地、水文特征等自然因素有着密切联系。地形平坦、地势开阔区域便于建设且居住安全，利于聚落规模集聚发展；依水而居、择水而憩是聚落选址的基本原则之一，接近水源的聚落生活与生产便捷性高。坡度、高差等地形地貌因素以及土壤质地因素决定了整治工作的难易程度、整治成本以及复垦耕地的可利用率，从而影响整治潜力从理论向现实转化的可行性。自然条件良好、地形起伏平缓的平原地区，增加耕地潜力较大，整治成本相对较低。丘陵和山区地形复杂，居民点整治工作难度大，乡村聚落整治交通运输成本和生态防护成本相对较高。另外，乡村生活环境差、自然生态环境恶劣和地质灾害频发地区的农户整治意愿相对较为强烈，整治潜力较容易实现。

（2）资源禀赋

资源禀赋是乡村聚落整治的客观基础，耕地面积和乡村聚落用地规模都与整治潜力有着直接联系。耕地是保障农业发展的重要资源，人均耕地面积反映地区人地关系的紧张程度，人均耕地资源越稀缺，人地矛盾越突出，政府和农户通过居民点整治增加耕地的迫切程度就越高，有利于整治潜力的释放。整治理论潜力值通常是通过人均建设用地标准法计算，人均农村居民点用地面积越大，土地集约利用率越低，通过对乡村聚落内部进行空间结构和布局调整，合理规划整治后可以获得的整治潜力越大。此外，如果地方因发展需要对新增建设用地需求程度高，那么推动居民点整治动力就越足，居民点整治潜力实现程度也会相应提高。

（3）经济因素

经济基础是乡村聚落整治实施的必要保障。乡村聚落整治涉及房屋拆迁补偿、农田基础设施配套建设、居民点建设和土地复垦等，需要大量资金和劳动投入，地区经济实力是乡村聚落整治潜力能否释放的关键。地区经济发展水平和农民自身经济承受能力是影响乡村聚落整治潜力的两大重要因素，经济发展水平高的地区，政府投资能力强，提供充裕资金的可能性大，能够更好地满足农户意愿和利益诉求，有助于乡村聚落整治工作落地实行。农民自身经济承受能力高的地区，村民对土地资源依赖程度低，对生活环境有着更高的追求，在主观上参与乡村聚落整治的积极性相对更高。

（4）社会因素

社会发展状况是乡村聚落整治实施需要考虑的必要条件，人口、产业结构和基础设施等社会条件的差异会对政府整治决策和农户整治意愿产生直接或间接的影响。首先，乡村聚落作为农民生产生活的主要空间载体，人口的规模和结构变化直接影响乡村聚落整治潜力变化。乡村人口规模大，人口密度高的地区，居民点内部利用状况复杂，人地矛盾突出，政府和农民整治意愿越为强烈，有助于理论潜力的释放。再者，乡村聚落整治关乎农民切身利益，农户态度决定着整治工作能否实行。村民受教育程度和年龄结构影响着农民对居民点整治工作的理解和支持程度，村民受教育程度越高、青壮年人群比重越大、外出打工比例越高的乡村，对乡村聚落整治工作接受程度相对越高，乡村聚落整治工作推进阻力越小。

产业结构也会对整治潜力产生重要影响。农业产值比重小，非农业从业人员多的地区对农用地的依赖程度越低，整治积极性容易越高，有利于整治潜力的实现。地区第二、第三产业发展水平与其能否提供满足农村劳动力需求的就业岗位密切相关，一定程度上决定着农村剩余劳动力的转移速度，对宅基地利用效率和农民退出宅基地的决策产生重要影响。基础设施的完备程度直接影响到村民的生活质量，影响农民改善居住环境和进城居住的愿望；基础设施条件越好的区域对改善农村人居环境的需求越低，乡村聚落整治潜力释放相对困难。

（5）区位因素

优越的区位条件有助于节约乡村聚落整治成本，降低整治工作难度，增加了理论潜力释放的可能性。但同时需要说明的是，受城镇和公路交通等辐射作用，距离城镇区和公路越近的乡村聚落区位条件优越，距离城镇的消费市场较近，该区域农民从事第二、第三产业机会较多，交通便利，信息发达，进城务工方便，意味着更高效、便捷的现代农村生活，乡村聚落整治带来的生产生活方式的不确定性以及可能的既得利益损失，使得农户参与乡村聚落整治的意愿相对较低。

（6）政策因素

政策因素是农民参与整治决策行为产生的重要推手。国家颁布和出台了多项有关农村土地利用的法律和规章，明确规定了村庄宅基地规模、村庄人均建设用地标准等，直接对乡村聚落整治潜力产生影响。城乡、产业、交通、生态保护等各项规划要求及其形成的资源、区位等外溢效应对乡村聚落整治规模和潜力也会产生影响。政府对乡村聚落整治的政策倾斜也直接影响着乡村聚落整治工作落地实施，如果政策补贴满足农民心理预期，农民参与整治的积极性会显著提高，有助于整治工作的顺利执行。

为进一步探讨乡村聚落整治影响因素识别的定量方法，这里以山东省招远市为例进行说明。在招远市乡村聚落整治潜力调研的基础上（图 3-1），从地形区位、资源禀赋、社会经济三个维度选取 14 个代表性指标，作为影响招远市乡村聚落整治潜力差异的地理探测要素变量，包括到乡镇街道中心距离、到市中心距离、地形起伏度、到道路距离、到河流水系距离、乡村聚落规模、人均耕地面积、人均园地面积、乡村人口数量、人均 GDP、第二、第三产业占比、固定资产投资额、农村居民人均可支配收入、地方公共预算财政收入。将 14 个探测因子与乡村聚落整治潜力进行空间探测分析，计算反映各探测因子解释能力的 q 值。结果发现（表 3-1）：乡村聚落规模、乡村人口数量、固定资产投资额、地方公共预算财政收入、农民人均可支配收入和人均耕地面积共 6 个指标通过 1%显著性检验。乡村聚落规模对整治潜力影响最大，招远市有 216 个行政村的乡村聚落占地面积超过 10hm²，乡村聚落整治面积总和却达到了 312.12hm²，占到整个招远市乡村聚落整治面积的 56.8%，可以看出乡村聚落规模越大的村庄可供挖潜的居民点用地基数越大，闲置废弃宅基地数量多，便于进行规模化的拆建整治，也更容易吸引政府投资整治。

研究结果表明地方经济水平和乡村人居结构对乡村聚落整治潜力有重要影响，而地形区位影响较小。相比于道路、河流水系和地形等因素，社会经济因素对整治潜力影响作用更加强烈。地区社会经济水平发展滞后会大大降低乡村人口对村庄的依赖感和归属感。费孝通（2008）在研究中国乡村结构时提出了以自己为中心逐渐向周围推出的差序格局，其形成因素包括血缘、地缘、经济水平、政治地位和知识文化水平。传统乡村社会中，亲属和地理关系是影响差序格局的主要因素。随着社会发展和城镇化的不断推进，农村人际关系受血缘和地缘的影响在逐渐减弱，物质利益和文化诉求在农民心理中跃升至新的台阶，农民对美好生活的追求促使乡村人口涌入城市寻求发展机会，并且部分乡村人口选择在城市中稳定扎根，逐步减弱甚至放弃与农村中人和土地的关系。因此，经济社会因素会对农民迁移行为产生显著影响。需要说明的是，在乡村聚落整治潜力影响因素识别中，不同影响因素的作用会因乡村地域发展的差异性而不同。

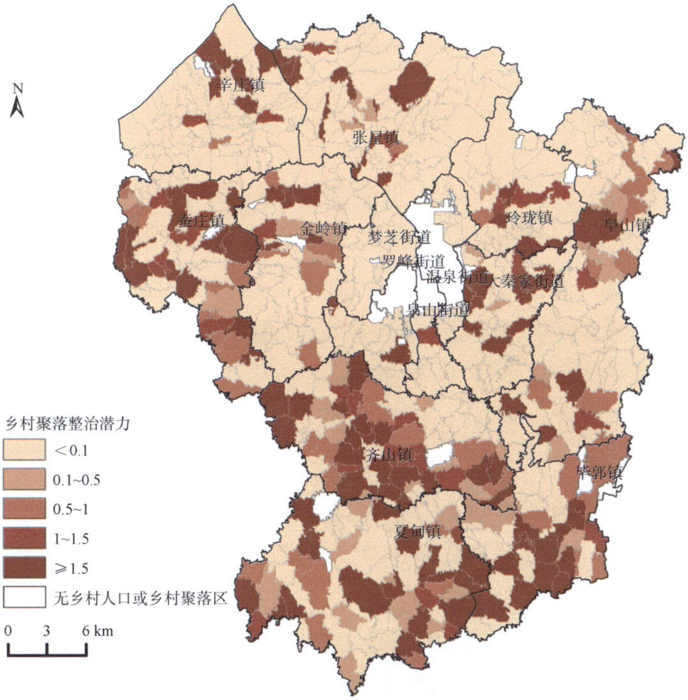

图 3-1　招远市乡村聚落整治潜力分布

表 3-1　招远市乡村聚落整治潜力影响因素探测结果

影响因子维度	指标名称	q 值	p 值
地形区位	到乡镇街道中心距离	0.003	0.685
	到市中心距离	0.020	0.011
	地形起伏度	0.006	0.460
	到道路距离	0.009	0.231
	到河流水系距离	0.007	0.305
资源禀赋	乡村聚落规模	0.075	<0.001
	人均耕地面积	0.017	0.030
	人均园地面积	0.006	0.397
社会经济	乡村人口数量	0.050	<0.001
	地方公共财政预算收入	0.027	<0.001
	农村居民人均可支配收入	0.027	<0.001
	第二、第三产业占比	0.025	0.003
	固定资产投资额	0.032	<0.001
	人均 GDP	0.020	0.014

3.2.2　整治分区

乡村聚落整治分区是提高农村土地利用节约集约水平、优化城乡空间结构的重要途径。它是在综合考量乡村聚落整治潜力影响因素的基础上，确定乡村聚落整治的模式、范围与优化方向，为乡村聚落空间重构与合理布局提供技术支撑。乡村地域具有明显的空间和功能分异性，由此带来了乡村聚落整治潜力的差异性，进而影响着未来乡村聚落重构的过程和方向。从区域规划的视角而言，乡村管理者和规划者需要在把握理论潜力、意愿潜力和现实潜力规模特征的基础上，分区、分类和分标准实施乡村聚落整治工程。

基于乡村聚落整治理论潜力、意愿潜力和现实潜力的内涵特征与层次关系，构建 3 类整治潜力层次关系与分析框架（图 3-2）。在明晰不同潜力关键影响因素的基础上，分别测算 3 类退出潜力；其中，理论潜力综合村庄发展现状、未来发展趋势和规划标准进行测算，意愿潜力基于乡村聚落地块层次的分村农户意愿摸底调查获取，而现实潜力是基于村镇层次意愿潜力实施可行性分析的修正值，从而形成 3 类潜力“自上而下”的规模传导和“自下而上”的现实反馈，在识别不同潜力组合特征与耦合特征的基础上，实现乡村聚落整治的分区引导、分类实施和分级管控。

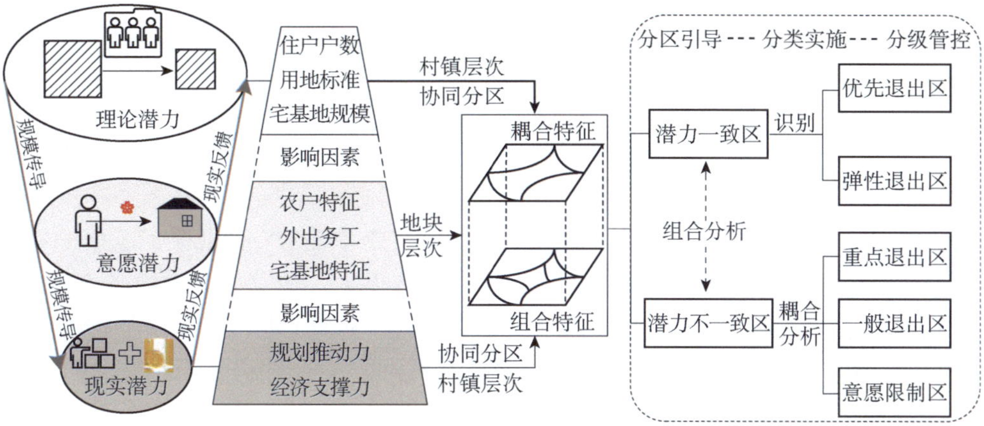

图 3-2　乡村聚落整治潜力层次关系与分析框架

针对乡村聚落整治 3 类潜力的纵向层次关系和横向地域差异特征，本章在引入耦合度模型的基础上，提出一种基于乡村聚落整治潜力的分层协同分区方法，共分两个层次。第一个层次以 3 类潜力的组合特征为基础，识别 3 类潜力组合一致性较好的行政村，将 3 类潜力都高和都低的组合类型区分别划分为优先整治区和弹性退出区；第二个层次是运用耦合度模型分析第一个层次未分区行政村的 3 类潜力耦合水平，识别高水平耦合区、中水平耦合区和低水平耦合区，并分别标识为重点整治区、一般整治区和意愿限制区。

耦合度模型是测度两个及以上要素协同作用关系的有效方法，对于测度乡村聚落整治的 3 类潜力的协同关系具有很好的适用性，其评价模型为

$$C = 3\times\left[\frac{\overline{\Delta S_{\mathrm{I}}}\times\overline{\Delta S_{\mathrm{II}}}\times\overline{\Delta S_{\mathrm{III}}}}{\left(\overline{\Delta S_{\mathrm{I}}}+\overline{\Delta S_{\mathrm{II}}}+\overline{\Delta S_{\mathrm{III}}}\right)^{3}}\right]^{\frac{1}{3}} \tag{3-5}$$

式中，C 为三类潜力的耦合度，$C\in[0,\ 1]$；$\overline{\Delta S_{\mathrm{I}}}$、$\overline{\Delta S_{\mathrm{II}}}$ 和 $\overline{\Delta S_{\mathrm{III}}}$ 分别为行政村理论潜力、意愿潜力和现实潜力的极差标准化值。参考相关文献已有分类标准（赵建吉等，2020），可将耦合度的等级划分为 3 个类别：低水平耦合（0.0，0.3]、中水平耦合（0.3，0.8]及高水平耦合（0.8，1.0]，进而综合 3 类潜力的组合特征与耦合度并进行分区，确定不同类型区乡村聚落整治方向。

3.3 案例分析：宜城市农村宅基地退出潜力的空间分异与协同分区

3.3.1 区域概况与数据来源

1. 研究区概况

宜城市位于湖北省西北部，地处汉江中游，整个地势自西北微向东南倾斜，属鄂中丘陵区。2019 年末，全市常住人口 52.78 万人，城镇化率达到 53.5%。全市总面积 2115km^2，辖 8 个镇、两个街道办事处、1 个工业园区和 1 个省级经济开发区。湖北省宜城市自 2015 年被列为全国农村宅基地制度改革试点县市以来，积极稳妥推进农村宅基地制度改革试点工作，在宅基地扩权赋能和有偿使用等方面取得了实质性的阶段成效。然而，农村宅基地闲置和粗放利用问题仍较突出，全市农村宅基地面积 7819.47hm^2，人均农村宅基地面积高达 276.92m^2；作为全国粮食生产先进县（市）和首批国家新型城镇化综合试点地区，宜城市面临着耕地保护与城镇发展的双重压力，积极盘活农村宅基地退出意愿潜力（图 3-3），对于实现宜城市城乡社会经济可持续发展具有重要的现实意义。

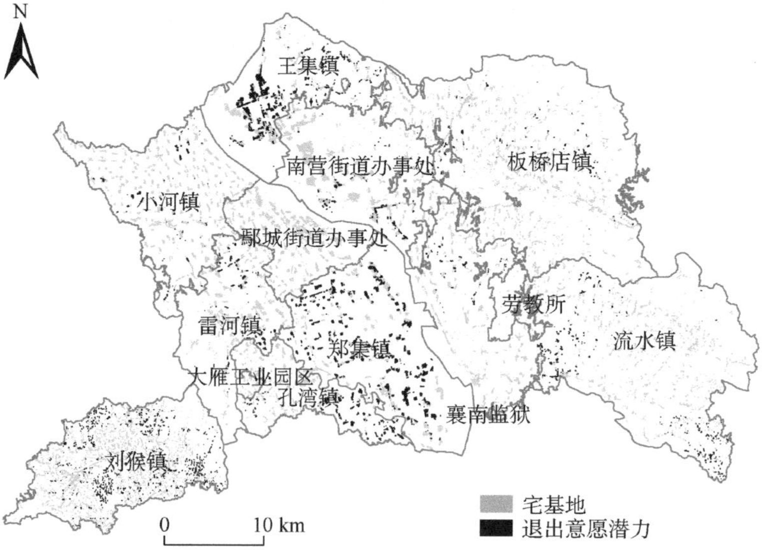

图 3-3　宜城市宅基地现状及其退出意愿潜力分布

2. 数据来源

研究基础空间数据来源于宜城市第三次全国土地调查数据库（简称三调），根据三调的土地利用分类属性提取农村宅基地地块图斑；农村宅基地退出意愿潜力调研数据来源于 2020 年 11～12 月的分村镇调研数据，调研内容包括农村宅基地退出意愿、退出规模、退出时间和安置范围等，调研按照“自上而下”和“自下而上”相结合的方式进行，“自上而下”是指宜城市自然资源和规划局统筹安排调研组织工作，研究组以乡镇为单元分组对各行政村村干部开展调研培训会，村干部再对各自村庄农户摸底调查并将相关信息标注到调查图上；“自下而上”是指研究组将各村摸底退出意愿相关信息由村到镇进行汇总，将有意愿退出农户的宅基地地块信息逐一录入，构建宜城市农村宅基地退出意愿潜力数据库；调研以三调遥感影像图为底图，共涉及 247 个图幅；社会经济统计数据来源于 2009～2019 年宜城年鉴和各乡镇统计报表，剔除数据缺失的村（社区），实际参与研究的村（社区）数量为 208 个。

3.3.2　研究方法

1. 理论潜力估算

根据宜城市农村宅基地制度改革的试点标准，户均宅基地共划分为三个区域、六个档次（表 3-2），根据行政村所在区域及其人均耕地拥有量分别选择适用标准，运用式（3-1）计算理论潜力。

表 3-2　户均宅基地分区标准

区域	城市规划区	镇区	农区		
人均耕地面积/亩[①]	—	—	≤1	(1，2]	>2
户均宅基地标准/m²	≤90	≤140	≤160	≤180	≤200

注：①1 亩≈666.67m²。

快速城镇化和乡村振兴的双重背景下，乡村人口面临着去留的双向选择，尽管城镇的高速发展和要素集聚吸引着大量的村民进城，但乡村振兴的反磁力也正在发挥着越来越重要的作用。基于此，可在乡村住户户数历史变化的基础上，结合村镇发展地位和功能定位，综合预测规划期末乡村住户户数，本章基于宜城市 2009～2019 年各行政村乡村住户户数变化进行趋势外推确定 2035 年乡村住户户数。

2. 意愿潜力与现实潜力估算

根据实地调查获取的农户意愿，识别有意愿退出的宅基地地块图斑及范围，将其面积汇总得到具体的意愿潜力。农村宅基地退出意愿潜力已具备实施可能性，但实践过程中意愿潜力转化为现实潜力的大小受到诸多因素的影响，主要包括规划推动力和经济支撑力两个方面。规划推动力是指区域管理层面的节约集约用地管控和耕地保护目标，对于人均宅基地超标区需积极主动推进宅基地退出制度改革和实践，以完成规划层面的城乡建设用地总量管控目标；同理，基于粮食安全保障的需求，各地需通过积极的土地整治补充有效耕地，实现区域耕地占补平衡目标，从而形成农村宅基地退出的压力和动力。经济支撑力是指宅基地退出中所具备的投资能力，宅基地退出涉及农户补偿和安置，需要大量的资金支持，这包括农户层面自身的经济能力和区域层面政府的经济实力。基于此，本章构建意愿潜力转化为现实潜力的修正系数评价指标体系，各因子的权重通过层次分析法获取（表 3-3）。具体修正公式如下：

$$\Delta S_{\mathrm{III}} = \Delta S_{\mathrm{II}} \times \omega = \Delta S_{\mathrm{II}} \times \sum_{i=1}^{n} w_i \cdot \left(\sum_{j=1}^{m} f_{ij} \cdot w_{ij} \right) \tag{3-6}$$

式中，ΔS_{II}、ΔS_{III} 分别为农村宅基地退出意愿潜力（Ⅱ）和现实潜力（Ⅲ）；ω 为意愿潜力转化为现实潜力的修正系数；w_i 为第 i 个修正因素的权重；f_{ij}、w_{ij} 分别为第 i 个修正因素的第 j 个修正因子的指标值（经标准化处理）和权重。

表 3-3　意愿潜力转化为现实潜力的修正系数评价指标体系

修正因素/权重	修正因子/权重	因子说明
规划推动力/0.67	户均宅基地超标率/0.25	（现状户均宅基地面积—规划户均宅基地面积）/规划户均宅基地面积
	耕地变化率/0.75	（研究期末耕地面积—研究期初耕地面积）/研究期初耕地面积
经济支撑力/0.33	农民人均纯收入/0.67	农民总纯收入与乡村总人口之比
	村庄总收入/0.33	村庄所有收入的总和

农村宅基地退出潜力分区遵循图 3-2 的分区思路和方法。

3.3.3　潜力时空分异

在综合测算宜城市理论潜力、意愿潜力和现实潜力的基础上，运用几何断点法将 3 类潜力划分为 5 级[图 3-4（a）～（c）]。整体来看，宜城市农村宅基地退出的理论潜力相对较高，共有 5653.20hm^2，约占现有宅基地面积的 72.30%；宜城市人均农村宅基地已远超国家标准，而宜城市作为农村宅基地制度改革试点制定了更高的分区标准，是理论潜力偏大的主要原因。从其潜力分级分布来看，虽然仅有 49 个村（社区）潜力等级位于较高等级（≥38hm^2），但这些村（社区）退出潜力高达 2536.31hm^2，占总理论潜力的 44.87%。然而，这种潜力仅存在理论上退出的可能性，从实地调查获取的农户退出意愿进一步证实了这一推断。宜城市农村宅基地退出意愿潜力明显小于理论潜力，共为 849hm^2，仅占理论潜力的 15.02%，128 个村（社区）退出意愿潜力处于最低等级，且其中 93 个村（社区）无意愿潜力，说明农户参与宅基地退出的积极性不高，调查中发现农户担心退出中经济补偿不足及退出后生活方式改变是导致意愿低的主要原因。现实潜力是基于意愿潜力修正所得，故其潜力分级分布与意愿潜力具有较高的一致性，但现实潜力仅为 85.26hm^2，仅占意愿潜力的 10.04%，基于农户意愿有效推进农村宅基地退出是新一轮国土空间规划面临的难题。

为进一步识别具有统计显著性的退出潜力发生热点和冷点区域，本章运用局域 Getis-Ord Gi*指数分析农村宅基地 3 类潜力分布的空间聚类特征，图 3-4（d）～（f）呈现了宜城市 3 类潜力冷热点分布的空间关联性，3 类潜力的冷热点区在空间上具有明显的差异。理论潜力的热点区共包括 17 个村（社区），主要分布于王集镇、流水镇和南营街道办事处等地，王集镇和南营街道办事处的热点村（社区）与宜城主城区空间上邻近，未来乡村人口非农化趋势明显，由此产生较大的宅基地理论退出潜力；流水镇热点区离城区相对较远，宅基地闲置率较高。冷点区则包括 32 个村（社区），集中在鄢城街道办事处及其周边区域，该区域的宅基地尽管在三调属性上仍为集体用地，但经实地调查大多宅基地已处于主城区内部，宅基地集约化利用水平相对较高，故其理论退出潜力较小。意愿潜力的热点区主要分布于王集镇和郑集镇，这与两镇政府在农村宅基地退出的有力组织和大力宣传直接相关，且两镇有清晰的村镇规划发展思路，这在很大程度上提升了村民对政府的信任，激发了他们参与农村宅基地退出的积极性；而以鄢城街道办事处为中心的冷点区的形成则与村民寄望于未来城区发展带来的宅基地升值和多元化增值使用直接相关，参与农村宅基地退出意愿很低。现实潜力的热点区与意愿潜力热点区有部分重叠，但范围明显更小，且值得注意的是在小河镇出现意愿潜力热点区之外的热点，这与该区域相对较好的规划管理与经济支撑直接相关。

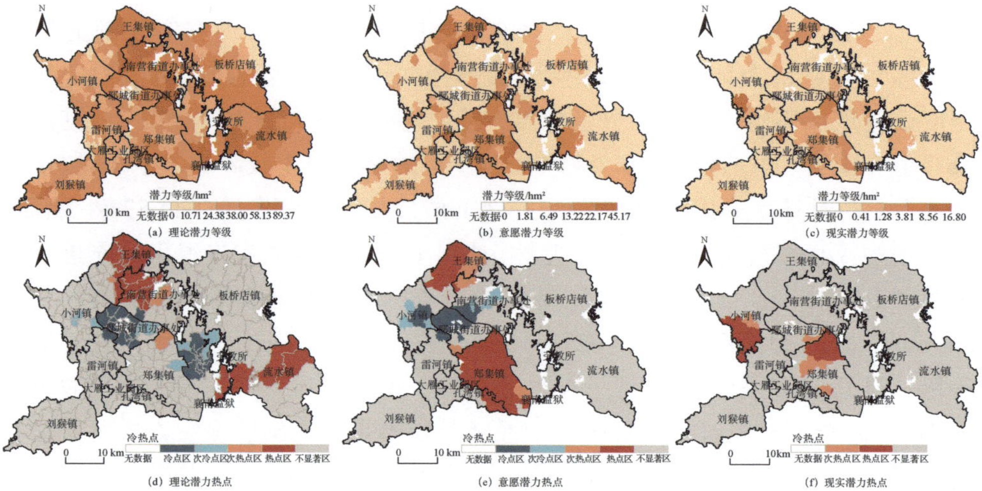

图 3-4　宜城市三类潜力的空间分布与热点区

3.3.4　潜力影响因素

农村宅基地退出意愿潜力受农户资源禀赋和村庄社会经济条件等诸多因素的综合影响，为有效识别村庄层次农村宅基地退出意愿的影响因素，这里将各行政村具有农户退出意愿的宅基地面积作为因变量，综合相关研究对宅基地退出影响因素的探究以及数据的可获取性（Chen et al.，2017；梁发超和刘丽惠，2020），选取宅基地面积（X_1）、人均耕地面积（X_2）、人均纯收入（X_3）、外出务工人数占比（X_4）、农业收入占比（X_5）和路网密度（X_6）6 个自变量指标。剔除数据不完整的行政村之后总共有 130 个样本，利用 SPSS 软件分析得到多元线性回归模型结果，如表 3-4 所示，模型方程的拟合优度为 25.1%，并运用方差膨胀因子（VIF）进行多重共线性检验，所有变量 VIF 均小于 3，变量之间不存在多重共线性，模型设定合理。

表 3-4　宅基地退出意愿潜力的多元线性回归分析结果

自变量	系数	标准化系数	Sig.	VIF
常数项	−111.814	—	0.344	—
宅基地面积（X_1）	0.126***	0.287	0.000	1.053
人均耕地面积（X_2）	−10.154	−0.075	0.427	1.443
人均纯收入（X_3）	−0.002	−0.044	0.600	1.159
外出务工人数占比（X_4）	195.518***	0.326	0.001	1.366
农业收入占比（X_5）	51.174	0.057	0.551	1.505
路网密度（X_6）	6.484**	0.195	0.030	1.285

、*分别表示在 5%和 1%显著水平下显著。

从模型估计结果可以看出，宅基地面积、外出务工人数占比和路网密度 3 个影响因素通过了 95%显著性检验，其余 3 个指标对宅基地退出无显著影响。宅基地面积越大的行政村，其内部闲置或超标使用的宅基地可能越多，符合一般的认知规律，如郑集镇和王集镇的部分乡村宅基地规模及其退出潜力都较高。但路网密度与宅基地退出潜力之间的因果关系似乎与传统认知有所差异，一般而言，路网密度越高意味着交通可达性越好，农村宅基地退出意愿可能性越低，但在本章案例分析中却呈现相反的规律，究其原因，可能是宜城市村级层次整体路网密度差异不大，在农户决策时忽略了交通可达性的影响，由此似乎形成了路网密度对宅基地退出潜力的正向影响，但影响系数较小。最值得注意的是，外出务工人数占比是影响农村宅基地退出潜力的最主要因子，该因子反映了村庄非农化和人口流出水平，值越高意味着村庄农户主观上接受宅基地退出的意愿更高。图 3-5 呈现了其中 56 个行政村意愿退出宅基地面积占比与外出务工人数占比的对应关系，两者具有较好的一致性，即外出务工人数占比越高的行政村，意愿退出的农村宅基地面积占比越大，进一步证实了回归分析中农民进城务工对农村宅基地退出意愿的重要影响。

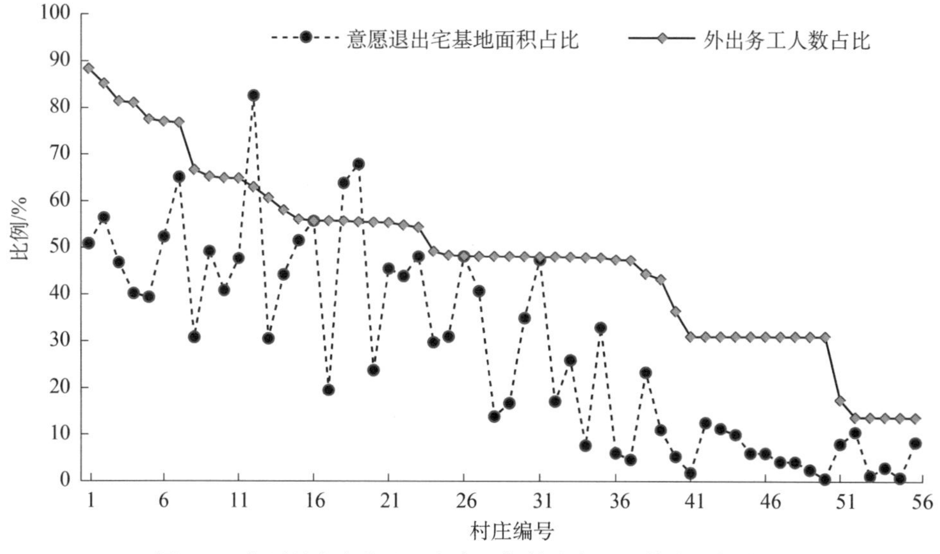

图 3-5　意愿退出宅基地面积占比与外出务工人数占比折线图

3.3.5　潜力组合特征

不同潜力的组合特征有助于更好地理解宅基地退出的层次关系，为减少不同潜力分级过多带来的信息冗余和组合特征不明等消极影响，这里采用几何间隔将理论潜力（Ⅰ）、意愿潜力（Ⅱ）和现实潜力（Ⅲ）划分为高、低两个层级，共可形成3类潜力的7个组合（图3-6）。从全局来看，3类潜力同处于低潜力和高潜力区的村（社区）数量分别为56个和55个，即组合一致区村（社区）数量占评价单元数量的53.37%，高潜力一致区在空间上相对集聚，主要分布于以王集镇、刘猴镇和流水镇为顶点的三角形内部区域；低潜力一致区在空间上则相对分散，这与3类潜力冷点区分散结果一致。46个村（社区）处于高Ⅰ低Ⅱ低Ⅲ组合区，尤以东南的板桥店镇和流水镇最为明显，这两个镇范围较大且以丘陵地形为主，宅基地分布广泛，调查中发现当地农户较强的乡土眷恋降低了主动退出意愿，而两镇相对落后农村经济水平进一步导致更低的现实潜力；与此相反，低Ⅰ高Ⅱ高Ⅲ组合区意愿潜力及其转化为现实潜力水平较高，共计48个村（社区）。此外，上述之外的其他3个组合类型零散分布在小河镇和流水镇。

为进一步识别非一致性组合区不同潜力值大小的实际匹配关系，运用式(3-5)测度3类潜力的耦合水平，共涉及97个村（社区），如图3-6所示。3类潜力的耦合度整体以低水平耦合为主，包括57个村（社区），对比组合特征分布可以发现，低水平耦合区与高Ⅰ低Ⅱ低Ⅲ组合区有较好的一致性，但低Ⅰ高Ⅱ高Ⅲ组合类型区在耦合分析中呈现出明显的分异特征，如在刘猴镇和郑集镇均发现该组合类型3类潜力的不同水平耦合，说明基于潜力状态值的耦合分析可以更准确把握不同潜力的匹配关系。处于高水平耦合的村（社区）仅为13个，尽管这些村（社区）属于不同的组合类型，但基于具体潜力值的耦合测度表明它们内部具有较好的一致性。由此可见，基于组合特征的耦合分析法弥补了单一组合分析的不足，具有更高的准确性。

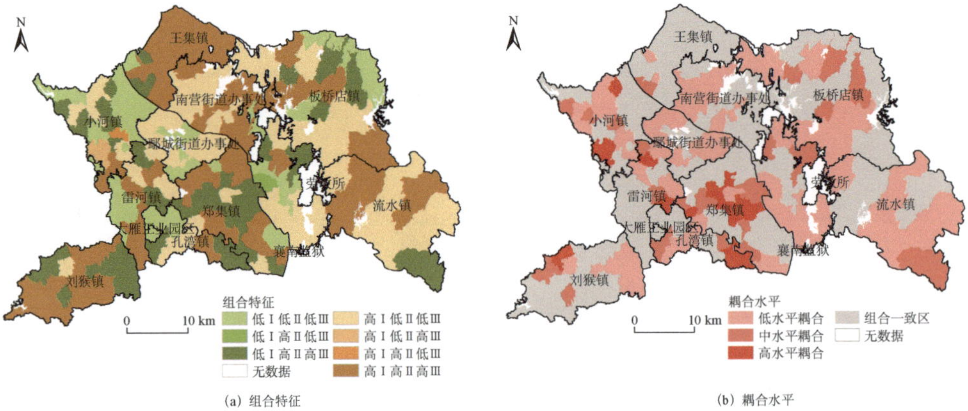

图3-6　宜城市三类潜力的组合特征与耦合水平特征

根据前文提出的分层协同分区方法，划分宜城市农村宅基地退出的5个类型区，即优先退出区、重点退出区、一般退出区、弹性退出区和意愿限制区（图 3-7），结合不同类型区乡村社会经济发展特征，进一步分区明确农村宅基地退出的路径和重点方向。

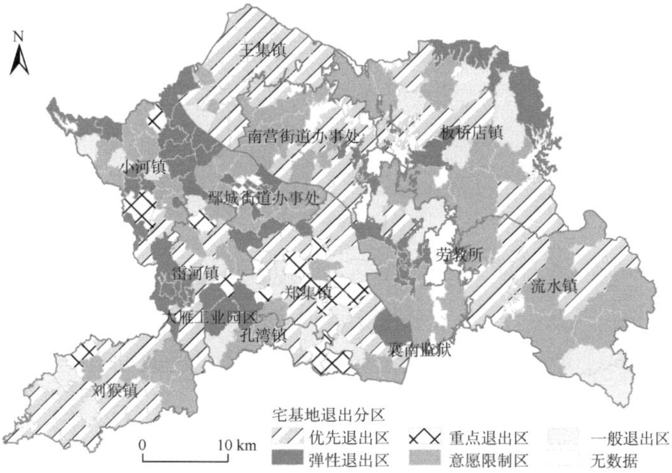

图 3-7　宜城市农村宅基地退出分区图

优先退出区是 3 类潜力都高的区域，共涉及 55 个村（社区）；该类型区已在各方面具备实施宅基地退出的良好基础，应以宜城市农村宅基地制度改革试点和新一轮国土空间规划为契机，优先开展宅基地退出的集中规划与配套政策研究，以王集镇、流水镇、板桥店镇和刘猴镇为主，加强宅基地退出区和安置区的联动规划。弹性退出区是 3 类潜力都低的区域，共涉及 56 个村（社区），其中雷河镇和小河镇是重点挖潜区；该类型区宅基地村庄内部往往存在一些闲置宅基地和破旧房屋，宜采取弹性策略引导零散宅基地有序退出，同时加强村庄内部低效用地和公共空间的治理，以点带面提升村庄集约用地水平。

重点退出区是指潜力组合不一致但 3 类潜力耦合状态较好的区域，共涉及 13 个村（社区）。该类型区整体都位于宜城市西南部，应充分发挥鄢城街道办事处和大雁工业园的经济辐射带动作用，推进与农村宅基地退出高度关联的村民就业保障和集中安置区建设，同步提升这些区域与城区、镇区及工业园区的交通可达性。一般退出区是指在潜力组合及耦合特征方面特点均并不明显的区域，共涉及 27 个村（社区）。该类型区的宅基地退出应针对村庄具体情况有序开展，以激发农户参与宅基地退出的积极性为重点，可尝试探索政府主导、集体引导和企业参与等多种方式的宅基地退出路径，完善城乡建设用地增减挂钩中的利益分配。意愿限制区是指潜力组合不一致且 3 类潜力耦合状态较差的区域，共涉及 57 个村

（社区）。该类型区数量最多，符合当前村庄发展的实际情况，即大多农村理论上退出潜力较高，但由于农户的众多顾虑，并不愿意积极主动参与宅基地退出，应以村庄环境综合整治为重点，推进村庄基础和公共设施配套建设，优化村庄内部生活生态空间，提升人居环境满意度。

综上，优先退出区加强宅基地退出区和安置区的联动规划，重点退出区发挥周边城镇区与工业园区的辐射带动作用，一般退出区探索农村宅基地退出的多元路径，弹性退出区聚焦零散宅基地退出与公共空间治理，意愿限制区强化农户意愿引导和村庄环境综合整治，不同类型区的识别为宜城市农村宅基地退出与转型发展指明了方向。

资产价值显化和土地集约利用是规划层面推进农村宅基地退出的两大动因，主要通过政府主导式新旧置换的规划退出予以实施。然而，在当前村庄规划与宅基地退出的实践中，部分地区单纯追求土地集约化目标和城乡建设用地增减挂钩的增值收益，将宅基地退出视作一次性的土地整治工程，忽略了农户长期的生产生活保障，而以行政手段推动的合村并居或集中区建设往往对农户内在需求考虑不足，容易激化农村宅基地退出过程中的社会矛盾；此外，农户意愿受自身观念、村庄发展条件和宏观退出政策等多重因素的影响，农户主体的多元性和乡村地域系统的分异性也加大了推进农村宅基地退出的难度（刘彦随等，2019）。这使得以实地调研方式获取的农户意愿存在一定的不确定性，如何有效识别影响农户意愿的不确定性因素，进而通过针对性的策略提升农户参与宅基地退出的积极性，是值得研究的一个重要方向。

农村宅基地退出潜力的释放在保障城镇增量用地发展需求的同时，也为耕地保护提供了重要后备资源。但需要强调的是，农村宅基地对于农户而言，不仅是传统农耕时代的居住之所，更是城镇化转型发展期的立命之地；当农民在城镇中不能安稳扎根的时候，他们可以有退守乡村的选择。鉴于农村宅基地对于农民长久生活保障的重要性，农村宅基地退出需要构建以农户利益为中心的差异化分区退出机制和实践层面的农户长久利益保障机制，强化农村集体成员在宅基地退出过程中的利益共享，形成长效资本化效应（杨忍等，2021）。针对当前农村宅基地退出潜力的 4 类主要来源，退出潜力释放应以宅基地超标退出治理为主，加强自然退出和主动退出的清查与治理力度，适度开展新旧置换的规划退出，切实提高宅基地退出的可行性。

第4章 乡村聚落空间重构的布局引导基础：适宜性评价

4.1 乡村聚落用地适宜性评价现状与发展趋势

用地适宜性评价是乡村聚落合理布局的基础，是指在乡村聚落空间重构的过程中，根据区域乡村聚落用地现状与社会经济条件，按照美丽乡村建设规划对乡村聚落结构、空间和功能的要求，综合评定区域自然、社会经济和生态因子对于乡村聚落用地的匹配程度，并确认其适宜性水平的高低。

4.1.1 评价现状

乡村聚落属于城乡建设用地范畴，其适宜性评价遵循与建设用地适宜性评价类似的思路和方法。从建设用地适宜性评价发展来看，其评价的范围经历了从城市内部到城乡接合部的拓展过程；从土地综合质量评价延伸到具体用途的适宜性评价，再到与农用地适宜性关联的农村居民点用地适宜性评价。中国建设用地适宜性评价始于早期的城市土地质量评价，随着城镇化的兴起，在 20 世纪 90 年代后期，建设用地适宜性评价逐渐成为研究热点领域，采用定性与定量相结合的方法开展建设用地适宜性评价，其成果被广泛应用于城市建设用地开发、城市功能分区和工业园建设等方面。然而，针对村镇层次建设用地适宜性评价的研究相对较为薄弱，随着农村土地利用问题的凸显，乡村聚落用地整治成为农村城镇化和现代化的重要途径，以农村居民点为主的用地适宜性评价因此逐渐引起关注。高燕与叶艳妹（2004）从系统论的机理出发，构建了农村居民点用地整理的适宜性评价指标体系，该评价体系将农村居民点分解为整理潜力、经济水平和社会条件三个部分组成的系统，评价结果区分了地区适宜整理的居民点，特别提出了整理后可开垦为耕地的面积作为评价指标之一，建立了农用地质量评价和农村建设用地适宜性评价之间的桥梁。随着城乡建设用地增减挂钩政策的提出和实施，2010 年以来，乡村聚落用地适宜性评价的理论与实践研究明显增多，成为当前国土空间规划中国土开发适宜性评价的重要组成部分。

尽管在村镇建设用地（包括乡村聚落）适宜性评价方面已形成一系列较为丰富的成果，但评价仍缺少准确性和客观性，缺乏统一的评价指标体系和评价规范，评价成果单一，对于适宜性评价成果的应用考虑明显不足，难以有效指导村镇规划和建设。因此，加强指标体系与评价方法构建的规范性，提高评价结果的科学性和可用性，是当前乡村聚落用地适宜性评价亟须开展的工作。

4.1.2 发展趋势

随着新型城镇化、生态文明建设和乡村振兴战略等政策的实施，乡村聚落用地适宜性评价呈现出以下发展趋势。

（1）评价内容更加侧重耕地与生态管控

尽管乡村聚落是以人为主体的生活聚居地，但这一聚居地是镶嵌在更大的乡村地域系统里，包含周围大片的农田和绿色生态空间。乡村聚落用地的位置和强度的改变不可避免会对周围的自然景观产生影响。近几十年城镇用地的快速扩张已经侵占了大量农田和生态空间，给国家粮食安全和生态安全带来了挑战。新形势下的乡村振兴不是使更大的乡村空间改天换地，而是促进乡村生产、生活与生态的协调发展。随着大众对粮食安全和生态安全意识的加强，以及政策层面强而有力的管控，乡村聚落用地适宜性评价必然更加注重农业生产适宜性和生态适宜性的评价与引导。

（2）评价指标更加综合化、系统化和精细化

乡村聚落用地适宜性评价涉及自然、社会和生态多个方面，偏重单一要素的评价容易导致乡村聚落空间重构方向的误导，这要求评价指标需要更加综合、系统，以保障评价结果的科学性与合理性。此外，随着规划理念、技术和空间数据分辨率的提高，城乡用地调查和分类越来越细，乡村聚落内部用地结构被进一步打开，这要求与之匹配的村庄规划也需要实现精细化设计与管控。因此，乡村聚落用地适宜性评价指标体系将向综合化、系统化、精细化趋势推进，指标选择与赋值越来越细化，其评价结果将从多维度为乡村聚落空间重构提供决策支持。

（3）评价方法和模型更加智能化

人工智能算法与 GIS 的结合是近年来适宜性评价方法的变化趋势之一，模糊逻辑技术、神经网络、物元分析等陆续在适宜性评价中得到有效应用。与其他方法相比，人工智能方法能够描述和模拟复杂系统，可有效解决不确定性、模糊性和动态性问题，具备基于专家知识的自动决策和处理海量非线性信息问题的能

力。在 GIS 平台下整合多种智能算法，开发开放式、高效能的乡村聚落用地开发建设适宜性评价系统，将能更加高效便捷地获取适宜性评价结果，并能提供基于多情景的适宜性评价方案。

4.2　乡村聚落用地适宜性评价的原则和内容

4.2.1　适宜性评价原则

乡村聚落用地适宜性评价是针对农村生产、生活和生态用途而对区域土地资源自然和社会经济属性的综合评定。为了保证评价结果的科学性、正确性与实用性，就必须掌握一定的基本原理和遵循相应的评价原则。

（1）因地制宜原则

对于乡村聚落而言，不同地区的自然、社会与经济因子对其适宜性的影响存在较大的差异。社会经济发展水平较高的区域，城镇化进程相应也较快，其乡村聚落用地集约化的标准与要求也较高；地形复杂的区域，乡村聚落分布往往较分散，再加上社会经济条件的限制，乡村聚落用地适宜程度与级别也会有所降低。因此，乡村聚落用地适宜性评价应该根据区域差异性特点因地制宜地开展。

（2）针对性原则

适宜性评价应针对一定的土地用途或利用方式进行，不同的用途或利用方式对土地资源及其环境的要求存在差异。乡村聚落是农户的重要生活空间与居住场所，具有生产、生活的双效功能。在生产功能上，乡村聚落应尽可能地接近农业生产用地，特别是耕地，需要合理的耕作半径，以降低生产成本，提高生产效率；在生活功能上，乡村聚落应处于交通便捷、地势相对平坦、基础设施比较完善的区域，以利于日常的生产与社会活动。

（3）系统性原则

土地利用系统是一个复杂的巨系统，乡村聚落作为其中的一个重要用地类型，其适宜性评价必须体现土地利用系统的综合特征，综合考虑农村土地的自然性、社会性与经济性。以土地利用系统整体目标的优化为前提，协调乡村聚落与其他用地类型之间的关系，特别是乡村聚落整治与城镇用地扩展之间的关系，使城乡用地系统合理布局、均衡发展。

（4）效益兼顾原则

乡村聚落空间重构是在改善农村人居环境和提升人居满意度的前提下，促进农村土地节约集约利用。乡村聚落空间重构过程是一个动态的发展过程，其空间整治与优化涉及农村自然、社会与经济效益，如置换区居民点不能因短期利益而占用大量耕地，即提高乡村聚落用地自身效益的过程不能以降低其他效益为代价，这本身与农村社区建设的目标相一致，即在兼顾自然、社会与经济效益的基础上全面提升农村社区的综合功能，相应的适宜性评价也必须以此为准则，实现区域自然、社会和生态效益的协调统一。

4.2.2 适宜性评价内容

从空间重构的视角而言，乡村聚落适宜性评价有两个基本目的，一是识别不适宜或低适宜区的乡村聚落，将这些乡村聚落作为拆迁整治的重点对象；二是识别高适宜区并将其作为新建居民点的重点安置区域，从而为乡村聚落空间重构提供决策支持。结合乡村聚落居住的限制因子和驱动力因素，这里将适宜性评价影响因子划分为三类：自然因子、社会经济因子与生态因子。

（1）自然因子

区域的自然条件与环境质量对乡村聚落空间重构的可行性与经济性有重要的影响，这些自然因子包括地形、水系与土地利用类型等，是乡村聚落建设的自然基础。地形因子是影响乡村聚落整治和转化方向的重要因素，从乡村聚落演化过程来看，地形复杂、坡度较大区域的乡村聚落容易造成各种地质灾害，是整治搬迁的重要对象，也是乡村聚落整治潜力的重要来源；从新农村社区建设的选址来看，新建乡村聚落应首选地势平坦的区域，以减少工程建设的难度与经济投入，便于农户生活以及配套基础设施。农户的生产、生活与河流、湖泊和水库等水系息息相关，“与水为邻，沁水而居”体现了人与自然协调发展的景象，乡村聚落依水系而建至今仍是其布局的一大特点，接近水源的乡村聚落生活便捷、生产方便；但从水系的生态保护而言，乡村聚落应保持与水系的适当距离。此外，不同土地利用类型转变为乡村聚落的适宜性大小存在差异性，农用地尤其是耕地因为其改造成本较低，是新增乡村聚落占用的主要用地类型；但从严格保护耕地的角度出发，新建乡村聚落占用耕地数量则必须严格控制；水域因其生态保护重要性也排除在乡村聚落建设适宜区之外。

（2）社会经济因子

乡村聚落空间布局体现了区域社会经济的发展特征，并伴随着社会经济的发展而不断演变。社会经济因子对乡村聚落布局起到规划引导、节约成本和提高效益的作用，这里主要从交通可达性与增长极核两个方面进行评价。交通可达性一直是影响乡村聚落布局的主要因子，是联系城乡一体化发展的重要纽带，交通可达性的衡量可以借助 GIS 技术，在道路与设施周围建立不同半径的缓冲区，以缓冲区的距离划分等级作为交通可达性评价标准，离道路越近，交通越便捷，适宜性程度相对越高。增长极核是指区域的发展往往需要以点带面，不同层次的区域都会在一定范围内形成相对的社会经济中心，如村层次的自然村中心，围绕几个自然村形成的中心村，以及镇层次的城镇中心。这些不同层次的中心都会在不同范围和程度影响着乡村聚落的布局，指引着乡村聚落空间重构的方向。

（3）生态因子

生态因子对乡村聚落规划建设起到限制性作用，乡村聚落的布局优化不能以生态效益的降低为代价。这些生态因子研究的主要土地利用类型包括基本农田保护区、水体保护区、自然与人文景观保护区等；其中，永久基本农田保护区是保障粮食安全的特殊区域，区内的耕地是严格保护的，未经批准不得转变用途，是乡村聚落规划布局的禁地。水体保护区承载重要的生态功能，在河流、湖泊与水库等水体保护“水线”以及控制“绿线”范围内，除可实施与保护需要直接相关的建设外，严禁从事其他建设，包括乡村聚落。自然与人文景观保护区具有重要的生态价值与游憩功能，应根据自然保护和人文景观保护的需要，结合相应的规划要求，设定不同半径的缓冲区，以保护自然与人文景观，维持区域生态平衡。

据此，本书构建了乡村聚落用地适宜性评价的指标体系（表 4-1），第一层次为乡村聚落用地适宜性评价目标层；第二层次为准则层，包括自然、社会经济与生态三大影响因子；第三层次为指标层，分为一级与二级指标层两类。其中，适宜性影响因子中的地面坡度、中心村、公路与河流等缓冲距离的分类标准参考了《资源环境承载能力和国土空间开发适宜性评价技术指南（试行）》（2019 年）及相关研究（陈燕飞等，2006；孙华生等，2007）。

表 4-1　乡村聚落用地适宜性评价因子与分类标准

目标层	准则层/权重	指标层/权重		分类标准	评价分值
		一级指标层/权重	二级指标层/权重		
S 乡村聚落用地适宜性评价	S_1 自然因子	S_{11} 地形	S_{111} 坡度	<6°	5
				6°～15°	4
				15°～25°	3
				>25°	2
		S_{12} 水文	S_{121} 河流	>100m	5
				70～100m	4
				50～70m	3
				30～50m	2

续表

目标层	准则层/权重	指标层/权重 一级指标层/权重	二级指标层/权重	分类标准	评价分值
S 乡村聚落用地适宜性评价	S_1 自然因子	S_{12} 水文	S_{121} 河流	＜50m	1
			S_{122} 湖泊、水库	>2000m	5
				1500～2000m	4
				1000～1500m	3
				500～1000m	2
				＜500m	1
		S_{13} 土地利用类型		乡村聚落	5
				耕地	4
				园地、林地	3
				其他农用地、未利用地	2
				城镇、其他建设用地、水域	NoData
	S_2 社会经济因子	S_{14} 交通可达性	S_{141} 国道、省道	＜1000m	5
				1000～1500m	4
				1500～2000m	3
				>2000m	2
			S_{142} 县道、乡道	＜500m	4
				500～1000m	3
				>1000m	2
		S_{15} 增长极核	S_{151} 基层村	＜200m	4
				200～400m	3
				>400m	2
			S_{152} 中心村	＜300m	5
				300～500m	4
				500～800m	3
				>800m	2
			S_{153} 城镇	＜3000m	4
				>3000m	2
	S_3 生态因子	S_{16} 永久基本农田保护区		保护区范围	NoData
		S_{17} 水体保护区		保护区范围	NoData
		S_{18} 自然与人文景观保护区		>1000m	5
				800～1000m	4
				500～800m	3
				＜500m	2
				保护区范围	NoData

注：NoData 表示空值。

根据乡村聚落用地适宜性评价要求，利用 GIS 分析工具将各影响因子划分为不同的适宜性等级，并分别进行赋值，生成各单项因子的乡村聚落用地适宜性等级分级图，如坡度分级图、中心村缓冲距离分级图、交通缓冲距离分级图等。在指标分级量化过程中，考虑到永久基本农田保护区严格保护的国家政策要求与重要意义、水体保护区和自然与人文景观保护区的重要生态性以及其他建设用地转变为乡村聚落的可能性与成本等，在分级指标量化时将这些区域赋空值（NoData），即作为乡村聚落用地适宜性的禁区而存在，以避免分析过程中因子叠加后这些区域适宜或部分适宜的现象，保证其评价的客观真实性。

因子权重确定是乡村聚落用地适宜性评价的关键，对适宜性评价结果有直接影响。乡村聚落空间重构过程追求的是自然、社会经济与生态效益的有效统一，但乡村聚落的社会经济性是其根本特征，新农村社区的建设本身就是社会经济发展推动的结果，社会经济因子的影响也显得尤为突出，其权重值应高于自然、生态因子；自然因子中的土地利用类型是土地适宜性评价的基础，现状本身就是时空动态变化的结果，一定程度上代表了各自用地类型的适宜性，并有保持其现状的内在要求；增长极核是区域在一定范围内形成的社会经济中心，区位条件相对较好、人口相对集中、经济实力相对较强、公共服务及基础设施配套相对齐全，其影响力要高于交通可达性。这些两两比较与综合分析形成了各项指标权重确定的基础。

4.3　乡村聚落用地适宜性评价模型

面向乡村聚落用地适宜性评价指标体系，分析各适宜性评价指标因子之间的相互作用关系，建立科学合理的评价模型，定量测度适宜性高低。评价模型的建立对适宜性评价结果具有重要的影响，不同模型能够实现不同评价因子作用关系和整合方式，体现适宜性评价过程中管理者和决策者对评价因子关系的不同认识和对现实需求的不同取舍。可用于乡村聚落用地适宜性评价的模型较多，不同评价模型的方法原理和侧重点存在较大的差异。然而，目前尚缺乏对不同评价模型的系统应用和对比分析，导致研究者和决策管理人员在模型构建时不能清晰地认识各种方法模型的差异，从而无法根据乡村发展实际正确选取合理的评价模型。本书系统分析了几种常用评价模型的方法、特点和适用情形等，为村镇规划者和决策管理人员构建适宜性评价模型提供指导。

4.3.1 多因子叠加评价模型

在乡村聚落用地适宜性评价工作中，最常用的方法为多因子叠加评价模型。该模型从多个视角和层次选取多个指标对适宜性进行评价，又称为多因素综合评价模型。基本思想是将影响乡村聚落用地适宜性的多个指标转化为一个能够反映综合适宜性的指标来进行评价。乡村聚落适宜性受自然、社会、经济等多方面的影响，因此，在进行评价时应综合各评价指标，客观、准确地衡量乡村聚落用地适宜性。多因子叠加评价分析包括限制因子确定法和多因子加权求和法等。

限制因子确定法即在多因子重叠区域选取质量等级最差或强约束的因子作为限制因子，如果有两个及两个以上因子同时为最低适宜性等级，则根据主导因素原则，从区域实际出发，选取其一作为限制因子，该限制因子的适宜性等级被用来作为评价单元最低适宜性等级。如在乡村聚落适宜性评价中，为避免新建居民点占用永久基本农田，往往将永久基本农田保护区设置为禁止建设区，在该区域内可能其他因子适宜性等级较高，但考虑到粮食安全的重要性，仍将其划定为不适宜乡村聚落发展区。

多因子加权求和法，即根据各评价因子对于适宜性的影响大小，确定各因子权重，然后通过加权求和确定最终的适宜性评价结果（齐增湘等，2015）。计算公式为：

$$S_{ij}=\sum_{m=1}^{n}w_m\cdot g_{ij(m)},\quad m=(1,2,\cdots,n) \tag{4-1}$$

式中，S_{ij}为第 ij 个格网的综合适宜性分值（等级）；$g_{ij(m)}$为第 m 个影响因子在第 ij 个格网的适宜性分值（等级）；w_m为第 m 个影响因子的权重。

多因子叠加评价模型因其操作简单、实用性强，便于大范围推广和统一评价标准，评价结果简洁、直观，便于区域间横向比较，在实践中得到了较为广泛的应用。

4.3.2 潜力-限制性评价模型

多因子叠加评价模型虽然能够在一定程度上反映评价因子间的差异性和重要性等级，但是在乡村聚落用地适宜性评价中，每个评价因子对评价适宜性的贡献是十分复杂的，既有正面又有负面的影响，有些因素对村镇建设构成绝对限制（宗跃光等，2007）。潜力-限制性评价模型的基本原理是借鉴损益分析法的思路，将影响乡村聚落适宜性的因素分为潜力型和限制型两大类，乡村聚落用地适宜性可以看作建设潜力扣除限制区的剩余，因此可以采用潜力-限制性评价模型进行乡村聚落用地适宜性评价。限制性因素中涉及的区域，被认定为不适宜建设，而潜力性因素用于评价其他区域的适宜性等级。具体计算公式如下：

$$S=\sum_{i=1}^{n}W_{ip}\cdot X_{ip}-\sum_{i=1}^{n}W_{ic}\cdot X_{ic} \tag{4-2}$$

式中，S 为建设用地适宜性等级；X_{ip} 为适宜性因子的变量值；W_{ip} 为适宜性因子的权重；X_{ic} 为限制性因子的变量值；W_{ic} 为限制性因子的权重。

潜力-限制性评价模型适用于有显著限制因素的区域，如自然保护区、生态敏感区、地质灾害区等，严重影响建设适宜性的区域，应该采用该类方法。现阶段，在全国推行永久基本农田保护、生态保护红线划定等政策的背景下，乡村聚落用地建设应该避开此类区域。因此，可在全国逐步推行潜力-限制性评价模型，该模型的推广应用能更好地为国土空间规划提供指导，并切实保护永久基本农田和生态空间。

4.3.3　引力-阻力模型

乡村聚落用地的发展必须在一定的自然、经济基础上才能进行开发，因此乡村聚落用地适宜性存在某个阈值，在此阈值之上是适宜建设的，没有达到阈值则不适宜建设。在该理念的指导下，引力-阻力模型被提出，该模型来源于物理学中万有引力定律，是分析和预测空间相互作用能力的数学模型。引力-阻力模型的一个重要特点，是它的基本形式保持不变，只要对参数和分量的定义作出适当的改变，就可将引力模型应用于不同的问题。其基本原理是模拟物体的物理运动，物体在引力和阻力的双重作用下的运动状态取决于二者的大小。当引力小于阻力值时，物体保持静止；一旦引力大于最大阻力值时，物体开始运动，而且引力越大物体运动速度越快。同样地，在乡村聚落空间重构中同样受到这两种力的作用。引力是村镇社会经济发展驱动乡村聚落扩张的动力，阻力是自然灾害、环境限制等阻碍乡村聚落发展的因素。基于此，当引力小于阻力值时，表明该地不适宜建设；当引力大于阻力值时，表明该地适宜建设。

引力-阻力模型公式为

$$S=\begin{cases}G+F & |G|>|F|\\ 0 & |G|\leqslant|F|\end{cases} \tag{4-3}$$

式中，S 为建设用地适宜性等级；G 为引力因子值；F 为阻力因子值。在实际应用中，引力和阻力量化可分别采用引力模型和最小累积阻力模型进行测算（黄木易等，2019）。

引力-阻力模型可以对乡村聚落用地建设的经济性或风险性进行评估，如果开发的风险较大或经济性较差则认为是不适宜进行开发的。因此该模型适用于可设定引力、阻力值的情况，从而明确判断是否适宜建设，在此基础上衡量适宜性的大小。

4.3.4 模糊综合评价模型

乡村聚落用地适宜性评价指标并非都是明确、有确定分解的，部分指标具有较大的模糊性，需要运用某种模型将模糊的、难以定量的评价指标进行合理量化。模糊综合评价又称为模糊多目标决策，是工程模糊系统的基本方法之一，它根据模糊数学的隶属度理论把定性评价转化为定量评价，即通过一定的数学模型将多个评价指标值“合成”为一个整体性的综合评价值，具有结果清晰、系统性强的特点，能较好地解决模糊的、难以量化的问题，适合各种非确定性问题的解决；不仅可对评价对象按综合分值的大小进行评价和排序，还可根据模糊评价集上的值按最大隶属度原则去评定对象的等级。近些年来，模糊综合评价法有了很大的发展和改进，被广泛应用于人力资源评价、水质评价、土壤质量评价、大气质量评价、城镇发展评价和人居环境评价等领域（毕硕本等，2017；王文博和蔡运龙，2008）。

模糊综合评价模型用于适宜性评价的原理，是将参评因子和每个适宜性等级建立隶属函数关系，参评因子的评价由参评因子对每一个适宜性等级的隶属度构成，评定结果是参评因子对适宜性等级的隶属值矩阵；参评因子对适宜性的影响大小用权重系数表示，构成权重矩阵；将权重矩阵与隶属值矩阵进行复合运算，得到一个综合评价矩阵，表示该土地单元对每一个适宜性等级的隶属度。其运算过程如下。

（1）划分单因子适宜性等级和权重

将各参评因子按其对土地适宜性的影响和分值区间，设置各评价等级的界限。用层次分析法或德尔菲法等方法确定各参评因子的权重系数。

（2）建立隶属函数

隶属函数反映参评因子取值对应于各适宜性等级的模糊界限。可用高斯隶属函数来计算：

$$f(x) = \mathrm{e}^{-\left(\frac{x-m}{c}\right)^2} \tag{4-4}$$

$$m = (x_1 + x_2) / 2 \tag{4-5}$$

$$c=\sqrt{(x_1-x_2)^2/(4\ln 2)} \tag{4-6}$$

式中，x 为因子分值；m 为高斯函数中钟形曲线的顶端值；c 为常量。

（3）建立隶属度矩阵

将各评价单元的因子分值进行数量化，按各级隶属函数式计算出每一因子的隶属度，每个评价单元分别得到一个模糊矩阵 R：

$$R=[r_{ij}]_{n\times m} \tag{4-7}$$

各评价因子的权重构建为权重矩阵 A：

$$A=[a_i]_{1\times n} \tag{4-8}$$

将权重矩阵与隶属值矩阵进行复合运算，得到一个综合评价矩阵，最终的隶属矩阵可由式（4-9）计算得来：

$$B=A\times R=[b_{ij}]_{1\times m} \tag{4-9}$$

式中，b_{ij} 为第 i 个评价单元对于评价等级 j 的隶属度。

（4）去模糊化

综合评价矩阵中隶属度最大值所对应的等级作为该单元的评价结果。模糊综合评价能够处理较为复杂和模糊的评价指标。很多适宜性评价本身即包含一定的模糊性和不确定性，在适宜、不适宜之间没有截然的界限，因此在评价中采用模糊综合评价得到的结果更加符合专家经验知识。但是模糊综合评价操作流程相对复杂，难以大范围推广。因此，在进行精细化、精度要求较高的乡村聚落适宜性评价工作时可采用模糊综合评价模型。

4.3.5　物元模型

物元模型以解决不相容问题为核心内容，适用于多因素综合评价。物元模型通过经典域、节域、权重计算关联度确定评价单元的相对适宜性，最大限度地降低了评价过程中人为因素的影响，是一种客观、科学的适宜性评价方法（周洁等，2013）。

根据可拓学原理，对于给定事物 N，关于特征 C 的量值为 V，如事物 N 有多个特征，则它以 n 个特征 $C_1, C_2, \cdots, C_n$ 和相应的量值 $V_1, V_2, \cdots, V_n$ 描述，即通过有序三元组 $R=(N, C, V)$ 基本元描述事物。应用于乡村聚落用地适宜性评价过程中，即根据土地资源的自然特征和经济社会条件，将区域内土地资源划分为 m 个单元，用 n 维物元进行描述。

乡村聚落用地适宜性评价物元模型实现的基本步骤如下。

（1）定义建设用地适宜性评价的物元

对于物元的定义，即建立描述用地系统 L 的有序三元组 R。选取建设用地的

特征集 M，在本书中 M 为乡村聚落用地适宜性。M 中包含有若干评价因子 C，其指数值为 V，由此建立的有序三元组 $R=(M, C, V)$ 就是物元。

$$R=(M,c,V)=\begin{vmatrix} M & c_1 & v_1 \\ & c_2 & v_2 \\ & \vdots & \\ & c_j & v_j \\ & \vdots & \\ & c_n & v_n \end{vmatrix} \quad (j=1,2,\cdots,n) \tag{4-10}$$

（2）确定节域与经典域

物元的节域表示评价因子 C 所可能取值的范围。

$$R_p=(M_p,c,V_p)=\begin{vmatrix} M_p & C_{p1} & (a_{p1},b_{p1}) \\ & C_{p2} & (a_{p2},b_{p2}) \\ & & \vdots \\ & C_{pj} & (a_{pj},b_{pj}) \\ & & \vdots \\ & C_{pn} & (a_{pn},b_{pn}) \end{vmatrix} \tag{4-11}$$

物元的经典域表示评价因子 C 对于确定的每个评价等级 i 的取值范围。经典域矩阵可用下式表示：

$$R_{ci}=(M_{ci},c,V_{ci})=\begin{vmatrix} M_{ci} & c_1 & (a_{ci1},b_{ci1}) \\ & c_2 & (a_{ci2},b_{ci2}) \\ & & \vdots \\ & c_j & (a_{cij},b_{cij}) \\ & & \vdots \\ & c_n & (a_{cin},b_{cin}) \end{vmatrix} \tag{4-12}$$

（3）计算各待评物元对于各经典域的关联度

确定各特征权系数，通过建立关联函数 K 计算待评物元实测数据相对于各特征元相应类别 i 的综合关联函数值，即关联度。

$$K(x_{ij})=\begin{cases} \dfrac{-\rho(X_j,X_{cij})}{\left|X_{cij}\right|}; & X_j\in X_{cij} \\ \dfrac{\rho(X_j,X_{cij})}{\rho(X_j,X_{pj})-\rho(X_j,X_{cij})}; & X_j\notin X_{cij} \end{cases} \tag{4-13}$$

其中，

$$\rho(X_j, X_{cij}) = \left|X_j - \frac{1}{2}(a_{cij} + b_{cij})\right| - \frac{1}{2}(b_{cij} - a_{cij}) \tag{4-14}$$

$$\rho(X_j, X_{pj}) = \left|X - \frac{1}{2}(a_{pj} + b_{pj})\right| - \frac{1}{2}(b_{pj} - a_{pj}) \tag{4-15}$$

式中，$\rho(X_j, X_{cij})$、$\rho(X_j, X_{pj})$ 分别表示点 X_j 与经典域区间 X_{cij} 和节域区间 X_{pj} 的距；$K(x_{ij})$为特征值 j 对于评价等级 i 的关联度；X_j、X_{cij}、X_{pj} 分别为物元的实测值、经典域和节域的阈值。

（4）根据各等级的关联度大小评定土地利用适宜性评价等级

$$K_i(M_x) = \sum_{j=1}^{n} a_j K(x_{ji}) \tag{4-16}$$

式中，$K_i(M_x)$为待评物元 M_x 和评价等级 i 的关联度。a_j 为评价因子 j 的权重。

待评物元的最终评价等级为各评价等级关联度的最大值，物元评价模型最大限度地降低了评价过程中人为因素的影响，具有较好的实用性和可操作性。不过，因缺乏主观判断通常使得其评价过程较为古板，不能因地制宜地采取不同的评价权重，因此较适用于土地开发条件较好、标准化程度较高的农村区域。

4.3.6　理想值逼近模型

理想值逼近模型近些年被引入乡村聚落用地适宜性评价工作中，并逐渐得到应用。理想值逼近模型全称为逼近理想值的排序方法（technique for order preference by similarity to an ideal solution，TOPSIS）评价方法，作为一种优秀的多目标决策和多属性评价方法，具有计算简便、距离函数科学、应用较为灵活的优点，在经济、社会、科技、环境等领域得到了非常广泛的应用。

理想值逼近模型基本思路是将某评价单元的乡村聚落用地适宜性看作空间上的一点，并设定用地适宜性的最优情况和最劣情况作为参考点，分别为正理想点和负理想点，通过衡量评价对象与正理想点和负理想点的相对临近度，评价其适宜性水平。评价对象距负理想点距离越大、距正理想点距离越小，相对临近度越大，指标值越好，适宜性程度越高（任国平等，2018）。

设 V_i 为第 i 个评价单元的相对临近度。根据相对临近度的计算公式，则

$$V_i = \frac{\sqrt{\sum_{j=1}^{m}(x_{ij} - x_j^-)^2}}{\sqrt{\sum_{j=1}^{m}(x_{ij} - x_j^-)^2} + \sqrt{\sum_{j=1}^{m}(x_{ij} - x_j^+)^2}} \tag{4-17}$$

式中，V_i为第 i 个评价单元与理想点的相对临近度；x_{ij}为第 i 个评价单元第 j 个评价因子的得分；x_j^+为第 j 个评价因子的最优值，x_j^-为第 j 个评价因子的最劣值。

理想值逼近模型，通过对评价单元与评价指标的理想值进行比较，不仅能够评价区域的相对适宜性，还能得到与设定理想适宜性水平的偏差大小，对于准确把握区域的适宜性水平具有重要的指导意义。该方法适用于能够科学确定评价指标理想值的区域，如评价指标能够准确预测其理想值或有较明确的规划引导从而确定理想值的区域，可采用该模型。

4.4 案例分析：嘉鱼县典型镇乡村聚落适宜性评价与重构分区

4.4.1 研究区域与数据来源

1. 研究区域

本章选取湖北省嘉鱼县鱼岳镇和官桥镇两个典型镇开展实证研究。嘉鱼县地处湖北省东南部，长江中游南岸，位于咸宁市西北部，东与武汉市江夏区接壤，南与咸安、赤壁毗邻，西北与洪湖、东北与武汉市汉南区隔江相望。地属武汉城市圈，地跨 113°39′～114°22′E，29°48′～30°19′N。嘉鱼县内水陆交通十分方便。县境长江上起洪庙，下至沙堡，长 109.60km。连通长江的河流，在洪庙处有陆水；注入长江的河港，在石矶头有长港，在鱼岳镇有陆码河，在余码头有余码河，金水河经武昌金水闸在金口入长江。县域内有集镇交通网 37 个，中心交通网 5 个。修建公路后，形成了 4 个水陆交通网，网网相连，内外相通。鱼岳镇为嘉鱼县城区所在地，东距武汉 80km，西临岳阳 90km，南与京广线、京珠高速相连，北与荆州隔江相望。鱼岳镇地形以平原为主，全镇镇域面积 111.53km^2，辖 7 个行政村，6 个社区居委会，总人口 10.32 万，是嘉鱼县乃至咸宁市的财政收入大镇，也是武汉城市圈内小城镇社会经济快速发展的典型代表。官桥镇，位于嘉鱼县南部，西离鱼岳镇 7km，南离赤壁市 26km，东离咸宁市温泉镇 73km，北距武汉市区 108km。官桥镇地形以丘陵为主，全镇镇域面积 161.72km^2，辖 13 个行政村，两个社区居委会，总人口 3.60 万。2010 年，鱼岳镇和官桥镇乡村聚落面积分别为 308.25hm^2 和 578.00hm^2，鱼岳镇农村居民点在空间分布上体现出典型的大散居、小聚居的特征；官桥镇农村居民点则在空间上体现出明显的“星状”分散分布特征。

2. 数据来源

基础数据主要来源于嘉鱼县自然资源和规划局（原国土资源局）提供的嘉鱼县第二次土地利用调查图（简称二调），制图比例尺为 1∶10000。对照“土地利用现状分类（过渡期）”与“土地利用现状分类（二调）”的转换关系，将研究区域土地利用类型重新划分为耕地、园地、林地、其他农用地、城镇、农村居民点、其他建设用地、水域、未利用地共 9 类；并将矢量数据转换为 50m×50m 的栅格数据。其他相关资料主要包括 1997～2010 年《嘉鱼统计年鉴》《嘉鱼县城市总体规划（2011—2030）》《嘉鱼县土地利用总体规划（2005—2020 年）》等。

4.4.2　乡村聚落适宜性评价

基于表 4-1 构建的适宜性评价指标体系，将所有参与空间分析的因子图层按相应分类标准进行重分类，通过栅格运算加权叠加各单因子适宜性等级分级图，得到鱼岳镇和官桥镇的乡村聚落用地适宜性评价图，如图 4-1 所示。从适宜性评价结果来看，鱼岳镇乡村聚落用地适宜区主要分布于城镇西南的陆码头村和东北的方家庄村两个中心村周围以及东南部的京珠连接线一带，该区域交通便捷，乡村聚落相对集中，是鱼岳镇乡村聚落集约化发展的重要腹地。官桥镇用地适宜区主要位于镇区中部和武赤线沿线一带，该区域基层村落较为集中。两个镇乡村聚落用地不适宜区空间差异较为明显，鱼岳镇的西北部有长江过境，防洪与生态环境保护双重任务并重，不适宜乡村聚落建设；同时，鱼岳镇的大片城镇用地和三湖连江水库以及部分永久基本农田区均为不适宜区；而官桥镇地处丘陵区，城镇用地面积较小，永久基本农田数量不大且较为分散，使得不适宜区整体较分散，仅西北部的水域是不适宜区较为集中的区域。评价结果基本反映了两个类型乡镇内部用地结构和乡村聚落布局特点，能够为乡村聚落整治分区规划提供空间决策与量化标准。

将两个镇土地利用现状图与乡村聚落用地适宜性评价图进行叠置分析，得出不同适宜性等级区乡村聚落数量及规模（表 4-2）。鱼岳镇乡村聚落斑块面积、数量与平均规模都随适宜性等级的提高而增加，全镇不存在不适宜和低适宜区农村居民点，且相同等级区乡村聚落平均斑块规模均明显高于官桥镇。而官桥镇有 10.25hm^2 的乡村聚落处于不适宜区，且斑块较为破碎，亟待整治；此外，还有 49.25hm^2 的乡村聚落位于中适宜区，高适宜与最适宜区乡村聚落面积为 518.50hm^2，占该镇乡村聚落总面积的 89.71%；而鱼岳镇高适宜与最适宜区乡村聚落占该镇乡村聚落总面积的 92.62%。通过对比分析可以看出，由于地形与社会

（a）中心城镇　　（b）丘陵型城镇

图 4-1　鱼岳镇与官桥镇乡村聚落用地适宜性评价

经济发展条件的差异，鱼岳镇乡村聚落用地适宜性在整体上明显高于官桥镇。

表 4-2　不同适宜性等级区乡村聚落数量及规模

镇名	属性	不适宜	低适宜	中适宜	最适宜	高适宜
鱼岳镇	总面积/hm^2	0	0	22.75	58.00	227.50
	斑块数	0	0	21	47	104
	平均规模/hm^2	0	0	1.08	1.23	2.19
官桥镇	总面积/hm^2	10.25	0	49.25	153.75	364.75
	斑块数	21	0	51	167	310
	平均规模/hm^2	0.49	0	0.97	0.92	1.18

4.4.3　乡村聚落空间重构分区

根据乡村聚落用地适宜性评价结果，借助 ArcGIS 空间分析工具，将土地利用现状图与城镇用地规划布局图进行重分类，再分别将其与乡村聚落用地适宜性评价图进行叠置分析，将与规划新增城镇用地融合的乡村聚落纳入乡村聚落城镇化改造区，其余乡村聚落则根据适宜性等级高低进行重构分区，最适宜和高适宜区乡村聚落作为内部改造区，注重通过村庄规划挖掘内部潜力，改善布局，提高乡村聚落用地节约集约水平。中适宜、低适宜和不适宜区乡村聚落则划入迁村并点区，通过整治搬迁与置换还建形成空间相对集聚、功能较齐全的新农村社区。根据前述的乡村聚落整治分区规划方法，通过图层重分类与叠置分析，得到鱼岳镇与官桥镇乡村聚落整治重构分区规划图（图 4-2）。通过对比分析可以发现，鱼岳镇与官桥镇乡村聚落整治分区在空间上存在较大差异，由于城镇用地快速拓展，未来十年鱼岳镇城区周边有大量的乡村聚落被纳入城镇化区（图 4-2 中 C），而官桥镇乡村聚落城镇化范围则明显较小（图 4-2 中 E）。鱼岳镇迁村并点区乡村聚落主要位于交通和地形相对较差的铁坡村（图 4-2 中 B）和牛头山风景旅游区（图 4-2 中 A）；官桥镇迁村并点区乡村聚落在空间上相对分散，较为集中的区域位于地形复杂且交通不便的米埠村和廖家桥村（图 4-2 中 D）以及该镇东北部水体保护区附近（图 4-2 中 F）。鱼岳镇内部改造区空间上相对集中，官桥镇则较为分散。

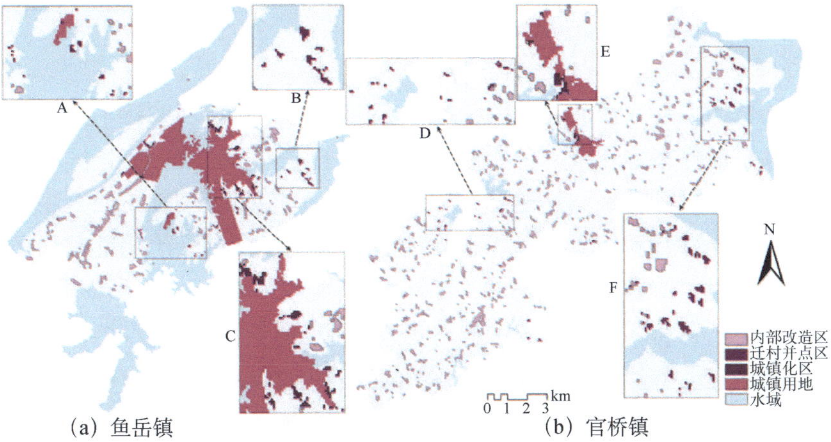

图 4-2　鱼岳镇与官桥镇乡村聚落重构分区规划图

为进一步比较两个镇 3 个不同整治区乡村聚落空间数量特征，利用景观格局分析软件 Fragstats 3.3 分别计算其斑块面积、数量与平均规模（表 4-3）。鱼岳镇城镇化区总面积为 49.00hm^2，占该镇乡村聚落总面积的 15.90%，该区域乡村聚落城镇化斑块数量为 30 个，斑块平均规模为 1.63hm^2，低于官桥镇 2.20hm^2 的平均规模，斑块总面积与数量则远高于官桥镇。鱼岳镇和官桥镇迁村并点区乡村聚落面积分别为 22.75hm^2 和 59.50hm^2，斑块数量分别为 21 个和 69 个，官桥镇迁村并点区乡村聚落破碎度较高，斑块平均规模为 0.86hm^2，小于鱼岳镇 1.08hm^2 的斑块平均规模。官桥镇乡村聚落内部改造区总面积为 507.50hm^2，远高于鱼岳镇 236.50hm^2 的内部改造区面积，由于地处丘陵，官桥镇乡村聚落斑块平均规模远小于鱼岳镇，改造规模和难度也较大。两个镇在整治模式上应有所侧重，鱼岳镇应以城镇化区为重点，发挥城镇集聚与中心村引导作用，兼顾迁村并点与内部改造，完善配套设施，实现城乡统筹发展；官桥镇应以基层村为引导，将迁村并点作为主要方向，同时统筹内部改造和城镇化区，改善布局，提高乡村聚落用地节约集约水平。

表 4-3 不同整治区乡村聚落分布特征

分区	鱼岳镇			官桥镇		
	总面积/hm^2	斑块数量	平均规模/hm^2	总面积/hm^2	斑块数量	平均规模/hm^2
城镇化区	49.00	30	1.63	11.00	5	2.20
迁村并点区	22.75	21	1.08	59.50	69	0.86
内部改造区	236.50	113	2.09	507.50	448	1.13

4.4.4 适宜性评价思考

本章从自然因子、社会经济因子与生态因子三方面分层构建了乡村聚落用地适宜性评价指标体系，并考虑了不同因子的作用方式和量化标准，借助 GIS 空间分析工具，实现了乡村聚落用地适宜性评价分级。结果表明，不同类型村镇乡村聚落用地适宜性存在较大差异。以平原为主的鱼岳镇乡村聚落用地整体适宜性明显高于以丘陵为主的官桥镇；同时，由于鱼岳镇为嘉鱼县城区所在地，其社会经济发展条件优于官桥镇，较好的中心村集聚效应与交通通达性直接提高了该镇乡村聚落用地适宜性等级，应以城镇化区为重点，引导乡村聚落有序城镇化。而官桥镇受地形、生态保护以及交通条件的限制，乡村聚落用地适宜性水平相对较低，应以迁村并点为主要方向。但在乡村聚落用地适宜性评价中，以下几点值得思考。

1）乡村聚落用地适宜性与农地，特别是耕地的适宜性在空间上高度关联，两者空间关系的相互协调是乡村聚落适宜性评价的关键之一。本章案例在适宜性指标构建与量化过程中，将耕地作为仅次于现状农村居民点用地的高适宜土地利用类型，两者适宜性具有较好的一致性；但同时通过设置永久基本农田保护区限制乡村聚落建设布局，以确保乡村聚落建设规划中对耕地，尤其对永久基本农田的有效保护，这种适宜性评价思路体现了耕地保护优先的原则，反映了乡村地区保障粮食安全的重要性。

2）城镇用地发展与乡村聚落用地适宜性高低直接影响着乡村聚落规划布局与整治方向。城镇用地发展和乡村聚落用地整治是一个时间上并进、空间上关联的相互作用过程，但在实际城乡规划中，必然存在一个优先顺序，即规划的取舍问题。城镇化战略主导下以城镇用地优先发展为主，而乡村振兴战略主导下则以农村社区发展为重，通过城乡用地一体化的空间整合分别确定乡村聚落城镇化区、内部改造和迁村并点区。通过鱼岳镇和官桥镇乡村聚落整治分区对比分析，可以为不同类型村镇乡村聚落用地整治规划提供辅助决策。

3）乡村聚落用地适宜性评价与整治分区存在直接的空间相关性，但相互之间的作用是一个复杂的非线性过程，且乡村聚落空间结构的多样性与多主体决策的博弈性会加大两者作用的复杂程度；如何在乡村聚落适宜性评价过程中融入多主体决策行为的思考，体现不同村镇利益相关体的整治意愿、整治力度和整治水平的差异性，并将其通过合理的方式表征到相应的空间范围，进一步完善农村居民点整治分区体系，是需要深化研究的主要方向。

第5章 乡村聚落城镇化的时空关联与动态模拟

5.1 乡村聚落城镇化的内涵和类型

5.1.1 乡村聚落城镇化的内涵

城镇化是指农村人口不断向城镇转移，第二、第三产业不断向城镇聚集，从而使城镇数量增加、城镇规模扩大的一种发展过程，其核心是人口就业结构、经济产业结构的转化过程和城乡空间结构的变迁过程。乡村聚落城镇化是城乡产业结构调整和资源优化配置共同作用的结果，在空间上表现为城镇用地的不断扩展对城郊乡村聚落的兼并与吸收的动态过程。这种动态过程体现了区域社会经济发展的内在要求，也反映了政府调控下的规划方向，是自然选择的过程，更是多主体博弈决策的结果。

在乡村聚落的城镇化进程中，往往伴随着大量乡村剩余劳动力向一定区域的城镇中心逐渐迁移。城乡收入差距和因社会进步带来的居民生活观念的转变，促进了城乡人口流动，导致城镇常住人口不断膨胀，城镇用地迫切需要向外围扩展。在城镇空间的扩张过程中，城镇周边的乡村聚落主要面临两种选择，一种是主动融入城镇发展区域，也可称为完全城镇化，即乡村聚落及其周边的农用地被政府征用，统一纳入城镇用地规划范围，其土地所有权由农村集体用地转变为国有用地，涉及的村民也由农村集体户口转为城镇户口；政府往往通过拆迁安置的方式予以失地农民城镇住房或货币化补偿，这直接带来农户生产与生活方式的转变，政府往往从教育、医疗和就业等方面给予这些“农转非”村民更多的帮助和保障。另一种是被动纳入城镇发展区域，也可称为半城镇化，即乡村聚落保持集体用地性质不变，但其周边已被高楼大厦林立的城镇用地包围，乡村聚落空间和功能在城镇化浪潮中不断弱化，只保留住聚落本身外在的物质形态，形成普遍的“城中村”现象；然而，这些“城中村”并不能维持多久，随着时间的推移，最终往往也通过城市更新的方式被兼并或改造而完全城镇化。

在新型城镇化和乡村振兴战略实施的背景下，无论是主动撤并还是被动侵并，乡村聚落城镇化过程都反映了中国社会经济转型期典型的城乡关系和人地关系，乡村聚落城镇化在时空上具有什么特征？政府、企业和农户等不同决策主体在乡村聚落城镇化过程中的博弈机制是什么？如何获取乡村聚落城镇化的规则并对其进行决策模拟？这些问题的解答有助于深入理解乡村聚落城镇化背后的人地互动关系，从而为制定科学合理的城乡空间战略和规划提供决策支持。

5.1.2　乡村聚落城镇化的空间类型

城镇用地与乡村聚落代表着城乡人居空间，乡村聚落城镇化在人居空间上表现为城进乡退，结合城镇用地与乡村聚落两类用地在现实中的时空交互关系，可将其划分为三种类型，即扩张型、内填型和跳跃型三类（图 5-1）。扩张型是指城镇用地通过连片扩张兼并或占用临近的乡村聚落，这是乡村聚落城镇化中最常见的类型；内填型是指城镇用地通过扩张将其围合的乡村聚落逐渐兼并吸收，“城中村”城镇化是其典型类型；跳跃型是指在空间上相对独立的新增城镇用地占用的乡村聚落，这些新增城镇用地与现状城镇用地之间具有一定的空间距离，该类型往往是自然条件和政策共同作用下的结果，如河流与地形形成的城镇分割和经济政策主导下的经济开发区等。

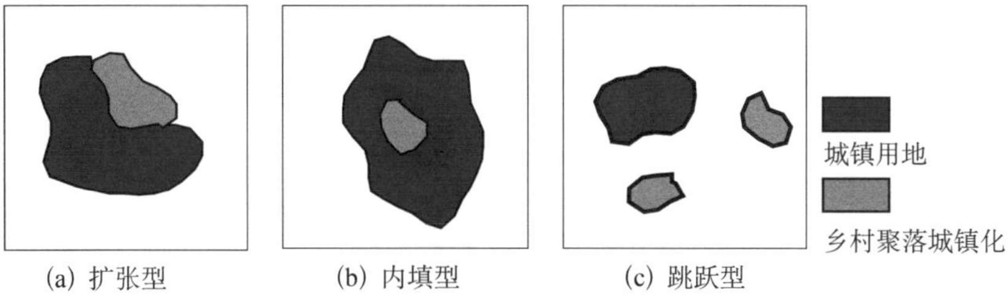

图 5-1　乡村聚落城镇化的空间类型

为进一步分析乡村聚落城镇化的空间类型，这里以武汉城市圈乡村聚落城镇化为例进行说明。2009～2016 年，武汉城市圈城镇建设用地面积增加 743.53km^2，其中，武汉市、孝感市和黄冈市城镇建设用地面积增加总计 465.01km^2，占比 62.54%；武汉城市圈乡村聚落面积增加 104.62km^2，其中，武汉市和黄冈市乡村聚落面积增加总计 81.58km^2，占比 77.98%。七年间，武汉城市圈共有 27.77km^2 的乡村聚落转变为城镇建设用地，乡村聚落城镇化率为 0.81%，乡村聚落城镇化总体进程缓慢。

武汉城市圈乡村聚落城镇化水平呈现出明显的空间分异特征，乡村聚落城镇化率在空间上表现出显著的空间集中性。在以武汉市为中心、半径为 50km 的城

要素的空间邻近性与隔离差异性规律的深入探讨是作用机制模型化的理论基础。

5.2.2 多主体的决策行为

乡村聚落城镇化体现了社会经济的发展过程，涉及政府、企业与农户的各自利益，这些利益群体可以根据自身的特点及周围地理环境的状况，综合考虑各类要素后，以自身具备的经验与知识为指导作出决策，并以一定的行为方式体现。政府的规划、企业的选址以及农户的意愿是影响乡村聚落城镇化最重要的主观决策因素。政府通过规划政策对城镇空间与土地资源分配和使用进行引导，产业活动空间在不同区位的配置使得城镇空间结构演化尽可能地符合各利益主体发展的愿望和需求。企业追求的是利润最大化，交通、市场与劳动力资源等要素的合理配置是企业发展的根本，落实到空间地域就是企业区位综合价值的反映。农户对乡村聚落有着基本的使用与决策权，城镇要素的聚集效应在一定程度上加大了农户城镇化的内在要求，但客观的生产、生活方式又在很大程度上限制了乡村聚落城镇化的转变空间。各主体通过利益博弈后达到一种三方认同的城镇空间配置状态，这是城镇发展多主体决策的结果，乡村聚落城镇化布局模型必须要能体现出多主体之间相互促进和制约的决策行为。

乡村聚落城镇化过程不仅是城镇地理空间的扩展现象，而且也是城乡社会经济信息不断交换、更新的过程。城镇生产要素的聚集与经济发展的需要，驱使政府部门大量征用开发农用地以提高地方税收，居住用地及其配套的商业和交通用地开发已成为影响地方生态系统和土地利用变化的重要驱动（季民河等，2009）。但政府部门既是土地利用政策的制定者，也是环境保护与可持续发展的重要推行者，其本身也存在用地利益的对立统一；延伸到企业与农户等相关利益群体，他们自身以及相互之间都在不断地进行博弈协调，并在此过程中确定合理的城镇土地发展决策。在当前多元社会体制下，土地利用决策是各参与主体利益博弈与价值平衡的结果，在这场决定城乡一体化发展方向的博弈中，各个利益相关者具有怎样的地位关系？各主体之间如何相互作用？被开发使用的土地资源对人类关于土地的决策又有什么样的反馈和修正作用？这些是乡村聚落城镇化过程中多主体决策博弈的关键点。

5.2.3 模拟模型的耦合体系

乡村聚落城镇化模拟模型实质上是一个多体系有机耦合模型，包括城乡体系的耦合，自然和社会体系的耦合以及时空交互体系的耦合。中国的城乡具有典型的二元结构特征，但城乡发展的自组织过程又要求两者在空间上有机结合、相互协调。乡村聚落城镇化表现的是城乡建设用地在空间上的重新配置，反映的是城乡之间一体化发展的内部转换关系，二者之间的交互作用使得规模效应、集聚效应与联动效应达到最大化。城乡互动发展是自组织与被组织的过程，这两种过程体现的是自然与社会体系的协调统一，现有的许多模型侧重于自然规律的量化研究，却往往忽略社会发展的影响机制。当前，乡村聚落城镇化更大程度上是社会经济发展推动作用的结果，而城乡建设用地本身就是自然与社会有机结合的土地利用方式，科学的布局模型应对城镇和乡村聚落两者内部以及相互之间的自然社会属性进行有机整合。时间与空间是土地利用类型的根本属性与研究对象，不同时间、不同空间尺度的城镇与乡村聚落具有截然不同的演化规律与布局要求，乡村聚落城镇化模拟模型是一个以时间为对象、空间为尺度，并将两者紧密结合的自耦合模型，需要时间过程模型与空间数据模型有机耦合才能更好地表达城镇用地扩展的时空过程。

5.3　基于元胞自动机与多智能体系统的乡村聚落城镇化模拟模型构建

5.3.1　多智能体系统与城镇土地扩展建模

多智能体系统理论和技术是在复杂适应系统理论及分布式人工智能技术的基础之上发展起来的，自 20 世纪 70 年代末出现以来发展迅速，目前已经成为一种进行复杂系统分析与模拟的思想方法与工具。多智能体系统思想源于复杂适应系统理论，多智能体系统直接从模拟组成系统的个体以及个体与个体间的相互作用出发研究系统的整体行为。城镇的规划者和使用者作为有理性的人，为取得合适的生活环境，在交通便捷性、环境优越性、资源可得性等方面进行选择。他们在社会属性与行为决策上往往被划分为相应的主体（agent），在城镇土地扩展建模中，每个主体赋予土地一定的属性，主体的选择行为依赖于所处的环境与自身的经验，在空间上表现为用地性质的变化。

已有的相关基于多智能体系统的城镇土地扩展研究表明，可以通过模拟异质性的个体决策者的社会、经济与空间行为来探究城镇用地的总量特征和空间结构（Brown et al.，2005；Flávia et al.，2011；李新延和李德仁，2005）。多智能体系统关注的是大量微观个体的交互行为，这种行为可以是不同主体之间的直接关系，也可以是多个主体之间的间接关系。在乡村聚落城镇化过程中，这种主体间的交互行为表现得较为明显，政府、企业与农户之间存在着复杂的直接和间接关系，在空间上决定着用地的多重属性特征，影响着城镇土地扩展的方向与乡村聚落城镇化的布局。多智能体系统抛弃了完美的经济人假设，主张通过模拟主体的有限理性行为以及相互之间的微观作用来研究城镇土地空间演化过程和规律。

主体所处的城镇发展环境主要包括点、线、面三个方面，点是城镇的结点，它们是城镇增长的发展极核，如大型的商业中心、交通枢纽、工业中心等；线是城镇的发展轴，主要指城镇交通线，它们连接城镇结点，带动交通线沿线区域发展；面，狭义而言，指与地块相邻的土地利用性质，广义而言，则指地块所处区域的社会经济条件与区域性质。基于多智能体的城镇土地扩展建模首先要描述空间上的环境关系，进而规范实现多智能体系统层次与空间数据之间的关系。描述这些关系影响地理系统的表达机制，可以更好地把握乡村聚落城镇化过程中多智能体系统与 GIS 耦合的时空关系。影响 GIS 动态数据与多智能体系统建模的关键关系主要包括以下几种（Brown et al.，2005）（图 5-3）：

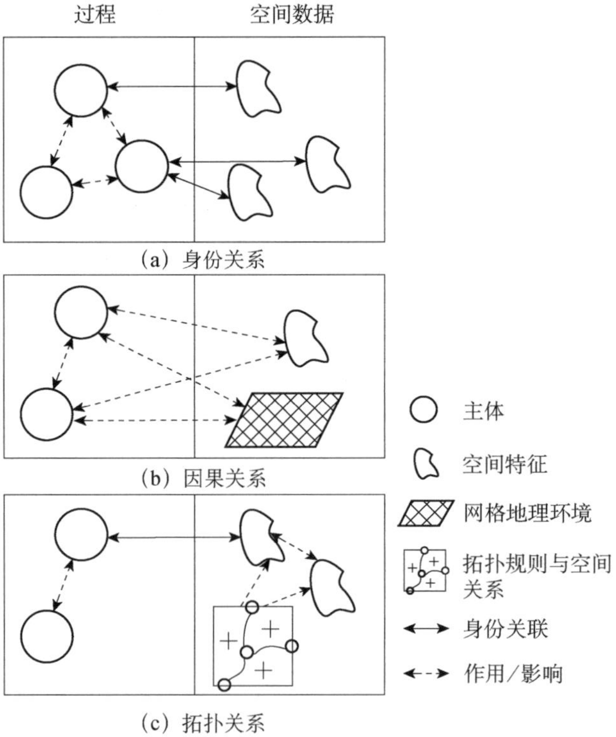

图 5-3　影响空间数据模型与空间过程模型交互的关键关系图示

（1）身份关系

GIS 技术可以被用来存储地理范围与对象属性，多智能体系统技术则可用以表现主体的行为和相关对象关系，通过一个主体和一个或多个空间对象之间定义身份关系。与主体相关的空间对象可以作为 GIS 对象存储，一个主体可以与唯一一个空间对象相关（一对一），也可以与多个空间对象相关（一对多）。在任意模型中，可以存在与空间对象不相关的主体，也可以存在与主体不相关的一些空间对象。

（2）因果关系

在许多模型中，即使主体与它作用的空间对象不存在身份关系，主体也可以通过相关行为来影响空间对象或它们的属性，这种影响可以通过主体之间或主体与其他空间对象之间发生作用。主体的行为可以引起空间对象和位置的相应变化，或引起某一域（如一栅格）属性的变化。

（3）拓扑关系

空间对象的移动，不管是通过与其相关的主体还是其他主体的作用过程，都需要现实世界空间对象间相互关系的基本信息（如距离关系）。某一移动是否合适或可行，往往需要一组空间对象之间或它们与另一组空间对象之间的拓扑关系，以及空间对象之间的空间关系来表征。

在乡村聚落城镇化过程中，政府、企业和农户作为决策主体，有自身的社会属性和行为规则，并且与土地利用空间数据库属性相关，随着城镇土地的扩展，主体可以更新自身的位置和属性，影响下一刻城镇用地扩展的方向，同时主体间可以有交互行为。实际过程中，政府主体的一项土地利用规划决策不仅直接作用于相应空间地块，而且会直接或间接影响周边地块的用地性质，并进而影响企业主体和农户主体的决策行为。城镇用地的扩展依托于不同地类以及不同社会单元之间的拓扑关系，这种拓扑关系是主体决策的基础，如某一地块与交通干线或商业中心的距离，一定程度上限制或引导城镇用地扩展的方向。

5.3.2　多智能体系统及其决策行为

主体是在虚拟环境中具有自主能力、可以进行有关决策的实体。单个主体往往根据自身的知识与经验作出有利于主体利益的决策行为，从数学意义上说，每个主体根据一个多属性效用函数对各种决策的后果进行评价，在进行比较后采纳具有最高期望效用的决策。但在解决土地利用配置实际问题的过程中，单个主体受知识、资源以及与其他主体相互关系的限制常常不能作出科学合理的决策，多主体的相互协商与共同决策是实现土地利用效用最大化的必然途径。

1. 政府主体及其决策行为

政府主体是指土地利用规划相关政策的制定者、决策者与监督者，代表的是多 agent 的综合利益。通过制定土地利用总体规划与城市发展总体规划等相关规划指导城镇土地的宏观布局与微观选址。政府主体的决策行为主要包括宏观上的城镇土地利用总体规划与微观上的土地利用决策调控。

（1）政府主体的宏观规划

政府的宏观总体规划在空间上指引着未来城镇发展的方向，在经济上决定着城镇发展的模式，是城镇实现土地利用合理配置的基础。在城镇用地发展规划中，政府通过划分土地利用管制区实现城镇土地资源的合理开发与有效配置，首先综合城镇土地利用现状与经济、人口的发展趋势，给定未来一定时期内的城镇建设用地新增与总量控制指标，然后分时期将指标落实到具体地块，包括时间上的城镇扩展规模与空间上的合理配置。

从时间尺度而言，一定时期内的城镇用地规模与其经济、人口的发展密切相关，可由最近一段时期（如 2020～2035 年）的人口与经济年均增长率为基准，预测目标年的人口与经济总量，以提供其所需的城镇土地资源总量。

$$Q_{S1} = w_E \cdot Q_{ET} + w_P \cdot Q_{PT}, \quad w_E + w_P = 1 \tag{5-1}$$

式中，Q_{S1} 为规划期内所需的城镇土地资源总量；Q_{ET} 为目标年城镇经济总量所对应的城镇用地量；Q_{PT} 为目标年城镇人口总量所对应的城镇用地量；w_E、w_P 分别为经济与人口对城镇土地的影响权重。

在确定规划期内城镇发展的用地总量后，政府如何在规划期内最有效地分配可用土地总量 Q_S 的资源，以达到土地资源总量在时空上的一致性与合理性，是需要进一步深入探讨的问题。Tietenberg（1992）曾根据边际效益曲线与边际成本曲线的动态变化，提出了有效使用自然资源的动态时间模型，该模型对于政府主体在不同时间点分配土地资源量具有一定的指导意义，其公式如下：

$$\max_{q_T} \sum_{T=1}^{n} (aq_T - bq_T^2/2 - cq_T)/(1+r)^{T-1} + \mu \left[Q_{S2} - \sum_{T=1}^{n} q_T \right] \tag{5-2}$$

式中，Q_{S2} 为规划期内所供给的土地资源总量；n 为规划期限；q_T 为 T 时间段内所对应的用地总量；a 为边际效益曲线的截距，也就是边际效益曲线的理论最大值，这里是一个相对值；b 为边际收益曲线的斜率，可选为 1；为便于研究，Tietenberg 假设边际成本为一常数 c，通常边际成本要小于边际收益，一般假设 $c = a/2$；r 为贴现率；T 为时间；μ 为极值公式的常数。

规划期内城镇土地资源总量的确定与各时间段分量的分配为城镇土地资源

的合理开发指明了方向，是政府主体制定宏观规划的重要内容。

从空间尺度而言，城镇土地资源总量必须合理地落实到具体的空间位置，布局决定功能，功能决定效益。政府主体通过土地利用分区管制实现城镇发展的有效引导与布局，在当前的土地利用规划中，政府主体往往将城镇及其周边用地划分为两个区域：允许建设区与有条件建设区，如图 5-4 所示。

允许建设区：包括现状城镇建设用地与新增城镇建设用地，新增城镇建设用地则包括净增量与建设用地内部挖潜量两部分，城镇化的乡村聚落属于建设用地内部挖潜范围。区内新增城镇建设用地受规划指标和年度计划指标约束，通过统筹增量、保障存量挖潜，促进城镇土地节约集约利用。规划实施过程中，在允许建设区面积不改变的前提下，通过规划审批机关的审查批准，其空间布局形态可调整，但不得突破其扩展边界。

有条件建设区：即城镇建设用地规模边界以外、扩展边界以内的范围，该范围既是城镇扩展的缓冲区也是城镇发展的弹性区。在城镇用地规模控制指标已经用完，且所有约束性指标没有突破的前提下，按照相关程序，可在区内安排用于实施城乡建设用地增减挂钩（或乡村聚落缩并）的新增建设用地；同时，允许建设区变更的新增建设用地布局必须在有条件建设区范围内，但规划期内城镇建设用地扩展边界原则上不得调整。

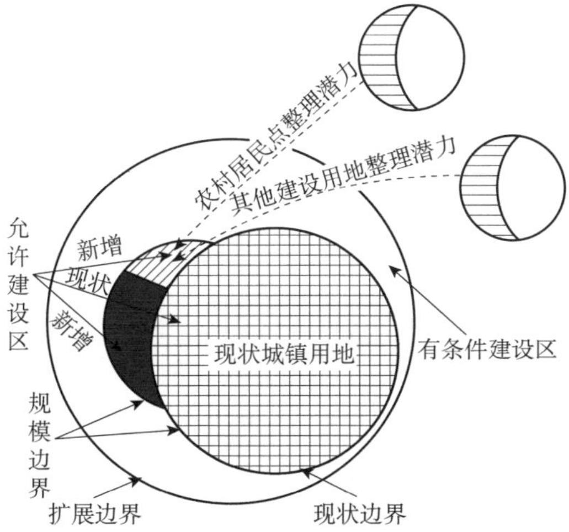

图 5-4　城镇土地利用规划分区管制

此外，政府主体出于生态保护与耕地保护等原因的考虑，也会在此基础上划定明显的禁止建设区，如基本农田保护区、水体保护区等，这些区域均为城镇土地扩展的禁区。

（2）政府主体的微观调控

政府的土地规划政策具有强制性，但作为城镇的中长期发展规划，更多的是从总体数量结构上以及用地空间布局上予以引导与调控，对于具体微观地块的发展则因情况而异，这也是政府目前制定土地规划的一个基本原则，即保证规划的刚性与弹性相结合，以更好地适应经济发展的需要。具体到城镇用地的某一地块，政府会根据目前该地块土地利用状况和未来该地块周边土地利用结构的变化给出其转换为城镇用地的接受概率。

从地块自然属性而言，每种类型地块转变为城镇用地的发展概率并不相同，城镇发展不可避免会侵占大量农用地，但同时应尽量避免占用优质农用地，特别是基本农田，即农业适宜性的大小可以作为地块转变为城镇用地概率的主要评判标准。农业适宜性一般与土壤类型（soil）、土壤生产力（productivity）和地形（slope）等因子有关，土壤生产力可以根据土壤肥力（fertility）来获取，采用道格拉斯生产函数的形式来评价农业适宜性 S_A。

$$S_{\mathrm{A}} = \mathrm{soil}^{\alpha} \cdot \mathrm{fertility}^{\beta} \cdot \mathrm{slope}^{\lambda}\ ,\quad \alpha+\beta+\lambda=1 \tag{5-3}$$

同时，还需要考虑当前的土地利用类型转化为农业用地的难易程度（农业兼容系数），不同用地类型的农业兼容系数可设定为耕地（=1）>园地、林地（=0.75）>其他农用地（=0.5）>水域、未利用地（=0.1）>建设用地（=0.05）。可综合得出候选地块的农业适宜性评价值。

$$S_{\mathrm{A}} = P_{\mathrm{A}} \cdot Q_{\mathrm{A}} \cdot \mathrm{soil}^{\alpha} \cdot \mathrm{fertility}^{\beta} \cdot \mathrm{slope}^{\lambda} \tag{5-4}$$

式中，S_{A} 为农业适宜性；P_{A} 为农业兼容系数；Q_{A} 为邻域影响（可设定为候选地块一定邻域范围内农业用地面积的比重）。

从地块的社会属性而言，该地块在一定范围内所拥有的交通、教育与公共设施等社会资源越丰富则转化为城镇用地的概率越大，这种概率以城镇发展适宜性为判断标准，公式如下：

$$S_{\mathrm{U}} = (1-S_{\mathrm{A}}) \cdot Q_{\mathrm{U}} \cdot (w_1 \cdot E_{\mathrm{traffic}} + w_2 \cdot E_{\mathrm{education}} + w_3 \cdot E_{\mathrm{convenience}} + \varepsilon_{ij})\ ,$$

$$w_1 + w_2 + w_3 = 1 \tag{5-5}$$

式中，S_{U} 为城镇发展适宜性；S_{A} 为农业适宜性；Q_{U} 为邻域影响（可设定为候选地块一定邻域范围内城镇用地面积的比重）；E_{traffic}、$E_{\mathrm{education}}$、$E_{\mathrm{convenience}}$ 分别为候选地块的交通通达性、教育资源性与公共设施便利性；w_1、w_2、w_3 分别为政府主体对交通、教育与公共设施便利性的决策系数（权重）；ε_{ij} 为随机干扰项。

同时，该地块被其他主体申请的次数越多，它被接受的概率就会增加，同时其邻近地块被接受的概率也会增加，即土地利用规划应能体现相关利益群体的意愿。由此，可以确定政府主体接受该地块的概率，公式如下：

$$P_{\text{accept}*ij}=\overline{S_{U*ij}}+g\cdot\Delta P_1+h\cdot\Delta P_2\,,\quad i\in[1,n],j\in[1,m] \tag{5-6}$$

式中，$P_{\text{accept}*ij}$ 为候选地块被政府接受的概率；$\overline{S_{U*ij}}$ 为候选地块的政府原始接受概率，为城镇发展适宜性标准化后的值；g 为该地块被申请的次数；ΔP_1 为每申请一次政府所增加的接受概率；h 为以该地块地理位置（i，j）为中心的规则邻域窗口内已经被政府接受的网格数；ΔP_2 为邻域窗口内每增加一个被政府接受的网格，政府所增加的接受概率。

需要说明的是，这里计算出的概率值可能大于 1，应将其值进行标准化处理，使其处于[0，1]。

政府主体根据自身的经验与知识，综合候选地块的自然和社会属性，在与其他主体沟通交流的基础上以及土地利用宏观规划的框架内，确定城镇发展的微观选址。

2. 企业主体及其决策行为

企业是城镇扩展的原动力，城镇企业可主要划分为工业企业与商业服务企业（含房地产开发企业），实现利润最大化是企业发展的第一要素，而企业区位的好坏直接影响其利润的实现。企业主体的决策行为可用函数表示为

$$D_{\text{C}}=\text{IF}(R_{\text{profit}}\geqslant R_{\text{threshold}})=f(X_1,X_2,\cdots,X_n) \tag{5-7}$$

式中，D_{C} 为企业主体投资经营意愿；R_{profit} 为企业投资经营获取的利润；$R_{\text{threshold}}$ 为企业利润期望界限值；IF 为判断函数；$X_1, X_2, \cdots, X_n$ 为交通条件、环境质量与集聚度等影响企业投资经营决策行为的因素。

不同类型企业对选址条件的要求存在客观差异性，对于工业企业而言，工厂的位置应尽可能接近交通运输中心，以便于运输原材料与产品，降低成本，增加利润；尽可能接近城镇中心可以为员工提供便利的生活条件，但同时又需与城镇居民区、商业区保持一定的距离。企业周边的环境质量对于工业选址也有较大的影响，同时，产业集聚发展可以很好地形成规模效应，使得政府加大产业集聚区（如工业园区）的基础设施投入，匹配较好的投资政策。此外，交通便捷、环境优越的地区地价也相应较高，这需要企业主体根据企业发展的实际情况，在两者间进行全面衡量。对于商业服务企业而言，企业的选址在区位上的要求相对工业企业而言有一定差异，即必须尽可能地接近居民区与社会资源中心，并拥有较好的交通条件与地域环境。虽然这同样意味着选址成本的加大，但同时也意味着企业利润可以有更好的预期。

总体来说，工业企业布局的原则是集中与分散相结合，商业服务企业则以集中为主，两者都倾向在接近城镇中心、交通便捷、环境优越的地区选址，但工业

企业可以有相对的灵活性，而商业服务企业则必须依赖于城镇丰富的社会资源而存在。两种企业类型的布局要求与特性也赋予了城镇布局发展的特征，即商业服务企业往往在城镇发展的内圈层，而工业企业则通常处于城镇的外圈层。政府会根据企业的用地申请，结合城镇产业发展规划与企业选址的合理性而作出是否批准的判断，以引导企业布局与城镇扩展方向。

3. 农户主体及其决策行为

城镇扩展不可避免要占用大量农用地，从而影响农户的自身利益，对于农用地转化为城镇用地的认识上，政府与农户有着基本的一致性，即最大限度地保护优质农用地，尤其是基本农田，但对于乡村聚落城镇化则牵涉到更具体的社会问题，也是本书研究城镇化过程中农户主体决策行为的重点。农户主体对于乡村聚落城镇化的决策受多重因素的影响，农户自身特征、住房类型结构、居住区位特征、家庭收入构成与城镇化后的社会保障体系等因素都会左右农户城镇化的意愿，从而影响他们的决策行为（图 5-5）。

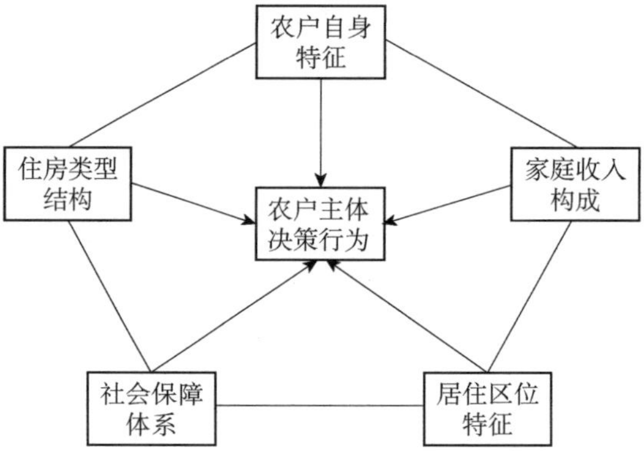

图 5-5　农户主体决策的影响因素

农户自身特征：农户的年龄和受教育程度对于他们的决策有重要影响。一般而言，农户年龄越大，思想相对越保守，其整治搬迁的意愿就越小。受教育程度越高，农户对相应国家政策的了解就越多，对于乡村聚落城镇化的前景有着自身的判断，对于乡村聚落城镇化的理解与接受程度就越高。

住房类型结构：乡村聚落以农户自建为主，农户根据自身的经济能力与居住要求建设乡村聚落，从住房结构而言，可总体上划分为平房与楼房两种，两者的投资力度与居住功能有较大差异。乡村聚落城镇化可能意味着这两者的补偿差异并没有其实际差异大，对于楼房的自建农户而言，接受城镇化改造的程度相对就会低一点，当然，这也取决于政府所给予的补偿政策与经济能力。

家庭收入构成：主要是看农户非农收入比重占家庭总收入的比例，以农业收入为主的农户对耕地的依赖程度较大，从生产、生活的角度而言，保护耕地对他们的收入提高是有利的，而乡村聚落城镇化的结果可能是失去他们维以生计的耕地，一般而言，他们非农化的意愿不高。

居住区位特征：乡村聚落离中心城镇的距离以及交通便捷性在很大程度上对于其城镇化起着制约作用。离中心城镇越近、交通越便捷的区域，城乡差异越小，发展条件也相对越好，其乡村聚落有着重要的经济功能，如出租、经商等，这为农户提供了较好的经济来源，而城镇化则意味着此类收入的丧失，乡村聚落城镇化的意愿自然不高。

社会保障体系：城乡二元结构的存在使得社会保障制度在城乡之间存在较大差异，广大农村区域并没有建立完善的社会保障制度，耕地自然成为农户的主要保障。乡村聚落城镇化的前提是政府能够为城镇化农户提供基本的生活保障、养老保险、医疗保险等社会保障制度，让农户有城镇化的认同感与归属感。这与区域经济发展水平息息相关，经济发达地区意味着更多的就业机会和较好的社会保障，农户对于乡村聚落城镇化后的前景也相对乐观。

农户主体根据以上乡村聚落城镇化的影响因素进行综合判断，其决策模型如下：

$$\mathrm{WP}=c+\alpha_1\cdot\mathrm{CP}+\alpha_2\cdot\mathrm{TH}+\alpha_3\cdot\mathrm{NI}+\alpha_4\cdot\mathrm{HL}+\alpha_5\cdot\mathrm{SS}+\xi \tag{5-8}$$

式中，WP 为农户对于乡村聚落城镇化的支持度；CP 为农户的受教育程度与年龄特征；TH 为乡村聚落住房类型结构；NI 为农户家庭非农收入在家庭总收入的占比；HL 为乡村聚落区位特征；SS 为区域社会保障体系完善度；$\alpha_1, \alpha_2, \cdots, \alpha_5$ 为各自变量所对应的系数；c 和 ξ 分别为常数项与随机扰动项。

5.3.3　多智能体系统博弈机制

1. 三方博弈框架

不同的土地利用主体对土地利用空间布局表现出不同的偏好，相互之间存在必然的博弈行为。博弈论关心的就是当人们知道其行动相互影响而且每个人都考虑这种影响时，理性的个体如何进行决策的问题（张维迎，2004）。在城镇用地扩展过程中，政府对于土地的策略选择是开发与不开发，其中涉及对农户征地与不征地以及对企业租赁和不租赁的抉择，农户对征地的选择策略是接受与拒绝，企业的主要对策是投资与不投资。作为土地利用规划的利益主体，政府、企业与农户对土地利用规划的影响效力各不相同，政府是土地利用规划的决策者，对城镇发展规模与空间布局起着主导作用，但其决策必须以其他利益相关群体的参与为前提；企业与农户都是土地的使用者，实际中往往形成一种土地征用与被征用的关系，对土地利用规划有重要的参与权和建议权。在土地征用的过程中，企业与农户逐一沟通的成本较高，且效率较低，因而委托政府参与就会成为企业的客观选择，政府的干预必须符合社会利益，政府、企业与农户在土地利用规划中构成一种三方博弈路径，如图 5-6 所示。

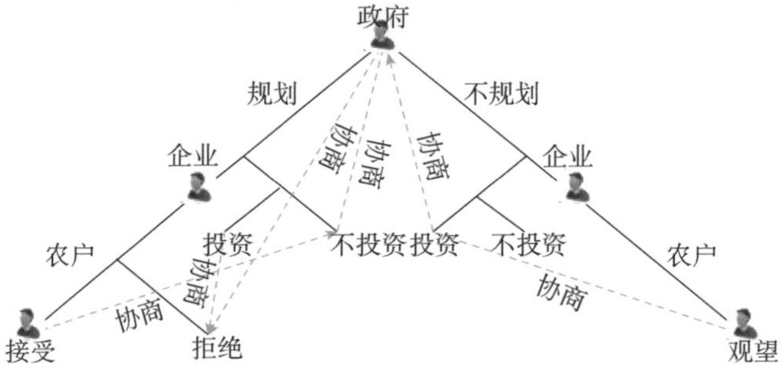

图 5-6　政府、企业与农户之间的博弈路径

在博弈过程中，将政府、企业与农户看作理性经济人；同时，城镇用地的开发不是一次简单的博弈过程，而是多次反复对弈形成的均衡，即重复博弈。当政府选择土地开发时，企业与农户可能作出不投资和拒绝的决策，在这个博弈的过程中，政府就需要主动地与农户和企业协商以达到预期的目标。同样，当政府选择不进行土地开发时，对于期望投资的企业则会主动地与政府协商以达到改变政府决策的目的；农户在政府与企业沟通结果没有完全明朗化的情况下会保持观望，在政府与企业达成开发与投资的一致决定后，农户则又有了接受或拒绝的权力。三方的决策都是根据自身的效用函数作出的，政府自身利益的驱使也使得政府并不能保证完全遵循社会效益均衡的原则。

2. 三方博弈模型

根据合作博弈模型，这里分别用 G 代表政府，C 代表企业，H 代表农户，则博弈的参与人集为 $W=\{G, C, H\}$，参与人集 W 的任意一个子集为 S，即 $S \subseteq W$，称为该博弈中的一个联盟；若 $S=W$，则为一个大联盟。特征函数指对任一个联盟 S 对应一个实数 $v(S)$，并要求：

$$v(\Phi)=0 \, , \quad \sum_{i=1}^{W} v(\{i\}) \leqslant v(W) \tag{5-9}$$

$$v(\{G\})=a \, , \quad v(\{G,H\})=b \, , \quad v(\{W\})=c \tag{5-10}$$

如果政府最终不进行开发，则联盟 S 是空集，就不能创造任何价值。政府同意开发且企业愿意投资、农户接受土地征用时，大联盟 $S=W$，所创造的价值不能低于每个参与人单独创造的价值之和，a、b、c 代表收益，且 $a<b<c$。因此，特征函数 $v(S)$ 的含义是联盟 S 的全体成员所能创造的最大价值。一个 n 人参加的合作博弈在分析并给出特征函数 $v(S)$ 后，记该合作博弈为 $F=[n,v]$，按照下面公式计算出唯一 Shapley 值：

$$\Phi(v)=[\Phi_1(v),\Phi_2(v),\cdots,\Phi_w(v)]$$

$$\Phi_1(v)=\sum_{S\subseteq W}\frac{(n-|S|!(|S|-1)!}{n!}[v(S)-v(S/\{i\})] \tag{5-11}$$

根据三方博弈过程与特征函数计算 Shapley 值（贺瑜，2009），有

$$\Phi(v)=[\Phi_G(v),\Phi_C(v),\Phi_H(v)]=\left(\frac{3c+2a+b}{6},\frac{3c-a-b}{6},\frac{b-a}{6}\right) \tag{5-12}$$

故 $\Phi_G(v)>\Phi_C(v)>\Phi_H(v)$，即在三方博弈的过程中，政府作为政策制定者和监督者处于主导地位，企业有着较重要的投资决策权和影响力，农户相对处于弱势地位，这也解释了在现实城镇用地扩展过程中农户利益往往得不到较好体现的原因。政府是城镇建设用地的经营者与管理者，往往根据社会经济的发展状况，通过衡量其效用函数值的大小决定城镇建设用地的数量与布局方向，在信息获取与行动决策上占据主动。企业的投资与否在很大程度上影响政府土地规划政策实施的有效性，同时，政府也面临“权力租金”的诱惑以及上级考核指标体系的约束，这赋予了企业在城镇用地决策上更多的话语权。农户则往往因较低的受教育水平与较弱的经济实力在博弈中处于劣势，现行土地集体所有制也在一定程度上虚置了土地的产权主体，使得农户在博弈过程中在心理上更多地依赖政府。

5.3.4　乡村聚落城镇化模型构建

1. 多智能体系统与元胞自动机的耦合

多智能体系统在分析和建立人机交互理论和交互模型中发挥着重要作用，多智能体系统理论侧重主体的社会行为研究，各类主体的社会行为又与地理环境和其他主体的行为息息相关，其核心思想是探讨基于地理环境的微观个体的相互作用，这种相互作用的结果是能够产生影响全局发展的微观格局。但多智能体系统缺乏空间概念，而大多数地理主体的行为和结果都是空间性的，如何将不同主体的社会行为融入地理空间，更好地体现出自然环境与社会环境系统的复杂性与非线性，是多智能体系统理论与模型未来深入研究的必然趋势。

多智能体系统采用从底层自下而上的建模思想来研究复杂地理空间系统的动态发展变化，与元胞自动机自下而上的研究思路一致（黎夏等，2007）。当前，基于空间的多智能体系统一般都是借助元胞自动机的思想来实现，多智能体系统与元胞自动机的耦合类似于“棋盘”空间，主体分布在规则的二维“棋盘”网格上，二维“棋盘”网格相当于元胞自动机的元胞空间，不同的“棋子”代表不同的主体，它们是离散的、有序的，每个主体有较强的自我控制和内在的行为规则，相互之间通过微观互动的自组织过程形成地理空间的分异特征。多智能体系统与元胞自动机的耦合具有如下优势。

1）每个元胞具有明确的空间特征与局部邻域转换规则，本身不能移动；每个主体则具有明确的社会行为特征，并可以在二维网格间根据一定的规则自由移动；它们都用离散的二维区域单元进行空间组织与表达，两者的结合使得元胞具有社会组织性与空间拓展性，并且可以较好地实现空间数据结构上的转换与统一。

2）元胞自动机在地理空间过程模拟上具有独特优势，但只能通过邻域转换规则改变自身状态，并不具备自我决策和学习的能力；多智能体系统代表了各种灵活的不同空间决策实体，主体具有一定的智能性，能够对环境变化作出适应性的调整，两者的集成可以很好地形成优势互补，从而更好地分析地理空间交互作用过程与复杂空间决策行为。

城镇土地利用系统是一个典型的复杂地理系统，它的动态变化是土地利用相关利益群体相互作用的结果。如前所述，乡村聚落城镇化过程中的相关利益群体主要包括政府、企业与农户，他们的决策空间是城镇及其周边区域，以离散元胞状态形成交互作用机制（图 5-7）。多智能体系统层包括政府主体、企业主体与农户主体，各类主体都是具有独立思维与决策能力的主体。政府主体具有土地利用规划与用地批准的决策行为；企业主体具有用地选址的优势度判断与用地申请的决策行为；农户主体则具有对乡村聚落城镇化前后的综合利益比较和用地征用与否的选择决策行为。各类主体相互之间通过不断地沟通交流形成城镇土地扩展的宏观布局与微观选址。元胞自动机层是固定的、规则的空间离散单元，通过元胞自身与邻域状态制定转换规则，具有对时空特征描述的能力，与多智能体系统决策属性有机结合共同形成城镇扩展的动力机制。环境要素层是多智能体系统层和元胞自动机层所处的自然与社会环境，是元胞转换规则与多智能体系统规则运行的基础；同时，多智能体系统层也会根据环境要素层的变化不断地调整其决策行为，以达到城镇空间扩展与地理环境的协调统一。

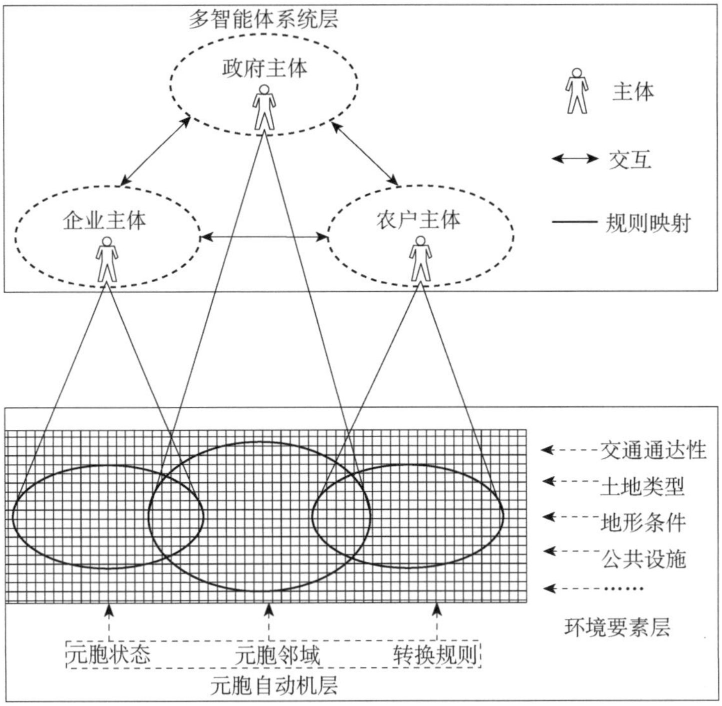

图 5-7　多智能体系统与元胞自动机的交互作用

2. 模型实现流程

元胞自动机是定义在一个由离散、有限状态元胞组成的规则格网空间上，每个元胞具有多种可能的状态值，并在一定的时间进程中按照某种局部规则不断更新。结合元胞自身状态值，通过定义其局部的元胞邻近关系以及作用于元胞邻域上的局部转换规则，可以模拟与表示整个系统中复杂现象的时空动态变化。在建模过程中，将城镇土地利用空间划分为一个 $n \times n$ 的二维网格，该格网空间内有 k 种土地利用类型，每个元胞有 $k \times k$ 种可能的变化，本书仅考虑非城镇用地转化为城镇用地的可能变化，具体转变过程会受到一系列条件和规则的限制。结合前面相关分析和研究，确定基于 MAS-CA 的乡村聚落城镇化模型流程，如图 5-8 所示，模型步骤可归纳如下。

1）城镇扩展时空准则。根据研究区规划期内社会经济、人口发展对城镇用地数量的要求，确定城镇用地扩展总量。

2）确定元胞转换概率。结合城镇用地扩展过程中政府、企业和农户的博弈机制和决策行为，赋予元胞相应的决策属性，通过计算各类主体的效用级别确定相应的主体选择概率；与影响 CA 转换规则的交通、地形、水系等全局因子和元胞邻域状态融合，共同确定元胞转换概率。

3）模型循环布局。根据 agent-CA 模型确定的元胞转换概率，按概率值大小排序，结合扩展总量约束，判断元胞是否达到扩展要求而发生状态转移；同时依据规划期城镇扩展的数量要求，如完成扩展总量，则中止扩展过程，如未完成扩展总量，则继续返回综合决策，不断循环，直到满足扩展总量要求。

4）乡村聚落城镇化布局。根据规划期末城镇用地扩展结果，与规划期初城镇土地利用现状叠置分析，确定乡村聚落城镇化数量规模和空间布局。

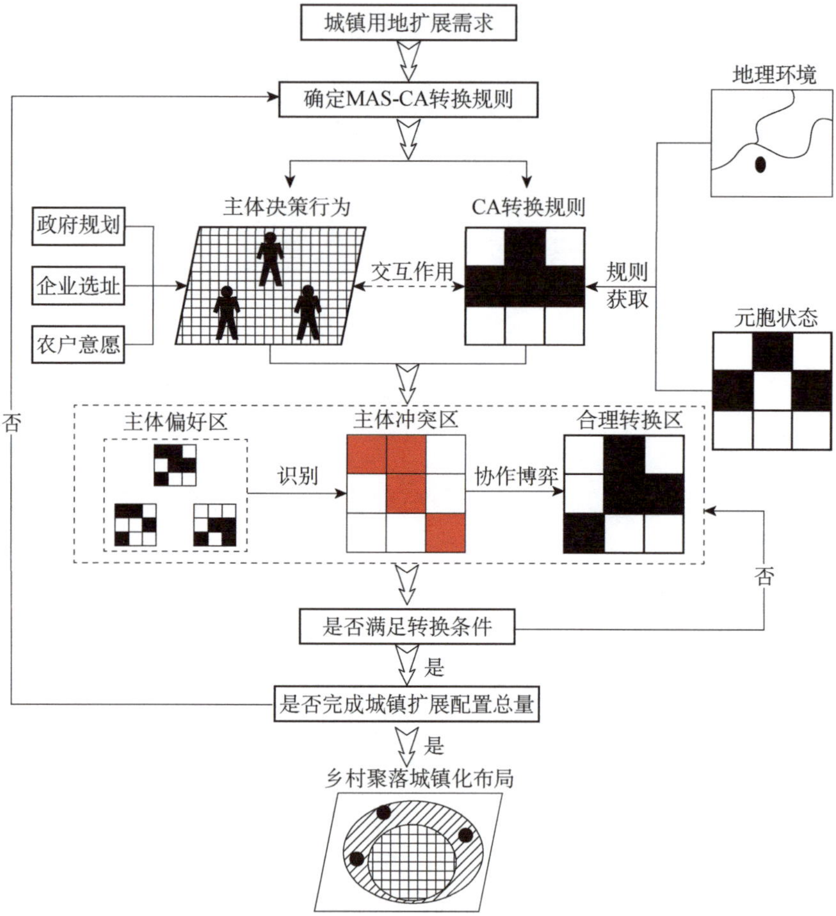

图 5-8　基于 MAS-CA 的乡村聚落城镇化模型流程

3. 元胞转换规则获取与模型构建

乡村聚落城镇化过程实质上是城镇用地扩展对周边乡村聚落的吸收与兼并过程，城镇发展所处的社会地理环境以及政府、企业和农户的决策行为对城镇用地扩展布局与方向有重要影响，进而影响到乡村聚落城镇化的数量与方位。基于多智能体系统-元胞自动机的乡村聚落城镇化模型必须体现这些影响因子，并通过元胞转换规则反映相互之间的作用机制。所涉及的主体主要包括政府主体、企业主体和农户主体，这些主体在空间上具有移动性、反应性、持续性等特征，并且同时具备社会性和协作性，表现出典型的社会属性和行为规则。主体依托所处的外部环境赋予空间地块基本属性，并根据这些环境和相互的协作改变外部环境状态和调节自身行为。在本书的城镇扩展研究中，同时作出如下假设：①已有城镇用地不再发生变化，只考虑新增城镇用地；②水体和基本农田不能转变为城镇用地。

（1）元胞转换规则获取

转换的规则是元胞自动机的核心，元胞的城镇化概率由全局转换概率和局部转换概率共同决定。全局转换概率是从城镇发展的整体角度出发，评价各因子在非城镇用地转化为城镇用地过程中的定量影响，这些全局因子包括地形、交通、水系、离镇中心的距离等。局部转换概率由元胞邻域状态决定，且其邻域随时间而不断变化，从而衍生出新的规则。同时，政府、企业与农户会根据自身的经验和状态形成一定的用地决策行为，在空间上赋予了元胞相应的主体属性，这种主体属性一定程度上决定了元胞发展为城镇用地的概率，并形成不同主体决策判断的条件。结合政府空间管制分区、企业发展水平与集聚程度、农户自身特征和居民点区位属性等，赋予三类主体在元胞上的不同决策属性，agent[1]、agent[2]、agent[3]分别代表政府主体、企业主体与农户主体，主体决策属性的部分关联规则如表 5-1 所示。

表 5-1　主体决策属性关联规则

序号	关联规则
1	IF agent[1]=1，agent[2]=5，agent[3]=4，THEN agent[*i*].action=1（可转换为城镇用地）
2	IF agent[1]=1，agent[2]=4，agent[3]=3，THEN agent[*i*].action=1（可转换为城镇用地）
3	IF agent[1]=2，agent[2]=5，agent[3]=4，THEN agent[*i*].action=1（可转换为城镇用地）
4	IF agent[1]=2，agent[2]=4，agent[3]=3，THEN agent[*i*].action=1（可转换为城镇用地）
5	IF agent[1]=0，agent[2]=2，agent[3]=1，THEN agent[*i*].action=0（不可转换为城镇用地）
6	IF agent[1]=0，agent[2]=3，agent[3]=2，THEN agent[*i*].action=0（不可转换为城镇用地）
…	……

CA 转换规则由一系列空间距离变量（距离镇中心的距离、距离道路的距离、距离水系的距离等）以及元胞邻近范围的用地类型状态决定，在一个自组织的城镇系统中，城镇用地扩展是一个历史依赖过程，其 CA 模型的参数值可将历史数据作为训练样本来获取，定义转换规则并没有统一的方式，任何一种定义方式的

目的都是为了使模拟结果更接近真实，同时揭示模拟对象的内在规律。综合已有相关研究，CA 转换规则获取的方法可划分为两大类：传统方法和智能方法。传统方法主要包括多准则判断法（MCE）、逻辑回归法、SLEUTH 模型、主成分分析法等，获取方式简单、易懂（Jantz et al.，2010；陈逸敏等，2010）；智能方法主要包括数据挖掘、遗传算法、支持向量机、案例推理等，通过复杂关系寻找规律，以方便、快速、有效地建立 CA（Xia et al.，2018；张琴等，2012）。主体决策属性可以理解为在政府、企业与农户共同博弈和决策下的地块转换为城镇用地的发展概率，如前所述，三者在城镇用地扩展中的作用机制与影响大小存在一定的差异性，结合前面的三方博弈分析以及城镇发展的现实性，主体决策属性以政府为主，企业与农户为辅，共同决定某一元胞转换为城镇用地的发展概率，结合 CA 转换规则，最终确定元胞转换为城镇用地的概率大小。多个主体对某一元胞的综合期望转换概率可用式（5-13）表示：

$$R_x^t = \sum_{i=1}^{M} w_i \cdot P_x^{i(t)} \tag{5-13}$$

式中，R_x^t 为 t 时刻元胞 x 在政府、企业与农户等多个主体作用下的综合期望转换概率；i 为主体序号；M 是主体种类，此处 M=3，即政府、企业与农户三类；$P_x^{i(t)}$ 为 t 时刻第 i 个主体对元胞 x 的期望转变概率。

将主体综合期望转换概率与元胞的全局转换概率和邻域转换规则有机融合，共同形成元胞转换为城镇用地的最终概率，进而决定城镇用地的发展方向和乡村聚落城镇化的布局。

（2）模型构建

综合元胞规则的影响因子，本章选择多准则判断法来获取 CA 的转换规则，多准则判断法最早由 Wu 和 Webster（1998）提出，该方法原理简单、易于实现，其转换规则可用式（5-14）表示：

$$P_{\mathrm{CA}(ij)}^{t+1} = \exp\left[\mu \cdot \left(\frac{r_{ij}^t}{r_{\max}} - 1\right)\right] \tag{5-14}$$

式中，$P_{\mathrm{CA}(ij)}^{t+1}$ 为 t+1 时刻元胞（i，j）的转换概率；μ 为离散程度变量，取值 0～1；r_{ij}^t 为元胞（i，j）的发展适宜性评价分值；$r_{\max}$ 为 r_{ij}^t 的最大值。r_{ij}^t 的发展适宜性由一系列空间变量决定，其公式如下：

$$r_{ij}^t = (w_1 \cdot d_1 + w_2 \cdot d_2 + \cdots + w_n \cdot d_n) \cdot \mathrm{Restrict}_{ij} \tag{5-15}$$

式中，d_1，d_2，…，d_n 为空间变量；$w_1, w_2, \cdots, w_n$ 为空间变量权重；$\mathrm{Restrict}_{ij}$ 为限制因子，当元胞（i，j）处于限制发展区时，其值为 0，否则取值为 1。

本书选取的空间变量主要包括离镇中心的距离、离道路（主要包括国道、省道和县道）的距离、离水系的距离、离工业中心的距离和离商业中心的距离，同时综合考虑城镇发展的邻域作用和随机因素的影响，构建如下公式：

$$P_{\mathrm{CA}(ij)}^{t+1}=\left[1+(-\ln\gamma)^{\alpha}\right]\cdot\exp\left[\mu\cdot\left(\frac{r_{ij}^{t}}{r_{\max}}-1\right)\right]\cdot\mathrm{con}(S_{ij}^{t})\cdot\Omega_{ij}^{t} \qquad (5\text{-}16)$$

式中，$\mathrm{con}(S_{ij}^{t})$ 为 t 时刻自然约束条件，其值为 0～1；$\Omega_{ij}^{t}=\frac{\sum_{n}\mathrm{con}(S_{ij}^{t}=\mathrm{urban})}{n-1}$ 为邻域作用值，模拟过程中邻域范围采用摩尔类型或其扩展类型，这里采用摩尔类型，即 n=3×3，γ 为[0，1]之间的随机数，α 为控制随机变量大小的参数。

城镇用地扩展在空间上表现为逐渐将其周边非城镇用地转化为城镇用地，为更好地研究乡村聚落城镇化布局的空间转换机制，模型中细化乡村聚落用地与非乡村聚落用地转化为城镇用地的两种情况，结合政府主体、企业主体与农户主体在城镇用地扩展中的主体决策行为，确定元胞（i，j）转换为城镇用地的最终概率，其表达式如下：

$$P_{M-\mathrm{CA}(ij)}^{t+1}=\begin{cases}P_{\mathrm{CA}(ij)}^{t+1}\cdot\left[w_{\mathrm{g}}\cdot P_{\mathrm{g}(ij)}+w_{\mathrm{c}}\cdot P_{\mathrm{c}(ij)}+w_{\mathrm{h}}\cdot P_{\mathrm{h}(ij)}\right] & (1)\\ P_{\mathrm{CA}(ij)}^{t+1}\cdot\left[w_{\mathrm{g}}\cdot P_{\mathrm{g}(ij)}+w_{\mathrm{c}}\cdot P_{\mathrm{c}(ij)}\right] & (2)\end{cases} \qquad (5\text{-}17)$$

式中，$P_{\mathrm{CA}(ij)}^{t+1}$ 为 t+1 时刻元胞（i，j）的 CA 转换概率；$P_{\mathrm{g}(ij)}$ 为候选元胞（i，j）被政府批准开发的概率；$P_{\mathrm{c}(ij)}$ 为企业在效用最大化下随机选择元胞（i，j）的概率；$P_{\mathrm{h}(ij)}$ 为农户在综合判断下接受元胞（i，j）城镇化的概率；w_{g}、w_{c}、w_{h} 分别为政府、企业和农户的决策权重系数。

当元胞（i，j）为乡村聚落时，按式（5-17）中（1）确定其转换为城镇用地的最终概率，且有 $w_{\mathrm{g}}>w_{\mathrm{c}}>w_{\mathrm{h}}$，$w_{\mathrm{g}}+w_{\mathrm{c}}+w_{\mathrm{h}}$=1；当元胞（$i$，$j$）为非乡村聚落时，按式（5-17）中（2）确定其转换为城镇用地的最终概率，且有 $w_{\mathrm{g}}>w_{\mathrm{c}}$，$w_{\mathrm{g}}+w_{\mathrm{c}}$=1。

5.4　案例分析：嘉鱼县典型镇乡村聚落城镇化动态模拟

5.4.1　案例区域概况

本章选取嘉鱼县鱼岳镇、官桥镇和潘家湾镇三个典型镇，分别代表中心镇、丘陵型乡镇和农业型乡镇，其中鱼岳镇和官桥镇概况已在第 4 章介绍，这里不再赘述。潘家湾镇，南距嘉鱼县城 21km，西距长江 5000 吨级深水码头仅 0.5km，水陆交通十分便利。通过近几年来持续调整优化农业结构，潘家湾镇现已发展成为全县蔬菜生产专业镇、武汉市优质蔬菜直供基地。全镇面积 164km^2，镇区面积 2.3km^2，总人口 5.75 万人。

从嘉鱼县第二次土地利用调查数据中分别获取鱼岳镇、官桥镇与潘家湾镇三镇土地利用现状图，如图 5-9 所示。三镇土地利用结构存在较大差异，鱼岳镇作为嘉鱼县中心城区所在地，其城镇用地占鱼岳镇面积的 10.18%，镇域内水资源丰富，水域面积占总面积的 41.42%，耕地资源相对不足，仅占全镇面积的 19.07%；官桥镇地处丘陵区，区内园地、林地比例较高，分别占总面积的 17.54%和 34.19%，耕地分布较为零散，占总面积的 22.33%；潘家湾镇地处平原区，为典型农业型城镇，其耕地面积占总面积的 63.02%，土地利用率较高。

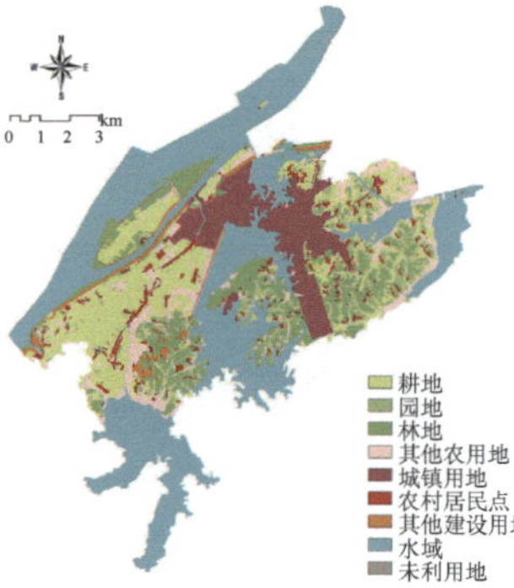

(a) 鱼岳镇

(b) 官桥镇

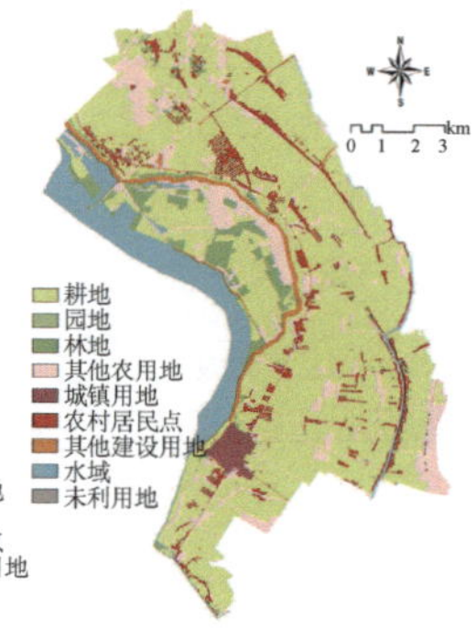

(c) 潘家湾镇

图 5-9　鱼岳镇、官桥镇与潘家湾镇土地利用现状图

5.4.2　乡村聚落城镇化特征

2005～2010 年嘉鱼县社会经济快速发展，城镇化水平由 33.04%上升到 49.37%，城镇用地扩展迅速。将 2005 年与 2010 年两期土地利用现状图进行叠置分析，获取三镇城镇用地动态变化以及乡村聚落城镇化的空间布局，如图 5-10 所示。

为进一步说明三镇乡村聚落动态变化，这里引入单一土地利用动态度，计算 2005～2010 年三镇城镇用地扩展速度指数，其公式如下：

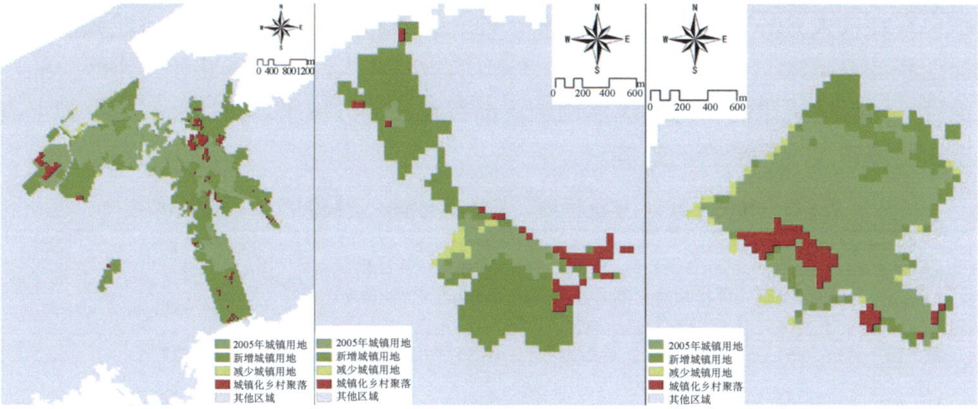

（a）鱼岳镇　　（b）官桥镇　　（c）潘家湾镇

图 5-10　2005～2010 年鱼岳镇、官桥镇和潘家湾镇乡村聚落城镇化特征

$$K=\frac{U_j-U_i}{U_i}\cdot\frac{1}{\Delta T}\cdot 100\% \tag{5-18}$$

式中，K 为研究时段内城镇用地扩展速度指数；U_i、U_j 分别为研究期初与研究期末城镇用地规模；ΔT 为研究期时段长。当 ΔT 的时段设定为年时，K 值为该研究区内城镇用地年扩展速度指数。

同时根据式（5-19）计算城镇用地扩展强度指数：

$$L_i=\frac{\Delta U_i}{\Delta T\cdot \mathrm{TLA}}\cdot 100\% \tag{5-19}$$

式中，L_i 为城镇用地扩展强度指数；ΔU_i 为某一时段城镇 i 的城镇用地扩展面积；ΔT 为研究期时段长；TLA 为研究区总面积。

鱼岳镇、官桥镇和潘家湾镇城镇用地分别增加了 625.50hm^2、99.00hm^2 和 42.50hm^2，城镇扩展速度指数分别为 24.51%、73.33%和 6.26%，城镇扩展强度指数则分别为 1.12%、0.12%和 0.07%，如表 5-2 所示。城镇用地扩展表现出不同类型城镇的差异性，中心城镇鱼岳镇和工业型城镇官桥镇城区扩展迅速，2010 年鱼岳镇城区面积拓展为 2005 年的 2 倍以上，官桥镇城区面积则翻了 4 倍多；扩展方向也较为明确，鱼岳镇主要向城区的东南和东北方向发展，官桥镇主要沿发展大道向鱼岳镇城区方向和东南方向发展。但两镇的城镇土地扩展速度明显超过了其经济增长率，存在城镇用地盲目扩张、用地粗放的问题。与之相比，农业型城镇潘家湾镇城区扩展速度则显得较为缓和，经济发展与城镇扩展之间有较好的一致性。从全县范围而言，鱼岳镇城镇扩展强度指数远高于官桥镇和潘家湾镇，充分体现了该镇作为县城所在地的中心地位。由于三镇城镇扩展规模的差异以及城区周边农村居民点分布的不同，鱼岳镇、官桥镇和潘家湾镇农村居民点城镇化面积也存在较大差异，分别为 58.50hm^2、12.25hm^2 和 15.25hm^2，占各自城镇土地增加面积的 9.11%、11.89%和 30.81%。城镇周边农业人口的聚集性和交通区位的便捷性，使得城镇化的乡村聚落平均斑块面积均高于区域平均斑块面积，空间上表现出与城镇发展相融合的趋势。

表 5-2　2005～2010 年鱼岳镇、官桥镇与潘家湾镇城区动态变化情况

镇名	2005 年现状/hm^2	2010 年现状/hm^2	增加面积/hm^2	减少面积/hm^2	净增面积/hm^2	农村居民点城镇化面积/hm^2	城镇扩展速度指数/%	城镇扩展强度指数/%
鱼岳镇	510.50	1136.00	642.00	16.50	625.50	58.50	24.51	1.12
官桥镇	27.00	126.00	103.00	4.00	99.00	12.25	73.33	0.12
潘家湾镇	135.75	178.25	49.50	7.00	42.50	15.25	6.26	0.07

需要说明的是，2005～2010 年鱼岳镇、官桥镇和潘家湾镇因旧城改造、环境绿化等原因均出现小部分城镇用地转化为非城镇用地的情况，其面积分别为 16.50hm^2、4.00hm^2、7.00hm^2。由于本节重点讨论城镇扩展对乡村聚落城镇化布局的影响，所以这里不对城镇用地转化为非城镇用地的情况进行深入探讨。从 2005～2010 年三镇的城镇用地扩展情况来看，鱼岳镇和官桥镇城镇用地的盲目扩张和无序发展问题较为突出，城镇用地扩展占用了大量耕地，使得区域保护耕地与保障发展的矛盾日益突出。同时，乡村聚落也呈现出不同程度的“伪城镇化”现象，乡村聚落空间上的用地类型转换并不代表实质内容的更新升级，过快的城镇化速度反而会导致城镇用地性质的复杂化和一系列社会问题。合理的城镇发展需要确定科学的时空准则，综合协调相关利益群体的利益和行为，尤其在农村居民点城镇化过程中，全面体现农户的利益和要求，使得乡村聚落城镇化在时空上科学合理、在制度上切实可行。

5.4.3　乡村聚落城镇化过程模拟

1. 约束条件设置

基于多智能体系统与元胞自动机的乡村聚落城镇化布局模型，以一定时期的社会经济发展目标形成城镇用地扩展的数量约束，以区域土地利用类型结构差异形成地类约束，以政府宏观的规划分区形成空间约束，在相应的多主体决策行为影响下，形成合理的元胞转换规则，共同制约和引导着乡村聚落城镇化布局的规模和方向。

（1）数量约束

城镇化是一个自然过程，体现了生产力发展的内在要求，一定时期区域城镇用地的发展规模与该区域社会经济发展和城镇人口的增长相对应。盲目无序的城镇用地蔓延不仅浪费了宝贵的土地资源，而且加大了城镇的生产、生活成本，导致一系列社会问题。根据前面的分析，鱼岳镇和官桥镇均存在很明显的城镇用地过度扩展的问题，本书以三镇的人口和经济发展的历史数据为基础，借鉴嘉鱼县土地利用规划成果，分别确定鱼岳镇、官桥镇和潘家湾镇 2020 年的城镇用地规模。其中，鱼岳镇城镇用地总规模为 1576.68hm^2，新增城镇用地面积为 440.68hm^2；官桥镇城镇用地总规模为 170.79hm^2，新增城镇用地面积为 44.79hm^2；潘家湾镇城镇用地总规模为 226.62hm^2，新增城镇用地面积为 48.37hm^2。由于三镇的城镇用地总规模是基于社会经济统计数据分析得出，与换算成固定单元大小的格网数据会存在一些差异，而模型运行是以栅格大小作为面积统计基础，因此，这里以控制城镇总规模的上限为基础，结合格网单元大小作出微调，形成模型的数量约束条件，如表 5-3 所示。

表 5-3　鱼岳镇、官桥镇与潘家湾镇城镇用地数量约束

镇名	面积约束/hm^2		格网数约束/个	
	总规模	新增面积	总格网数	新增格网数
鱼岳镇	1576.68	440.68	6306	1762
官桥镇	170.79	44.79	683	179
潘家湾镇	226.62	48.37	906	193

（2）地类约束

元胞的转换受区域自身的土地利用类型和结构的影响，土地利用类型具有保留原有用地类型的继承性或惯性，同时也形成了中心元胞的邻域环境，进而影响下一时刻元胞的转换方向。当某一地类元胞或元胞组合转化为城镇用地，其周围元胞转化为城镇用地的概率也相应增大，使城镇元胞按一定的规则进行扩展，并保持了城镇用地的紧凑性。

土地利用类型的差异性决定了地块单元转化为城镇用地的可能性，如河流、湖泊等水域是生态保护的重点区，原则上不能作为城镇用地的扩展来源。此外，基本农田的数量和质量直接关系到区域的粮食安全，在当前耕地面积逐年减少的情况下，实行最严格的基本农田保护制度显得尤为重要，不但要严格禁止城镇扩展对基本农田的侵占，而且规划中还要保证城镇用地与基本农田之间的合理空间距离。同时，嘉鱼县濒临长江，长江干流由西向东贯穿整个县城，全境长达 120km，且中上游有巨量的过境客水，给嘉鱼县带来严重的洪害威胁，分布在鱼岳镇和潘家湾镇的长江防护林发挥着重要的生态安全功能。在模型中，将水域、基本农田、长江防护林以及其他具有重要人文或生态意义的地块均作为用途不变单元处理，形成有效的地类约束，以确保城镇用地发展的合理性。鱼岳镇、官桥镇和潘家湾镇固定单元分布如图 5-11 所示。

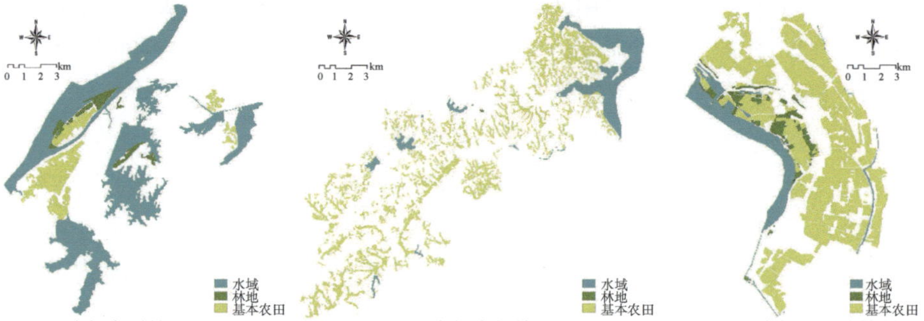

(a) 鱼岳镇　　(b) 官桥镇　　(c) 潘家湾镇

图 5-11　鱼岳镇、官桥镇与潘家湾镇固定单元分布图

（3）空间约束

城镇扩展的空间约束主要来源于政府中长期的城镇发展规划，为加强对城镇建设用地的空间管制，在城市规划与土地利用总体规划中，都划定了一定的空间范围以引导和约束城镇用地的规模和布局。城市规划中往往以红线、蓝线和紫线从空间范围上控制城市用地的发展规模和方向，红线规定了各种用地的边界线，如道路红线、建筑红线；蓝线确定了江、河、湖、库、渠和湿地等城市地表水保护和控制的地域界线；紫线则确定了国家历史文化名城内的历史文化街区及省、自治区、直辖市人民政府公布的历史文化街区保护范围界线。土地利用总体规划在与城市总体规划协调的基础上，通过划定城镇用地规模边界、扩展边界和禁止建设用地边界来加强城镇用地的空间管制。边界划定后，规划范围内形成允许建设区、有条件建设区和禁止建设区，允许建设区包括现状城镇建设用地与新增城镇建设用地，即规模边界内范围。有条件建设区为城镇用地发展弹性区，即在不突破城镇规划建设用地规模控制指标的前提下，允许建设区内的新增建设用地可根据实际发展需要进行适当的布局调整，同时在特定条件下，可安排城乡建设用地增减挂钩的新建用地，即城镇建设用地规模边界以外、扩展边界以内的范围。禁止建设区是具有重要资源、生态、环境和历史文化价值，必须禁止各类建设开发的区域，由于在地类约束中已限制了水域、基本农田、长江防护林等禁止建设用地的地块，这里不另划定禁止建设区，由此形成了城镇用地发展的空间约束。在本章中，设定新增城镇用地必须位于允许建设区和有条件建设区范围内，鱼岳镇、官桥镇和潘家湾镇的城镇空间约束如图 5-12 所示。

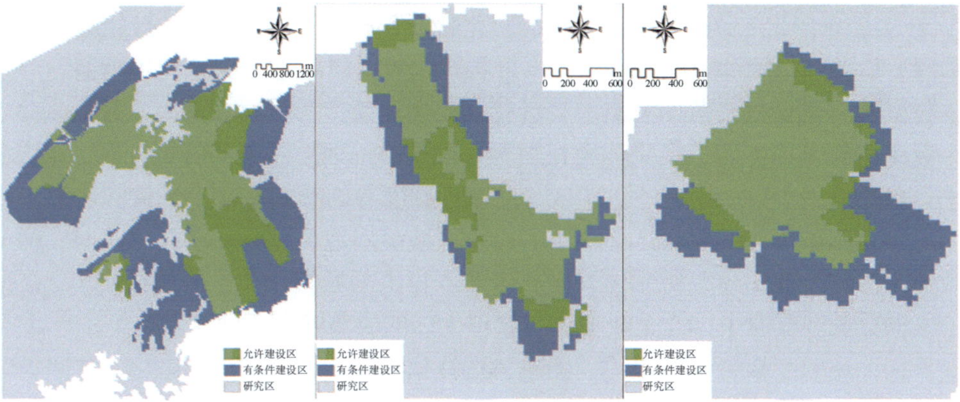

(a) 鱼岳镇　　(b) 官桥镇　　(c) 潘家湾镇

图 5-12　鱼岳镇、官桥镇与潘家湾镇城镇用地扩展空间管制分区

2. 转换规则获取

土地利用单元的城镇化属性是由元胞实体所反映的状态决定的，而元胞的状态包含了土地利用类型、距离变量、邻域状态、多主体决策行为等。在本章的元胞自动机模块中，元胞的土地利用类型状态主要包括耕地、园地、林地、其他农用地、城镇、农村居民点、其他建设用地、水域和未利用地 9 类；元胞的空间距离状态主要包括离镇中心的距离、离道路的距离、离水系的距离、离工业中心的距离、离商业中心的距离等；邻域状态主要为邻域 3×3 窗口已城镇化元胞数；多主体决策行为主要为政府、企业与农户主体的空间需求和用地决策。以上影响元胞状态的因素综合起来就形成了元胞转换为城镇用地扩展的适宜性或概率大小。城镇扩展中影响元胞转换规则的主体（agent）和 CA 的变量如表 5-4 所示。

表 5-4　CA-agent 城镇扩展变量

CA 变量	主体变量
	允许建设区
离镇中心的距离	有条件建设区
离道路的距离	禁止建设区
离水系的距离	经济水平
离工业中心的距离	企业发展指数
离商业中心的距离	家庭收入构成
	受教育程度
	年龄结构
土地利用类型	住房类型结构
邻域 3×3 窗口已城镇化元胞数	居民点便捷性
	社会保障水平

为进一步研究乡村聚落城镇化的转化特征和规律，在规划期城镇用地扩展的数量、地类和空间约束的基础上，将可能转化为城镇用地的土地利用类型划分为乡村聚落与非乡村聚落两大类。当转化城镇用地类型为乡村聚落时，政府主体、企业主体与农户主体三类主体会在综合考虑城镇用地扩展空间管制分区、经济水平、企业发展指数、家庭收入构成、受教育程度等因子的基础上，共同决定农村居民点元胞城镇化的主体选择概率。当转化城镇用地类型为非乡村聚落时，则由政府主体和企业主体两类主体共同决定非乡村聚落城镇化的主体选择概率。根据前文的分析，政府主体、企业主体与农户主体的决策权重大小满足 $w_g > w_c > w_h$ 且 $w_g + w_c + w_h = 1$，结合 GIS 技术，将主体选择概率与 CA 转换规则融合，共同确定元胞城镇化的概率。

由于部分资料的可获取性限制，本章对相关数据进行简化处理以适应模型运行环境，离镇中心的距离、离道路的距离、离水系的距离等通过 ArcGIS 中的最短距离函数获取，社会经济数据来源于统计数据和土地利用规划调查资料，利用专家打分与层次分析法获取各个距离空间变量的权重值 w_n，通过 2005 年和 2010 年的数据对转换规则进行校正，将其与政府主体、企业主体和农户主体的选择概率图层按式（5-17）进行融合，确定元胞转换为城镇用地的最终概率。

3. 模型评价与模拟结果分析

（1）模型评价

基于 MAS-CA 的乡村聚落城镇化布局模型分别以鱼岳镇、官桥镇和潘家湾镇 2005 年和 2010 年的历史数据为训练样本，以 Visual Studio 2008 结合 Net Framework 2.0 为开发工具，系统界面如图 5-13 所示。

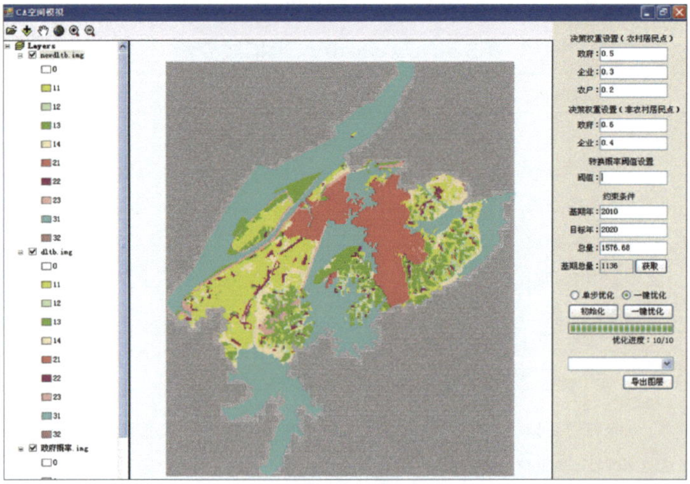

图 5-13　MAS-CA 模拟系统界面

这里主要以 2005 年模拟 2010 年城镇用地扩展情况，并将其与 2010 年的城镇用地实际发展情况进行对比分析以检验模拟的效果，同时在此基础上，模拟预测 2020 年三镇的城镇扩展情况，进而确定乡村聚落城镇化布局。

鱼岳镇、官桥镇和潘家湾镇城镇发展模拟结果与实际发展的空间格局呈现较好的一致性，在局部城镇用地发展上存在一定差异性，如图 5-14 所示。

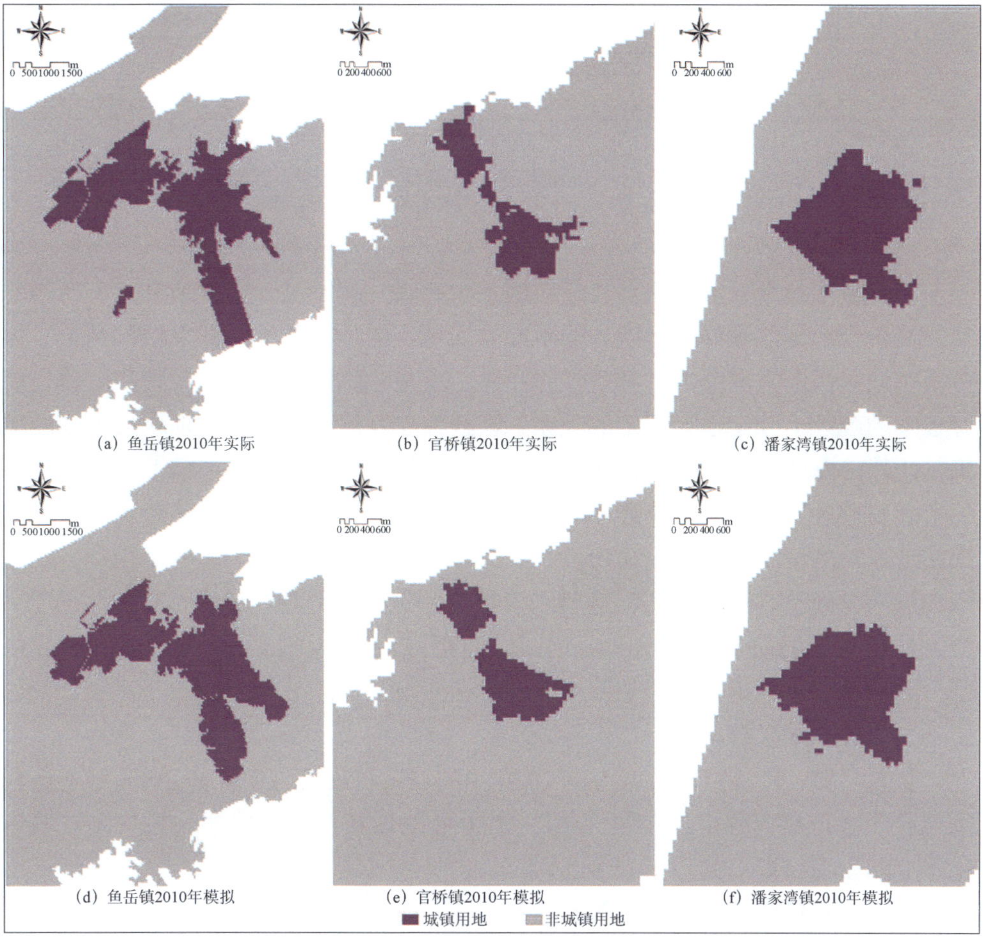

图 5-14　2005～2010 年鱼岳镇、官桥镇与潘家湾镇实际情况与模拟结果对比图

为进一步比较分析模拟效果，这里首先逐点对比鱼岳镇、官桥镇和潘家湾镇 2010 年的模拟数据和 2010 年的实际数据，通过点对点的吻合程度来判别元胞尺度上的一致性，其精度分别达到 80.01%、78.36%和 87.90%。同时从整体空间布局上比较模拟数据和实际数据的分形指数（MPFD）与平均斑块形状指数（MPSI），分形指数根据前面已有的景观指数公式计算，平均斑块形状指数计算公式如下：

$$\mathrm{MPSI}=0.25\sum_{i=1}^{n}P_i\Big/\sqrt{\sum_{i=1}^{n}A_i} \tag{5-20}$$

式中，P_i为斑块 i 的周长；A_i为斑块 i 的面积；n 为斑块总数，MPSI 越大，表明斑块形状越复杂。整体空间布局比较与逐点对比精度结果如表 5-5 所示，证明模拟结果与实际情况较为接近，基本反映了城镇用地扩展规律。

表 5-5 鱼岳镇、官桥镇与潘家湾镇实际情况和模拟结果对比及精度

镇名	MPSI		MPFD		精度/%
	实际	模拟	实际	模拟	
鱼岳镇	1.9545	2.0737	1.0937	1.1074	80.01
官桥镇	2.0667	1.7079	1.0885	1.0815	78.36
潘家湾镇	1.4352	1.3519	1.0445	1.0448	87.90

需要说明的是，该模型在实际应用中也存在一些不足，模拟结果对于新增的独立城镇用地不能很好地反映，即不能真实地反映城镇化蛙跳式发展的情形，如鱼岳镇城区西南方向新增的独立城镇用地，这与元胞邻域扩散的规则和城镇发展过程中的政策不确定性有一定的关系，该区独立发展的城镇用地是政策规划的结果。此外，模型只考虑了非城镇用地元胞向城镇用地元胞的转换情况，但在城镇的实际发展过程中，由于社会经济或环境保护等原因，必然存在城镇用地向非城镇用地退化的情况。2005～2010 年，三镇均出现了一些“城转非”的用地，而模型在这一方面没有真实表达，这些因素都在一定程度上影响了模型模拟的结果，模型在这方面的研究还需继续深化，以便更好地反映城镇发展的真实规律和机制，从而更合理地确定乡村聚落城镇化的规模和布局。

（2）模拟结果分析

将鱼岳镇、官桥镇和潘家湾镇 2020 年的城镇扩展模拟结果与 2005 年土地利用现状图进行叠置分析，获取 2010～2020 年的城镇用地扩展与农村居民点城镇化布局的模拟结果，如图 5-15 所示。

其空间布局体现出如下趋势和特征。

1）政府规划管制效应明显。嘉鱼县城市总体规划与土地利用总体规划都明确规定了城镇用地的空间扩展管制范围，并形成了相应的允许建设区、有条件建设区和禁止建设区，这些区域的划分在空间上决定了非城镇用地元胞转化为城镇用地元胞的可能性。鱼岳镇是嘉鱼县中心城区所在地，城区的总体空间发展思路为：充分考虑城区今后发展建设的可能性，在用地布局上为以后城市新的功能留有发展余地；在空间布局上，以开放式替代内敛式的布局，做好城市干路骨架和

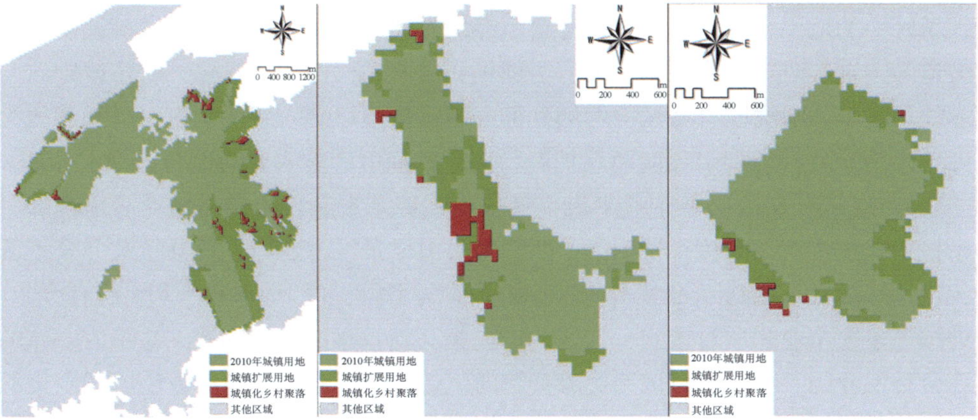

(a) 鱼岳镇　　(b) 官桥镇　　(c) 潘家湾镇

图 5-15　2010～2020 年鱼岳镇、官桥镇和潘家湾镇乡村聚落城镇化布局模拟

重要基础设施的配置。从 2020 年鱼岳镇城镇用地模拟结果可以看出，其城区发展方向为重点拓展城东南和牛头山沿线，适度发展城东，逐步完善城西。城区向东以建设大道为界；向东南沿京珠连接线和发展大道与田野集团对接，向南沿牛头山沿线及生态度假园发展，官桥镇城区邻近鱼岳镇城区，城区的一部分本身就位于嘉鱼县中心城区规划范围内，其允许建设区和有条件建设区均位于武赤线两侧，并向鱼岳镇城区方向扩展，使得官桥镇新增城镇用地也沿此方向布局。潘家湾镇城区与渡普镇城区邻近，政府在规划中有意识地引导两城区融合发展，新增城镇用地大多位于两镇城区之间，三镇的新增城镇用地布局基本反映了政府规划管制的要求。

2）自然条件形成城镇用地的发展基础。城镇用地的扩展依托于城镇周边的自然环境，鱼岳镇城区周边湖面较多，贯穿城区的小湖、梅懈湖、白湖以及城区东部的茶湖渔场在整体上约束着城镇用地的空间布局；城区东北部地势低洼，多为水田，不宜发展城镇用地；城区西南部为牛头山风景区，环境优美，植被与绿化条件良好，是城市天然的绿色屏障，为营造园林型的生态城市奠定了良好的基础，城镇用地在该区域扩展空间有限；县政府的新行政办公大楼已经在城东区形成规模，并带动了周边地块的发展；城西区多为基本农田，同时受梅懈湖堤坝的影响，不宜发展城镇用地。官桥镇城区发展空间主要受制于西部的白湖和东南部的复杂地形；潘家湾镇城区扩展主要受限于西部的长江和防护林。

3）交通轴线引导城区发展。鱼岳镇的城区发展与两条轴线高度相关，一条是南北向沿发展大道的经济发展轴，另一条是东西向联系老城区中心与新城中心的南嘉大道、沙洋大道的横向发展轴。发展大道是鱼岳镇城区发展的主要通道，在城区中的地位十分特殊，承载着嘉鱼经济发展的未来。鱼岳镇城区扩展以发展大道为主轴、南嘉大道和沙洋大道为辅轴，沿两轴两侧向外扩展。官桥镇则以武赤线为轴线，围绕已有城区向两侧延伸。潘家湾镇以咸合线为主轴、以武赤线为辅轴，结合政府规划引导向两翼扩展，交通的辐射影响力具有明显的牵引作用。

4）经济开发区引导企业集聚。嘉鱼县经济开发区位于鱼岳镇城区东南部，东抵京珠连接线，南接官桥镇区，西临牛头山风景区，北与嘉鱼县行政办公新区相连，是嘉鱼中心城区的南入口，交通便捷，用地完整，地形较平坦。已有合金、染织等多家企业和项目落户开发区，形成集高新技术、加工制造、纺织为一体的综合型工业园。同时政府按照优势资源向优势产业集中、优势产业向园区聚集的思路，对园区进行投资过亿元的整体规划和建设，使得经济开发区成为城镇用地扩展的重要增长极点，并且该区域与京珠连接线紧密结合，有独特的区位优势和政策导向优势，模拟结果较好地体现了政府主体和企业主体的决策行为。

5）乡村聚落城镇化布局和规模与新增城镇用地总量直接相关。根据模拟结果，2020 年鱼岳镇、官桥镇和潘家湾镇乡村聚落城镇化面积分别为 $49.00hm^2$、$11.00hm^2$ 和 $3.00hm^2$，占各镇新增城镇用地总量的 11.12%、24.56%和 6.20%，中心城区鱼岳镇乡村聚落城镇化总量远远高于其他两镇。近郊区乡村聚落是城镇化的重点区域，该区域农户家庭经济条件相对较好，区位优势明显，自身存在城镇化的内在需求，即通过城镇化拥有同城镇居民在养老保险、医疗保险等社会保障制度上的平等权，让农户获得城镇化的认同感与归属感；但近郊区乡村聚落的区位优势又让农户担心城镇化后既得利益的丧失，这种内在均衡博弈的存在往往只能通过外部力量来打破，即政府规划的引导和企业需求的协调，城镇用地由近及远地扩展本身符合其发展规律，这就使得位于新增城镇用地范围内的近郊区乡村聚落更易实现城镇化。

第6章　乡村聚落社区化的目标协同与智能优化

6.1　乡村聚落社区化的目标协同

6.1.1　乡村聚落社区化内涵

随着社会经济的发展与产业转型的加快，传统村庄的结构和功能正发生着巨大的变化，自然村庄的变迁和重组已成为村庄发展的必然趋势，社区发展尤其是农村社区的发展已经成为人们日益关注的热点话题。农村社区是相对于传统行政村和现代城市社区而言的，是指聚居在一定地域范围内的农村居民在农业生产方式基础上所组成的社会生活共同体。农村社区是一个相对完整的社会结构体系，制度上比自然村落、社队村组体制更具有弹性；它围绕如何形成新型社会生活共同体而构建，注重通过整合资源、完善服务来提升人们的生活质量、凝聚力和认同感。乡村聚落是农村社区建设的重要载体，乡村聚落的集聚与分散是乡镇产业和耕作土地布局变化的重要影响因子，农村社区化建设需改变乡村聚落过于分散、基础设施低效配置的现状。乡村聚落社区化是指以经济发展与产业转型为契机，结合乡村振兴战略与农户意愿，有计划、有步骤地整合乡村聚落，因地制宜地适度集中乡村聚落，改善农村人居环境，提高资源利用效率的过程。乡村聚落社区化是实施乡村振兴战略的重要抓手，具有以下几个特征。

（1）乡村聚落社区化的主体是农户

农户是农村社区产生、存在的前提，是乡村聚落的建设者和使用者，乡村聚落社区化是政府组织下的有序过程，与农户生产、生活息息相关，涉及乡村聚落的整理和重组，必须以农户的切身利益为出发点和落脚点，切实体现农户的整理意愿。农户具有典型的社会性特征，不同区域、不同文化程度以及不同经济条件的农户对乡村聚落社区化的要求和意愿存在较明显的差异性，这种差异性的存在使得乡村聚落社区化不能采取单一化的模式。乡村聚落社区化不是简单的迁村并点工程，更不能出现迁村失地（耕地）的现象，强制改变农户以农业生产为基础上的模糊关系组成的模糊交换矩阵，逐层递进以评价结果为优良的数值占总分值的比例为评价总分值。

根据乡村聚落社区化整治潜力评价模型，最终确定基于区域经济条件与农户意愿的现实整治潜力 ΔS，且有：

$$\Delta S = \Delta S_{\mathrm{N}} + (S_{\mathrm{L}} - S_{\mathrm{Z}}), \quad \frac{S_{\mathrm{L}}}{S_{\mathrm{Z}}} = \frac{S_2}{B_{t2} \cdot P_{t2}} \tag{6-5}$$

式中，ΔS_{N}为内部改造整理区乡村聚落整治潜力；S_{L}、S_{Z}分别为迁村并点整治区乡村聚落整理搬迁区与置换还建区面积，两者的面积比值与迁村并点区现状规模和规划规模的比值一致，其差值为迁村并点区的整治潜力；S_2、B_{t2}、P_{t2}分别为迁村并点整治区乡村聚落现状面积、规划目标年人均乡村聚落用地标准和规划目标年农业人口总数。

此外，新建乡村聚落必然会占用部分耕地，从严格保护耕地的角度出发，其占用耕地的规模必须严格控制，结合村镇耕地保有量的现状和规划目标以及新建乡村聚落规模，确定其占用耕地的数量；本书给定一个系数值η，η值大小由各乡镇实际情况确定，即占用耕地的数量（S_{g}）有如下约束：

$$S_{\mathrm{g}} \leqslant \eta \cdot S_{\mathrm{Z}}, \ 0 \leqslant \eta \leqslant 1 \tag{6-6}$$

由此确定乡村聚落社区化过程中内部改造区整治潜力，迁村并点区整治搬迁与置换还建的乡村聚落规模以及置换还建区占用耕地规模，作为模型优化的数量约束基础。

2. 乡村聚落社区化的地类约束

乡村聚落空间优化的实际过程中，置换乡村聚落是不能随便安置或建设的，而是存在着区域政策或自然条件上的约束，如国家划定的永久基本农田保护区、水体保护区、坡度大于25°的地块等是不能建设乡村聚落的。这就形成了一定的地类约束条件，而这种地类约束条件也是建立在乡村聚落社区化的适宜性评价基础上。此外，区域土地利用类型结构和数量决定并影响着各类用地配置的格局与发展方向，由此形成了其他地类转换为乡村聚落的转换规则。

（1）地类转换规则

本书将土地利用类型分为耕地（11）、园地（12）、林地（13）、其他农用地（14）、城镇（21）、乡村聚落（22）、其他建设用地（23）、水域（31）、未利用地（32）九类。其中，城镇和其他建设用地视为不可逆转用地，基本农田、水域以及自然与人文景观保护区设定为禁止建设区，即在规划中将这些区域排除在乡村聚落安置的可能性范围之外，以提高粒子群优化模型全局搜索的效率性与科学性。其他地类在适宜性等级相同的情况下，遵循加大开发未利用地、严格保护耕地的基本原则，适宜建设乡村聚落的优先顺序依次为：32>14>12>13>11，在地类相同的情况下优先选择适宜性等级较高的地块。

邻域是影响土地利用类型分布的重要因子，一种地类的布局与变化是由其自身的状态和邻域状态共同决定的，不同的土地利用类型之间存在相邻协调度大小的差别，相邻协调度越高，组合效益越好。一般而言，三大地类中的农用地、建设用地、其他用地内部地类之间的相邻协调度要高于相互地类之间的相邻协调度，如耕地与园地要高于耕地与城镇用地；同时，乡村聚落需要合理的耕作半径以便于生产，应尽量接近农用地。根据乡村聚落的功能要求与布局特点，综合比较不同用地类型之间的相邻协调度，这里确定不同地类与乡村聚落相邻协调度高低的顺序依次为 22>21>23>11>12>13>14>31>32。

（2）地类转换系数

不同土地利用类型转换为乡村聚落的规则是不一样的，这些地类转换规则需要进行一定的量化以反映不同地类转换为乡村聚落的可能性或概率，这里称为转换系数。转换系数的值主要由乡村聚落集约化的适宜性大小和土地利用类型决定，其计算公式如下：

$$\tau = S \cdot L \tag{6-7}$$

式中，τ 为地类转换系数，S 为适宜性等级，对应的等级为很适宜、较适宜、基本适宜、不适宜、很不适宜，分别取值 1.0、0.8、0.6、0.4、0.2；L 为不同土地利用类型转换为乡村聚落的鼓励系数值，取值位于 0～1，主要根据区域的土地利用资源状况而确定，如耕地保有量不足的区域，耕地资源的保护尤为重要，必须加大耕地后备资源的开发，并严格控制新增建设用地占用耕地的规模，即不鼓励耕地转换为乡村聚落，相应设定其鼓励系数值小于其他用地类型以保护耕地；而对于所有区域而言，都鼓励加大未利用地的开发，以提高土地利用率，因此鼓励未利用地转换为乡村聚落，其鼓励系数值则大于其他用地类型以提高土地集约节约水平。不同地类转换为乡村聚落的鼓励系数大小与转换规则中的适宜建设乡村聚落的优先顺序一致。

由此确定地类转换系数 τ 的值位于 0～1，0 表示不可转换，1 表示最佳转换，地类转换系数不仅体现了其他土地利用类型转换为乡村聚落的难易程度，而且在一定程度上反映了这种转换的规划成本与政策支持度，适宜度越高，规划成本越小，规划支持度则越高，方案易于实施；反之，规划方案不易实施。地类转换系数体现了乡村聚落规划的地类转换效益与现实可行性。

邻域同一性指数是通过计算乡村聚落单元在邻域间的连接关系来表示乡村聚落用地布局的紧凑度，其计算公式如下：

$$\beta=\sum_{i=1}^{m}\sum_{j=1}^{n}q(r_{ij}) \tag{6-12}$$

式中，β 为乡村聚落的邻域同一性指数；$q(r_{ij})$为乡村聚落栅格单元 r_{ij} 的邻域（通常取四邻域或八邻域）中类型为乡村聚落的单元数。如果是四邻域，那么取值范围为 0～4；如果是八邻域，那么取值范围为 0～8。如果 $\beta=0$ 则表示任意一个类型为乡村聚落的单元，其邻域中不存在乡村聚落用地单元，该乡村聚落即为零星斑块；如果所有的单元类型均为乡村聚落，即形成一个单一规整的乡村聚落用地区域，此时，β 趋于最大；乡村聚落的空间形态相对紧凑，有利于获得更大的效益。

需要说明的是，破碎度、分离度和紧凑度等量化乡村聚落空间布局的约束因子，是建立在乡村聚落适宜性地类约束与数量约束基础上的，单纯追求乡村聚落形态布局上的规整紧凑本身不具有现实意义，乡村聚落的布局首先是以自然和社会条件适宜、生产与生活便利为目的；当然，空间上的紧凑有序可以更好地实现乡村聚落功能效益的最大化，这也形成了空间约束的基础。

6.2 基于粒子群算法的乡村聚落社区化智能优化模型构建

6.2.1 多目标粒子群约束算法

乡村聚落布局优化是一个涉及多目标、非连续（离散）、高维目标空间的优化问题。如何使制约乡村聚落优化的多个目标在给定区域内同时尽可能达到最佳状态，是一个复杂的系统问题，也是我们通常所说的多目标优化问题（multi-objective optimization problem，MOP）。现实中同时使多个子目标达到最优是不可能的，只能在各个子目标中进行协调或折中处理，由此产生的多目标优化问题的结果不是单个解，而是一组均衡解，所以求解多目标优化问题实际上就是寻找一个解的集合，即帕累托（Pareto）最优解集，集合中的各个元素称为 Pareto 最优解或非劣最优解，结合研究问题的实际情况与研究偏好，从多目标优化问题的 Pareto 最优解中挑选出一个或多个解作为所求多目标优化问题的最优解。多目标约束一般可描述为由 n 个决策变量参数、m 个目标函数，k 个约束条件组成，具体的多目标优化约束问题可以用以下函数关系表示：

$$\text{Min } y = F(x) = \{f(x_1), f(x_2), \cdots, f(x_m)\} \quad (6\text{-}13)$$

$$\text{s.t. } G(x) = \{x | g_i(x) \leqslant 0, \ i = 1, 2, \cdots, k\} \quad (6\text{-}14)$$

$$x = (x_1, x_2, \cdots, x_n) \in X, \quad y = (y_1, y_2, \cdots, y_n) \in Y \quad (6\text{-}15)$$

式中，x 为决策向量；y 为目标向量；$G(x)$为约束条件，确定决策向量可行的取值范围；X 为决策向量形成的决策空间；Y 为目标向量形成的目标空间。

PSO 算法是一种群智能启发式全局随机优化算法，相对于传统的多目标优化算法，PSO 算法在解决多目标优化问题上显示出较明显的优势。多目标 PSO 算法（multi-objective particle swarm optimization，MOPSO）可划分为基于 Pareto 占优的方法（Ray and Liew，2002）、多种群方法（Janson and Merkle，2005）、转换为单目标优化问题的方法（Parsopoulos and Vrahatis，2002）、距离法（Mostaghim and Teich，2003）、非优势排序法（Li，2003）等。PSO 算法的高效搜索能力有利于得到多目标意义下的最优解，它代表整个解集种群按内在并行方式同时搜索多个非劣解，即得到多个 Pareto 最优解；此外，PSO 算法易于与其他方法结合，通过改进自身局限性，针对不同类型的目标函数和约束，高效率地解决问题。PSO 算法在解决多目标优化问题时，必须做好群体最佳位置和个体自身最佳位置的选择。对于群体最佳位置的选择，一方面要求算法收敛速度好，另一方面要求所得解在 Pareto 边界上具有一定的分散性；对于个体自身最佳位置的选择，要求较少比较次数达到非劣解的更新。

PSO 算法求解多目标约束问题的关键是如何处理约束条件，约束条件的形式通常呈现多种形态，如等式约束、不等式约束、线性约束和非线性约束等。现有的群智能优化算法（包括 PSO 算法）大多是针对无约束优化问题提出的，只有将 PSO 算法与约束处理技术结合，才能有效解决实际中的多目标约束优化问题。PSO 算法在解决全局优化问题上的成功应用启发人们将问题的约束条件转化为一个组合的单目标适应度函数聚合形式，采用惩罚函数作为适应度函数的一部分来处理约束搜索空间。惩罚函数法的关键是如何选取一个惩罚函数有效地引导搜索达到解空间的最优区域，其基本思想是通过惩罚不可行解，把约束问题转化为一个或一系列无约束问题。因此，将目标函数与约束同时综合为一体的惩罚函数法是 PSO 算法中最常见的约束处理方法，表达式如下：

$$\boldsymbol{\Phi}(x) = F(x) + \sum_{i=1}^{m} r_i \cdot g_i(x) + \sum_{j=1}^{n} s_j \cdot h_j(x) \quad (6\text{-}16)$$

式中，$F(x)$为优化目标函数；$g_i(x)$和 $h_j(x)$分别为不等式约束与等式约束相对应的式中，$X_{k(ij)} \in \{0,1\}$，即如果格网单元被分配到一种土地利用类型 k，则 $X_{k(ij)}=1$，反之，$X_{k(ij)}=0$，代表非计算对象。图 6-3 表示的是一个由 7×7 个用地单元组成的格网，对应的是由 37 个实际用地单元组成的一种土地利用布局，“0”表示优化区域外的单元。这里对格网图按从左到右、从上到下的顺序用 1～49 之间的数字进行编号，表 6-1 表示各个格网按单元编号对应的地类编码。

0	1	1	1	2	0	0
0	1	1	2	2	0	0
0	1	2	6	6	1	0
0	3	7	6	6	4	9
8	3	8	8	2	7	2
8	3	5	5	5	2	0
0	1	1	1	1	1	0

图 6-3　基于格网的土地利用分布编码

表 6-1　单元编号与地类编码对应表

单元编号	1	2	3	4	5	6	7	8	9	10	11	12	…
地类编码	0	1	1	1	2	0	0	0	1	1	2	2	…

6.2.3　参数设定与初始化粒子群

1. 参数设定

在优化算法中，参数的设定影响着程序运行的效率和优化的效果，PSO 参数主要包括粒子数目 n，种类 k，粒子在 x 与 y 方向上的最大飞行速度 $v_{x\max}$ 与 $v_{y\max}$，学习因子 c_1、c_2，自适应惯性权重 w，程序运行时最大迭代次数 $I_{\max}$ 等。其中，粒子规模 n 的选取在一定程度上影响算法的搜索速度，规模过大会影响算法的优化效率，规模过小则影响算法的可靠性，选取粒子规模大小时，应综合考虑算法的效率和可靠性，在本书中，综合研究区范围和栅格数量，每个种群规模选取 20 个粒子进行优化；学习因子 c_1、c_2 分别调节全局最好粒子与个体最好粒子飞向最好位置的步长，c_1、c_2 取较低值时，粒子会在目标区域外徘徊，可能陷入局部搜索，c_1、c_2 取较高值时则可能导致粒子过快飞行而错过最佳目标位置，一般情况下 $c_1 = c_2$，且取值范围在 0～4，这里取值为 2；自适应惯性权重 w 用于维持全局与局部搜索能力的平衡，w 较大时，可以加强算法的全局搜索能力，w 较小时，则加强局部搜索能力，w 值不是固定的，对于不同的求解问题，合适的 w 值不尽相同。实际搜索过程中，w 值随迭代次数而线性减小，搜索前期以较大的速度在全局范围寻找最佳目标，搜索后期则以较小的速度在最优解附近进行精细的局部搜索，其计算公式如下：

$$w(t)=w_{\max}-\frac{t\cdot(w_{\max}-w_{\min})}{I_{\max}} \tag{6-18}$$

式中，$w_{\max}$ 为最大惯性权重，这里取值 0.9；$w_{\min}$ 为最小惯性权重，这里取值 0.4；t 为迭代次数；$I_{\max}$ 为最大迭代次数。

2. *初始化粒子群*

初始化是 PSO 算法中的重要内容，主要是随机初始化粒子的位置和速度以及其他属性。但乡村聚落布局优化依托于整个区域的用地结构与类型，不是单独的空地规划，区域土地利用数量和结构的平衡是乡村聚落布局优化的基础，即必须考虑乡村聚落内部以及乡村聚落与其他用地类型之间的数量结构和空间协调。本书结合规划的先验知识，首先确定区域中明确用途的地类单元，这些确定用地单元即是适宜性评价中赋值为“ Nodata ”的区域（包括水域、永久基本农田保护区、城镇建设用地等），这些区域是乡村聚落布局优化的禁区，在优化过程中原则上可不对其进行编码，以缩小粒子的搜寻范围、提高算法的优化效率。但乡村聚落的布局优化目标中涉及地类之间的空间关系，如邻域空间的用地类型以及与乡村聚落之间的协调度。因此，这里仍需对其进行编码，但为了区分这些确定用地单元与其他用地单元的区别，可在这些单元编码取值不变的条件下，定义一个整数型字段 fix[N]来标识，以保证该类型区不作为粒子位置更新与信息交换的区域，即限定其他用地单元为乡村聚落布局优化的范围。在此基础上，随机初始化每个粒子的位置与速度，使粒子的初始位置尽量均匀分布于整个搜索空间，初始状态粒子位置分布如式（6-19）表示：

$$\begin{cases}x_{ij}=\text{rand}\cdot W+x_{\min}\\ y_{ij}=\text{rand}\cdot H+y_{\min}\end{cases} \tag{6-19}$$

式中，x_{ij}、y_{ij} 分别为第 i 个粒子、第 j 种地类的 x、y 方向坐标；W、H 分别为二维空间的宽度与高度；$x_{\min}$、$y_{\min}$ 分别为 x、y 坐标取值的最小值；rand 为 0～1 的随机数。

粒子在土地利用空间中飞行搜索，为保证粒子的上下飞行范围，其初始化飞行速度可以表示为

$$\begin{cases}v_{xij}=(2\text{rand}-1)\cdot v_{x\max}\\ v_{yij}=(2\text{rand}-1)\cdot v_{y\max}\end{cases} \tag{6-20}$$

式中，v_{xij}、v_{yij} 分别为粒子在 x 与 y 轴方向的飞行速度；$v_{x\max}$、$v_{y\max}$ 分别为粒子在 x 与 y 轴方向的最大控制速度。

点区，其余的乡村聚落则作为内部改造区；同时，为体现两个分区潜力测算的时序性和动态性，在综合考虑研究区农业人口变化、经济条件与农户意愿的基础上，构建乡村聚落社区化整治潜力的测算模型，具体公式与含义见式（6-1）和式（6-2）。乡村聚落整治效果既受到经济条件的限制，也受到农户意愿的约束；两者之间的博弈本身就反映了区域的自然差异与社会特征。迁村并点的乡村聚落往往空间布局零散、交通不便、相对被边缘化，这些区域的农户更倾向进行乡村聚落整治，但经济条件成为其整治的最主要影响因素；内部改造往往涉及乡村聚落使用面积的减少与房前屋后部分用地性质的改变，农户积极性不高，农户希望更多政府性投入与经济性补偿。本章选取体现区域农户意愿与经济条件的特征指标构建评价指标体系，通过特尔菲法求得各层次因素的权系数向量，如表 6-2 所示。

表 6-2　乡村聚落社区化整治潜力评价指标与权重

目标层	因素层	权重	指标层	权重
综合因素 A	农户意愿 B_1	0.25～0.75	受教育程度 C_1	0.12
			住房类型结构 C_2	0.25
			年龄结构 C_3	0.25
			家庭收入构成 C_4	0.38
	经济条件 B_2	0.75～0.25	地方财政收入 C_5	0.40
			农民人均收入 C_6	0.40
			乡镇企业总产值 C_7	0.20

农户意愿与经济条件的评价分值通过递阶模糊评价法得出，单因素评价结果通过统计数据与专家咨询综合得出分为优、良、中、差四个等级，获取各评价单元的综合评价结果。根据各镇 1997～2010 年农业人口变化趋势，预测 2020 年农业人口数，按乡村聚落面积比例确定各评价单元社区化整治区现状与规划农业人口；结合人均乡村聚落 150m^2 的国家标准确定各评价单元整治区的潜力值，再以评价结果为优良的数值占总分值的比例为修正因子最终确定乡村聚落社区化整治潜力。

在确定研究区乡村聚落社区化整治潜力的基础上，进一步确定乡村聚落迁村并点区整治搬迁与置换还建面积，确定方法是两者的面积比值与迁村并点区现状规模和规划规模的比值一致，以及两者差值为迁村并点区的整治潜力为约束条件[见式（6-5）]，分别获取鱼岳镇、官桥镇和潘家湾镇到 2020 年乡村聚落社区化的数量优化目标，如表 6-3 所示。

表 6-3　乡村聚落社区化整治潜力　（单位：hm^2）

镇名	内部改造		迁村并点		
	现状面积	整治潜力	现状面积	整治搬迁	置换还建
鱼岳镇	236.50	50.89	22.75	17.76	12.32
官桥镇	507.50	99.13	59.50	30.84	19.13
潘家湾镇	784.25	48.74	17.00	9.21	7.97

2. 置换还建区占用耕地约束

乡村聚落空间重构的主要目的之一是补偿占用的耕地，实施耕地占补平衡制度，实现区域耕地总量的动态平衡。整理搬迁区可以作为补充耕地的重要来源，而置换还建区则不可避免会占用部分耕地，一增一减的差值即为通过乡村聚落社区化整治补充耕地的现实潜力。乡村聚落社区化布局优化不能以耕地数量的减少和质量的降低为代价，两者是一个综合的动态平衡过程，需以推动新农村建设、提升农村社区的综合功能为目标，以切实保护耕地的数量和质量为前提。不仅要从土地节约集约利用的角度对拆迁安置的乡村聚落规模予以约束；同时还需从严格保护耕地的角度出发，对其占用耕地的规模进行严格控制。

结合鱼岳镇、官桥镇和潘家湾镇耕地保有量的现状和规划目标，按《嘉鱼县土地利用总体规划（2006—2020）》的要求确定置换还建乡村聚落占用耕地的规模均不高于置换还建乡村聚落面积的 50%。

6.3.2　模型适应度函数构建

1. 地类相邻协调性函数

不同土地利用类型与乡村聚落之间的相邻协调度存在较大差别，从土地利用的空间布局来看，相邻协调度越高，组合效益越好。结合研究区的土地利用类型划分，根据经验和专家咨询的方法，确定不同地类与乡村聚落的协调系数如表 6-4 所示。

表 6-4　不同地类与乡村聚落的协调系数

地类	耕地	园地	林地	其他农用地	城镇	农村居民点	其他建设用地	水域	未利用地
协调系数	0.7	0.6	0.5	0.4	0.9	1	0.8	0.2	0.1

单个粒子在每次迭代后根据乡村聚落邻域单元中的不同地类数量和其与乡村聚落相应的协调系数大小计算相邻协调性值，全体粒子的相邻协调性分值相加

即可得到优化区总体相邻协调度，优化过程中以追求相邻协调度值最大化为目标，其目标函数见式（6-21）。

2. 规划转换可达性函数

由于地类特性的差异和适宜性大小的制约，不同土地利用类型转换为乡村聚落，其转换概率大小不同，这在一定程度上也直接反映了不同地类规划为乡村聚落的成本，转换可达性越高，规划成本相应越低。本章以乡村聚落社区化的适宜性大小和土地利用类型共同决定规划转换可达性的高低，前者的值通过适宜性评价获取，后者则结合研究区土地资源的状况以鼓励系数值来体现；这里根据鱼岳镇、官桥镇和潘家湾镇的土地利用结构特点，通过专家咨询确定不同地类转换为乡村聚落的鼓励系数，如表 6-5 所示。

表 6-5　不同地类转换为乡村聚落的鼓励系数

镇名	耕地	园地	林地	其他农用地	城镇	农村居民点	其他建设用地	水域	未利用地
鱼岳镇	0.2	0.7	0.5	0.8	0	0	0	0	1
官桥镇	0.3	0.7	0.6	0.8	0	0	0	0	1
潘家湾镇	0.4	0.6	0.5	0.8	0	0	0	0	1

粒子通过全局搜索寻找转换可达性最大值，尽量使规划成本最小化，逐步优化乡村聚落空间布局，其目标函数见式（6-22）。

3. 空间紧凑度函数

乡村聚落布局优化在满足农村生产、生活需求的基础上，也应兼顾空间上的集中有序，因为集中有序的乡村聚落管理上更方便、利用效率更高。在乡村聚落规划过程中，有意识地引导置换还建的乡村聚落向社区化适宜区的已有乡村聚落集中，这既体现了整体结构的协调性，也反映了规划布局的有序性。本书以邻域同一性指数作为目标函数来反映土地利用类型分布的紧凑程度，在 PSO 模型中统计每个乡村聚落栅格单元八邻域中的乡村聚落单元数，通过迭代搜索寻找乡村聚落用地集中连片度最大值，函数公式见式（6-23）。

在 PSO 优化的过程中，粒子搜索不是以单一的目标函数最优化为目标，而是要同时兼顾以上三个目标，而这三个目标之间可能本身就存在互相竞争的关系。保证规划转换可达性目标最大化，就很难同时保证地类相邻协调性和空间紧凑度目标最大化，为了协调多目标之间的竞争性以达到效用最大化，这里在各目标之间通过设立权重系数 w_1、w_2 和 w_3，$w_1+w_2+w_3=1$，粒子通过全局搜索和局部搜索以达到综合目标最大化，综合目标函数如下：

$$\text{Maximize}\qquad F(x)=w_1\cdot B_{\varphi}+w_2\cdot C_{\tau}+w_3\cdot A_{\beta}\tag{6-27}$$

6.3.3　MOPSO 布局优化与结果分析

1. 智能优化布局

本实验采用 Visual Studio 2008 为开发工具，基于 c#语言进行系统开发设计，优化系统界面如图 6-4 所示。

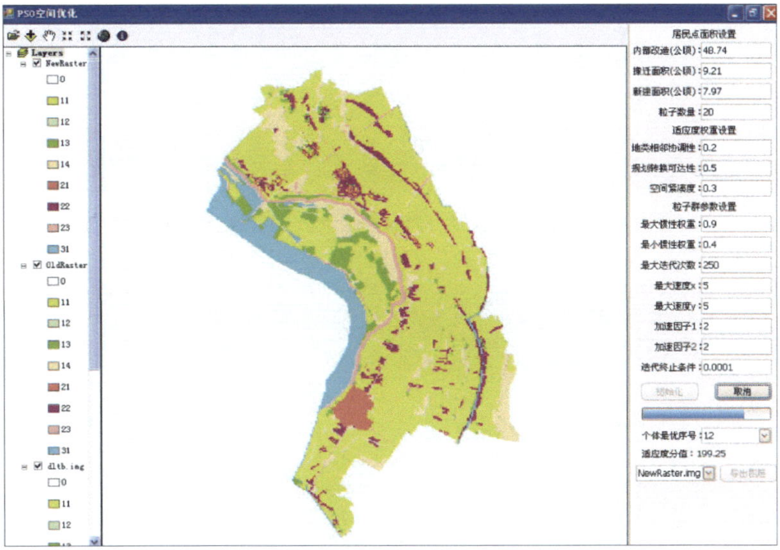

图 6-4　MOPSO 优化系统界面

以乡村聚落集约化内部改造潜力、整理搬迁面积、置换还建面积以及其占用耕地面积为数量约束，在程序运行中，其数量目标以划分的栅格大小为基本面积单元，以单个栅格单元面积的整数倍进行计算；同时以上述确定的三个目标函数为粒子适应度评价函数。根据前文确定的 MOPSO 优化算法优化流程，定义初始粒子群规模为 20，通过多次实验模拟确定迭代次数达到 250 次时停止迭代，得到 2020 年鱼岳镇、官桥镇和潘家湾镇乡村聚落社区化空间重构布局，如图 6-5～图 6-7 所示。

2. 结果分析

通过优化前后的直观对比分析可以发现，优化后部分零散乡村聚落得到了很好的整治，内部潜力得到有效释放，乡村聚落节约集约化程度明显提高。不同类

（a）优化前　　　　（b）优化后

图 6-5　2010～2020 年鱼岳镇乡村聚落社区化重构布局

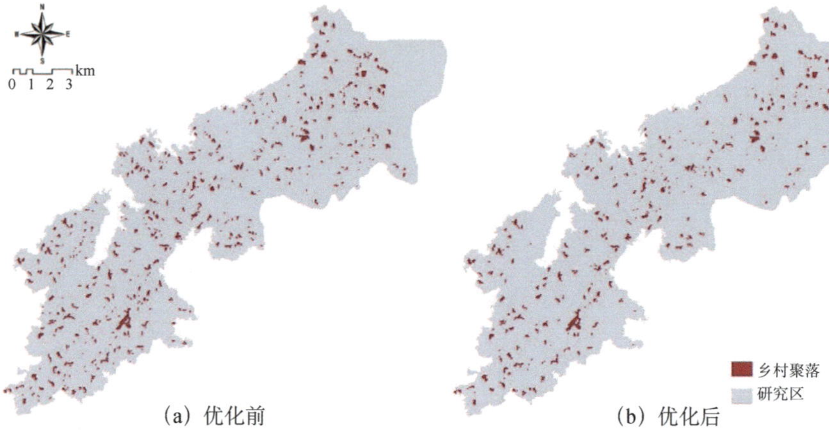

（a）优化前　　　　（b）优化后

图 6-6　2010～2020 年官桥镇乡村聚落社区化重构布局

型城镇乡村聚落社区化整治潜力和方向存在较大的差异性，丘陵型城镇官桥镇乡村聚落整治潜力较大，优化后虽然乡村聚落仍较为分散，但相对优化前其有序性得到明显改善，且置换还建的乡村聚落多位于适宜性较高的基层村落周围；平原型城镇潘家湾镇是嘉鱼县的农业重镇，同时是省级蔬菜农业标准化示范镇，农业人口基数大，且呈现出一定的增长态势，虽然其乡村聚落规模较大，但相对的整治潜力并不大，由于较好的区位和地形条件，乡村聚落较规整有序。中心城镇鱼岳镇虽整体乡村聚落规模不大，但由于较好的社会经济发展条件和较快的城镇化

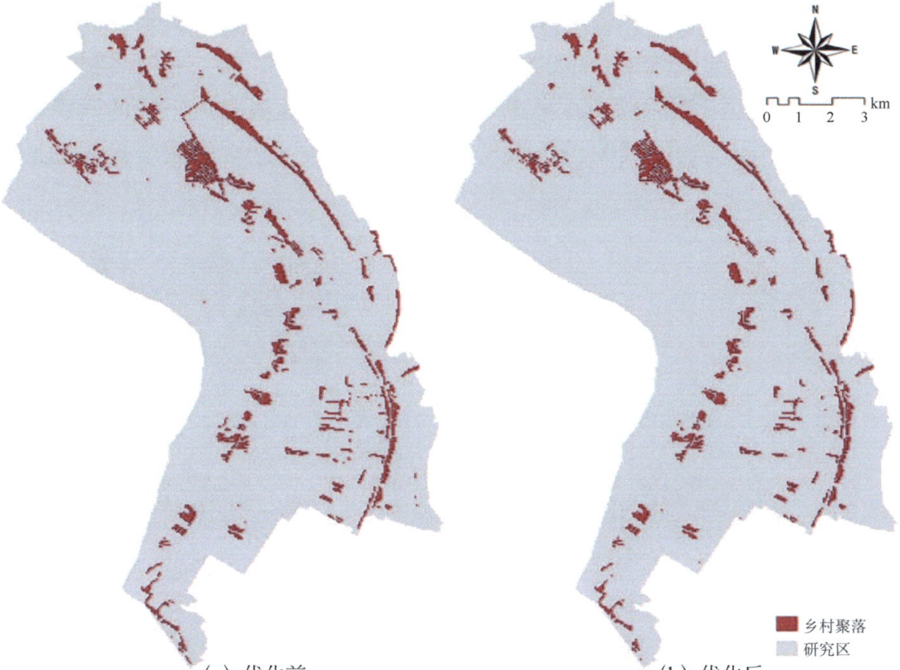

图 6-7　2010～2020 年潘家湾镇乡村聚落社区化重构布局

发展速度，其乡村聚落内部改造和迁村并点的潜力相对较高。同时，三镇均出现部分独立的新建居民点，由于多目标约束的限制，粒子在飞行过程中搜索新建乡村聚落位置时，不以紧凑性为唯一目标，而是以整体适应值最大化为目标，出现一些新增零散居民点，这在一定程度上反映了新建乡村聚落发展的实际情况。鱼岳镇、官桥镇和潘家湾镇新建乡村聚落占用耕地面积分别为 5.75hm^2、0.75hm^2 和 3.75hm^2，各占其新建乡村聚落总面积的 46.94%、3.95%和 48.39%，官桥镇因地处丘陵，农用地以林地为主，新建乡村聚落占用耕地较少；潘家湾镇地处平原，耕地分布广泛，新建乡村聚落以占用耕地为主；鱼岳镇用地结构相对平衡，但新建乡村聚落多围绕中心村建设，而中心村周围耕地较多，是新建乡村聚落的主要用地来源。不同的土地利用结构直接影响到粒子寻优的空间范围和布局结果。

为进一步比较分析不同类型城镇乡村聚落社区化整治的空间差异与新建乡村聚落的动态布局，将优化前后乡村聚落进行叠置分析，三镇乡村聚落动态变化如图 6-8～图 6-10 所示。中心村对于乡村聚落优化选址有较大的影响，如图 6-8（a）和图 6-10（a）、（b）所示，新建乡村聚落向中心村集中化趋势明显，但这种集中是以便于耕作为基础，粒子在寻优过程中必须考虑与耕地的相邻协调性。而丘陵型城镇官桥镇在优化过程中，基层村的向心影响力同样存在，如

图 6-9（a）所示，但相比较平原型城镇中心村吸引力而言，其新建的乡村聚落仍较为分散，这与丘陵型耕地的分散分布直接相关。同时，三镇乡村聚落优化过程中，交通区位条件也是不可或缺的影响因子，远离交通干线的居民点更倾向于被整理，而交通沿线附近的大居民点也会成为新建乡村聚落优先选址的主要目标。

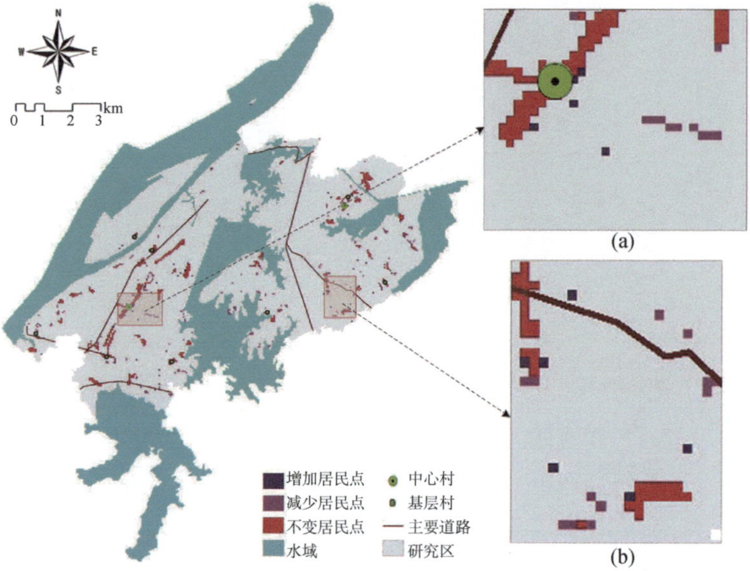

图 6-8　2010～2020 年鱼岳镇乡村聚落社区化重构动态变化

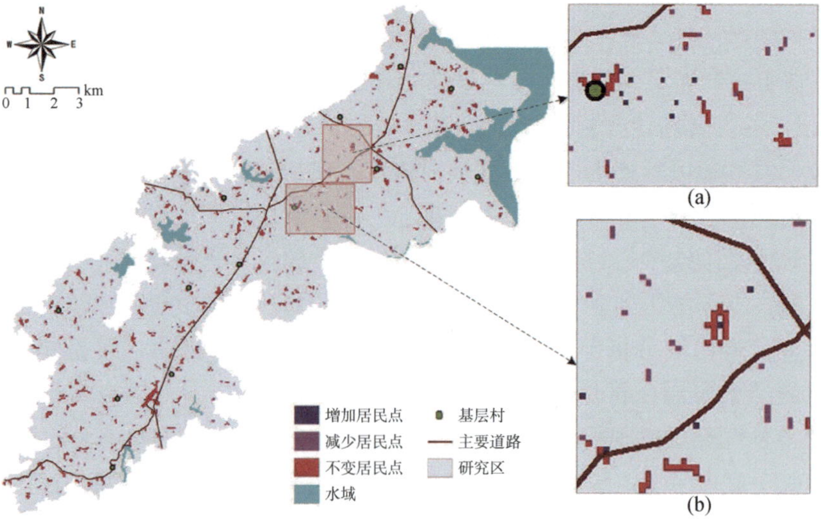

图 6-9　2010～2020 年官桥镇乡村聚落社区化重构动态变化

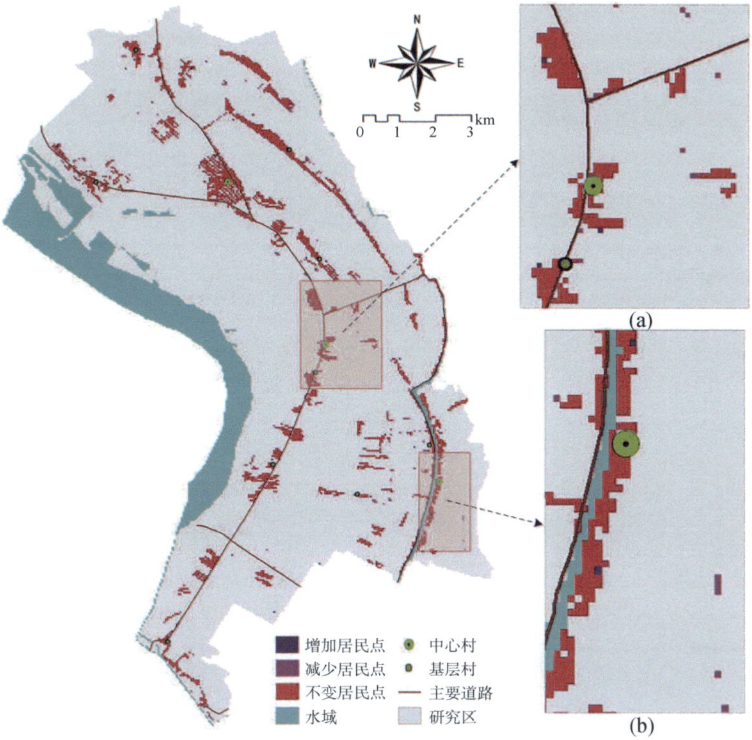

图 6-10　2010～2020 年潘家湾镇乡村聚落社区化重构动态变化

将乡村聚落社区化的适宜性图层与优化前后的地类图斑进行栅格运算，分别统计很适宜（F_5）、较适宜（F_4）、基本适宜（F_3）、不适宜（F_2）和很不适宜（F_1）5 个适宜性等级区的乡村聚落栅格单元数与面积比例，如图 6-11 所示。三镇在优化过程中，不同适宜性等级区的乡村聚落栅格单元数均出现不同程度的减少，由于大多数乡村聚落位于较适宜区和很适宜区，内部改造的潜力释放主要在这些区域，因而其栅格单元数量减少较为明显；而不适宜区栅格单元数本身较少，整治潜力有限。从优化前后不同适宜度等级乡村聚落面积比例来看，鱼岳镇、官桥镇和潘家湾镇较适宜与很适宜等级区乡村聚落面积比例均得到一定程度提高，分别增加 6.32%、4.11%和 1.06%。需要说明的是，粒子在寻优过程中不是以适宜度分值为唯一目标，而是以粒子的综合适应值为评判标准进行布局优化，因而新建乡村聚落栅格单元并不完全出现在适宜性等级最高的区域；同理，紧凑度也不是优化的唯一约束条件，故而在综合适应值高的区域出现个别新增零散乡村聚落。

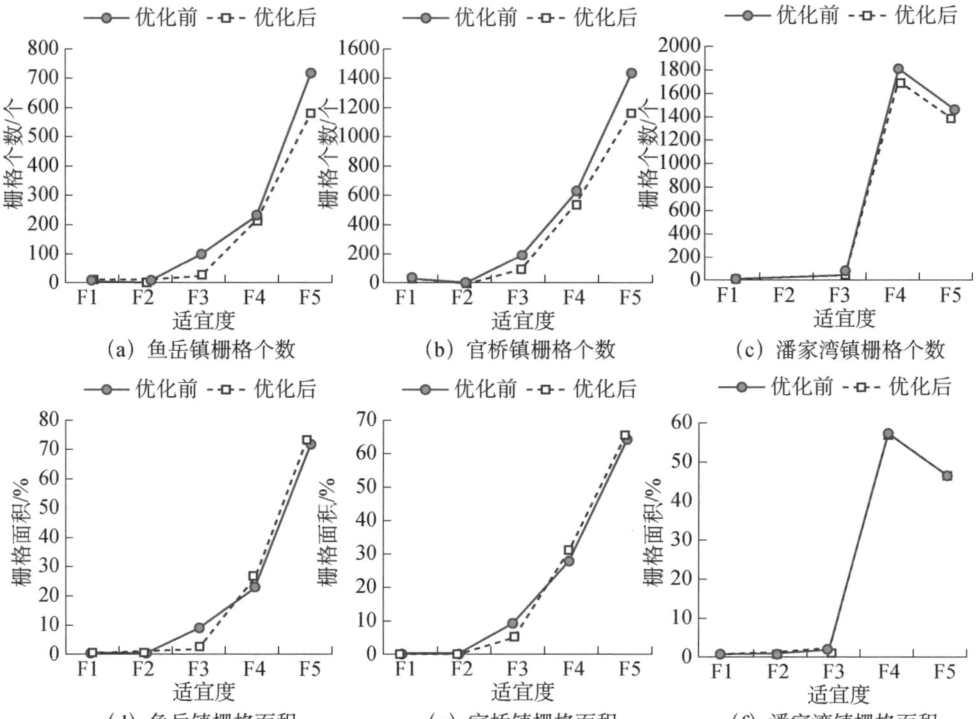

(a) 鱼岳镇栅格个数　　(b) 官桥镇栅格个数　　(c) 潘家湾镇栅格个数

(d) 鱼岳镇栅格面积　　(e) 官桥镇栅格面积　　(f) 潘家湾镇栅格面积

图 6-11　优化前后不同适宜度等级乡村聚落栅格个数与面积比例

从优化前后的乡村聚落景观特征来看（表 6-6），优化后三镇乡村聚落斑块数量明显减少，平均斑块面积均得到不同程度增加，其中鱼岳镇由 1.95hm^2 上升到 2.18hm^2，官桥镇由 1.15hm^2 上升到 1.40hm^2，潘家湾镇由 4.89hm^2 上升到 5.61hm^2。同时，由于零散乡村聚落得到有效整治，三镇的乡村聚落斑块平均最近距离均有所增加。从乡村聚落斑块复杂度来看，鱼岳镇斑块复杂程度有所下降，而官桥镇和潘家湾镇则略有上升。此外，在优化过程中，三镇都出现了一些新的独立乡村聚落，这主要是由于乡村聚落在置换还建过程中，粒子受到多方面条件的制约，需同时考虑其适宜性、紧凑性和相邻性因子，而综合适应度值高的地块单元本身在空间上就存在一定的分散性，难以集中成片，粒子搜索的最终目标是追求综合适应值最大化，这符合粒子的搜索原理和优化目标。同时，乡村聚落空间重构不是以空间形式上的集聚为目标，而是在选择适宜区的基础上，便于农村的生产和生活，新建的这些零散乡村聚落大多位于交通线附近和大片耕地周围，这正反映了乡村聚落布局优化的相对集中和相对分散相结合原则，即集中为主、分散为辅、有序规划、合理引导。

表 6-6　乡村聚落社区化重构前后景观特征比较

镇名	重构前后	斑块类型面积/hm^2	斑块数量/个	斑块密度/（个/hm^2）	平均斑块面积/hm^2	平均邻近指数	平均最近距离/m	分形指数
鱼岳镇	重构前	259.25	133	0.51	1.95	2.11	258.12	1.0482
	重构后	203.00	93	0.46	2.18	1.96	273.27	1.0393
官桥镇	重构前	567.00	492	0.87	1.15	0.96	225.27	1.0412
	重构后	456.25	326	0.71	1.40	0.87	261.31	1.0422
潘家湾镇	重构前	801.25	164	0.20	4.89	11.15	178.37	1.0836
	重构后	751.50	134	0.18	5.61	10.82	190.19	1.0852

6.3.4　乡村聚落空间重构模拟优化评价

结合第 5 章和第 6 章的案例分析，运用 MAS-CA 模型和 MOPSO 模型从乡村聚落城镇化与社区化两大方面对三个不同类型城镇乡村聚落布局进行了重构设计，在具体的多主体博弈决策行为、数量约束及优化目标上，充分考虑了不同类型城镇的自然和社会经济差异性，体现了分区、分模式、分标准对乡村聚落进行系统优化的思路。重构前后研究区乡村聚落数量结构与空间特征均发生明显变化，乡村聚落节约集约化水平进一步提高，空间分布更加紧凑有序。

根据三个类型城镇的优化过程和结果可归纳出不同类型城镇乡村聚落布局优化的内容和侧重点。中心城镇需重点加强乡村聚落城镇化的规划和引导，协调不同主体之间的利益和决策行为，以适度集中为主，有序推进乡村聚落社区化内部改造和迁村并点工程；丘陵型城镇需重点引导乡村聚落内部改造和迁村并点，充分发挥基层村落的向心力和组织作用，采取乡村聚落集中与分散相结合的原则，同时以产业整合带动乡村聚落城镇化；平原型城镇应重点把握乡村聚落内部挖潜工作，以点带面，使乡村聚落有序向中心村集中，从而促进农业转向适度规模化经营。

本书提出的模型和方法更多的是为乡村聚落布局优化提供辅助决策，其布局优化结果只是提供一种大致的可能和方向。在实际的乡村聚落空间重构过程中，所涉及的具体问题还有很多，尤其是政策的不确定性和农户决策行为的主观性，当然，模型也并不能完全智能地模拟优化这一系列问题。研究构建的 MAS-CA 与 MOPSO 模型对这一方面的考虑并不充分，但其优化结果可以在宏观上为不同类型城镇提供方向性选择，微观上实现乡村聚落空间重构的动态优化选址。

第7章 基于村镇社会网络特征的乡村聚落空间智能优化

7.1 乡村聚落空间重构的社会关联

7.1.1 乡村聚落与社会网络互动关系

作为农村人地关系互动的核心和农村社会的基本单元，乡村聚落不是孤立、零散和抽象存在的，而是按其在农村社会发展中的作用与地位的不同，构成具有一定社会经济联系的居民点体系。在村镇层次，居民点体系反映了村庄内部及村村（镇）之间因为互动而形成的相对稳定的社会结构，这种社会结构具有明显的村镇社会网络特征。乡村聚落空间布局依附于一定的村镇社会网络关系（图 7-1），并随着村镇社会网络的演变而不断地变化和重组，村镇社会网络特征直接影响着乡村聚落空间重构与优化发展方向。

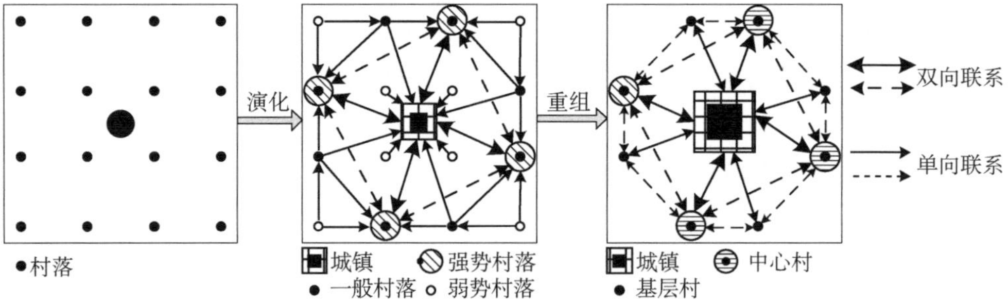

图 7-1 村镇发展和社会网络演变示意

社会科学家一直在使用"社会网络"这一隐喻表示不同尺度上的各种复杂社会关系，直到 19 世纪 50 年代学者们才开始系统化地将社会网络的内涵延伸到有边界的社会群体（比如村庄和家庭）。Choldin（1973）和 Boyd（1989）从家庭、友情及就业等方面研究了社区网络的形成及其与人口流动的相互作用关系。Faust 等（2000）尝试引入 GIS 空间分析方法，将地形、土地覆盖、道路、河流及村庄空间特征融入村庄社会经济网络体系中，研究了村庄之间社会经济网络的空间障碍与联系强弱。Hoang 等（2006）以越南乡村社区为例，研究了乡村社会网络的形成机制及其对外部信息获取的影响。Cassidy 和 Barnes（2012）运用社会网络分析法，从经济条件、人力资源、社会活动、资源禀赋和家庭资产五个方面构建综合评价指标，研究了农村社区家庭的网络中心性特征，发现家庭的社会联系度越大，经济水平越好，抵制风险能力越强。学者们普遍认为空间距离对于社会网络的形成和发展有着重要影响（Daraganova et al.，2012；Mok et al.，2007），然而，社会网络中的地理空间作用研究尚处于起步阶段，且多集中于城市交通网络研究（Erath et al.，2009）。Illenbenger 等（2013）认为关注地理空间与社会网络的交互作用，对于深入理解区域社会网络的形成机制和动态变化至关重要。这些理论研究有力证明了社会网络与乡村社区发展的密切关系，为乡村聚落空间重构研究指明了方向。

国内学者从社会网络角度关注乡村社区发展的研究相对较少，其中，农村人口流动是学者关注乡村社区网络研究的一个重要出发点，如高红艳（2006）从人口流动和迁移的角度，分析了西北一个回族乡村移民群体的社会网络关系，论述了社会网络与“新生存空间”的生成机制。此外，王金岩和何淑华（2012）基于公共交通导向的视角，研究村镇社区互动网络规划模式的转变，其实质是一种村镇体系规划研究。在研究方法上，从早期的图论逐渐转向探讨社会结构关系的社会网络分析方法，而以小世界网络和无标度网络为主的复杂网络模型则提供了一个深入探索网络内部结构的新途径（李金华，2009；刘军，2004b）。总体而言，现有文献重视城镇社会网络的规模和空间组合上的差异性研究，但却忽视了村镇层次上的社会网络与乡村社区发展的关系，尤其是社区网络与农村土地利用的关系。随着美丽乡村建设的推进和农业现代化的发展，村镇社会关系及空间结构必然发生重大变化，村镇社会网络与乡村聚落空间布局的交互作用关系研究必将成为社会网络与乡村社区发展关系研究的主要方向之一。

7.1.2　村镇社会网络类型与特征

村镇社会网络是一种基于“网络”（村节点之间的相互连接）而非“群体”（明确的边界和秩序）的社会组织形式。村镇社会网络通常包含节点等级、节点组团、联系密度等网络特征，它是将村镇之间的社会经济联系量化和可视化的一种途径，通过网络分析描述和解释区域内村镇结构和功能体系。基于社会网络联系的空间关系，可以分为空间联系网络和非空间联系网络，空间联系网络是指人们在日常生活中通过空间运动或活动形成的社会联系网络，而非空间联系网络则通过电话或互联网上的社交工具来加强人们之间的社会联系。空间与非空间联系类型按照联系目的可大致划分为探亲访友、购物、工作、娱乐、教育和医疗六大类。

村镇社会网络具有以下基本特征。

（1）熟人社会主导

亲属、邻里和朋友关系是乡村社会构成和运行的基础，由于乡村具有典型的差序格局特征，其社会关系主要是通过熟人逐渐推出去的私人关系的累加，尽管社会网络可能因此复杂化，但网络中的强关系与弱关系联系较为清晰，由此形成相对稳定的地缘、血缘、业缘和姻缘等社会关系网络。

（2）网络范围较小

在不考虑青壮年外出务工的跨城乡空间范围流动的基础上，留守乡村的村民以老人、妇女和儿童为主，农耕生产关系决定了他们活动范围的有限性，基本位于本村及邻近的十里八村范围之内，与城市社会网络相比，其网络范围明显较小，社会网络关系也相对更简单。

（3）网络中心性强

在特定村镇行政辖区范围内，镇区往往是学校、市场和医院等资源的集中地，由此通常形成具有典型中心-边缘特征的村镇社会联系网络，即镇区与周边村庄形成一对多的单向联系，镇区作为节点在社会网络的中心性远高于其他村节点，且具有高入度和低出度特征。

（4）空间联系为主

尽管数字化与信息化发展使得人们社会交流越来越便捷，但受教育水平和交流习惯的影响，村民往往文字表达能力有限，他们常觉得电话或语音的交流方式不能把事情说清楚，因而更喜欢面对面的交流方式，这与现代城市居民更注重信息化非空间联系有很大不同，村镇社会网络仍以空间接触式联系活动为主。

7.2 村镇社会网络构建与分析

7.2.1 网络构建方法

村镇社会网络构建方法可以划分为两类，一类是基于村镇社会经济数据构建模拟网络，此类方法适用于中宏观尺度（如省市尺度）村镇社会网络关系识别，通常运用重力模型或辐射模型构建；另一类则是基于村镇实地调研获取的社会经济联系数据构建的实际网络，但传统调查方法往往需耗费大量的人力和物力，调查的时间和费用成本都很高且精度有待提升，因而该方法适用于小尺度（如村镇尺度）社会经济网络构建。此外，随着大数据技术的发展，手机信令数据、公交刷卡数据和关注点（point of interest，POI）数据等多源信息为大范围精准构建村镇社会经济网络创造了有利条件。

1. 基于重力模型的村镇社会网络构建

重力模型是根据距离衰减原理和牛顿万有引力公式提出来的数理模型，在研究区域空间相互作用测度中具有重要地位。根据该模型，可以假设村镇间的空间相互作用与村镇质量成正比，与村镇间的距离成反比；这种空间作用包含了社会经济多方面的信息交互，从社会网络视角而言，每个村镇可以看作网络中的节点，村镇间的作用大小等同于网络节点之间的联系强度，可以通过以下公式进行测算：

$$T_{ij}^{G} = k\frac{F_i \cdot F_j}{d_{ij}^{b}}(i \neq j; i = 1.2, \cdots, n; j = 1, 2, \cdots, m) \tag{7-1}$$

式中，T_{ij}^{G} 为村镇 i 与村镇 j 间的空间相互作用量；n 为村镇体系内所有镇（村）的数量；F_i 和 F_j 分别为村镇 i 与村镇 j 的综合质量；d_{ij} 为村镇 i 与村镇 j 间的距离；b 为衰减参数，目前取值没有统一定论，通常取 b=2；重力系数 k 为常数。

（1）村镇综合质量评价

在重力模型的实际应用中，可将村镇质量内涵进行拓展和延伸，如将评价区域内的人口规模或经济规模等同质量，进而计算两地引力值；同时也可通过构建村镇质量指标体系进行综合测度。

（2）村镇距离

传统的重力模型通常采用欧氏距离来代表区域间的距离，但是对于村镇而言，距离显然不只是单纯的空间直线距离，而是包含了更多的实际交通成本的因素。由于村镇居民出行有多种交通方式，且交通道路存在多种等级，如公路交通存在高速公路、国道、省道、县道等差异，显然不同等级公路的摩擦系数是不同的。因此，考虑到村镇之间的道路等级以及村民出行的交通方式等因素的影响，需要利用交通成本距离来修正村镇之间的距离。通过对各等级道路赋予相应的平均时速，借助 GIS 软件，对道路矢量数据进行基于时间统计的网络分析，可获取任何两点间的最短距离及运行时间，即所需的交通成本距离。

（3）k 系数的修正

在已有的研究中一般认为 k=1，即假设两地间的吸引力是相同的，没有方向性。但实际情况是，村镇 A 和 B 彼此不同，当各自作为施力主体时，所产生的吸引力大小是不同的，即村镇 A 对村镇 B 的吸引力与村镇 B 对村镇 A 的吸引力大小不对称。因此，可利用村镇质量的相对性对介质系数进行方向性修正，使村镇之间的相互引力具有方向性，这更加契合村镇社会经济联系强度的实际情况。具体修正方法如下：

计算村镇 i 对村镇 j 的引力时，如果村镇 i 的质量大于村镇 j，介质系数 k 采用式（7-2），如果村镇 i 的质量小于村镇 j，介质系数 K 采用式（7-3）。

$$K = G \times (1 + a) \tag{7-2}$$

$$K = G \times (1 - a) \tag{7-3}$$

$$a = \frac{F_i^2 + F_j^2}{\left(F_i + F_j\right)^2} \tag{7-4}$$

式中，a 为调节系数；F_i、F_j 为村镇 i、j 的综合质量；G 为量纲转换系数，值为 1，其作用是去掉介质系数的单位。

在确定村镇综合质量、距离与相关参数的基础上，生成空间引力矩阵，构建村镇社会网络。这里以湖北省大冶市为例，基于大冶市村镇社会经济统计数据，以交通成本距离来测度两地之间距离，以大冶市村镇常住人口和人均 GDP 为重力因子（广义质量），运用重力模型构建大冶市村镇社会网络（图 7-2）。

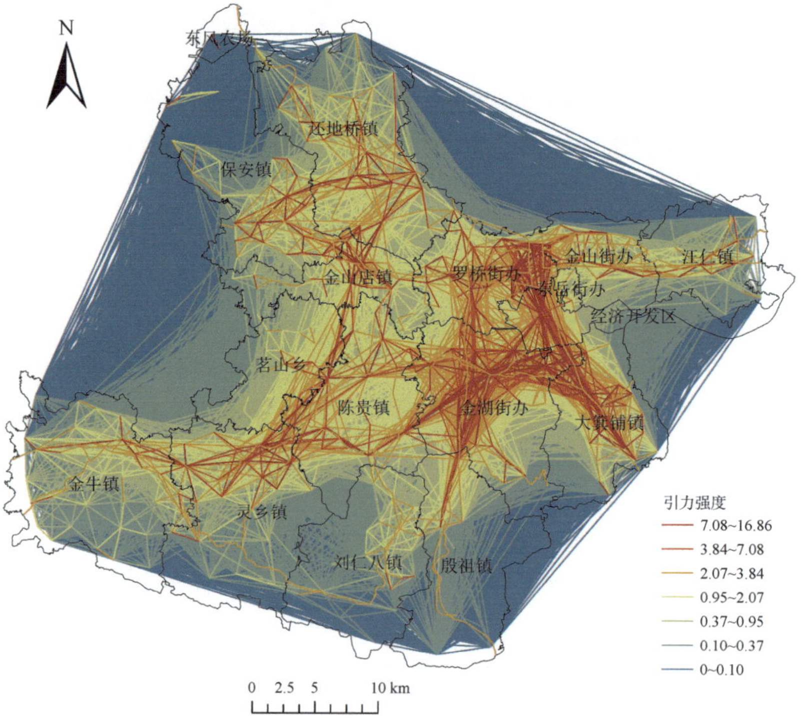

图 7-2　基于重力模型构建的大冶市村镇社会网络

大冶市村庄之间的空间相互作用力总体呈现由四周向中心集聚的趋势。从局部来看，形成了若干区域中心，以城镇经济开发区、东湖街办和大箕铺镇等为代表，表明城镇对周围村落具有很强的社会空间吸引力，并带动其周边村落的社会引力强度增加，形成组团状网络节点。从引力强度分布来看，强引力联系基本沿主要道路分布，说明交通对空间网络相互作用关系影响较大；其中，G106 国道横穿罗桥街办、经济开发区与大箕铺镇，为当地社会经济发展提供强大动力，其空间相互作用关系尤为紧密；而弱引力联系基本分布于外围村庄，以灵乡镇、刘仁八镇和殷祖镇等为代表，其村落多处于海拔 100m 左右的山麓地区，彼此往往被高达五六百米的群山阻隔，山体阻碍了村落与外界村落的沟通联系，同时也使得区域内部的村落联系缺乏，从而导致该地区行政村彼此相互作用关系不大，而临近引力较强的村落对其吸引作用也不明显。该网络中不同村镇间的引力作用强度与大冶市城镇发展水平及产业布局存在较强的耦合关系，呈现出明显的村镇差异与地理中心性特征，一定程度上说明了重力模型应用于村镇社会网络构建的可行性。

2. 基于辐射模型的村镇社会网络构建

辐射模型是美国学者（Simini et al.，2012）借鉴固体物理学中物质运动的发散和吸收过程提出的，该模型弥补了重力模型应用于空间联系强度模拟存在的多项不足，与实测数据的拟合程度较高，能够更趋近现实地模拟两地之间的流动强度。在考虑距离衰减规律时，辐射模型把距离转化为以出发地为圆心、以出发地到目的地之间的距离为半径的二维空间，即影响范围，增加了对介入机会的考虑，使两地之间的空间相互作用在不同的方向上具有差异性。辐射模型将空间相互作用看作成一个受联合概率支配的随机过程，联系强度取决于出发地、目的地和影响范围的流要素分布，经过严格的理论逻辑推导出其方程表达式，如式（7-5）所示。模型在应用过程中不需要进行复杂的参数设置，在缺少历史统计资料的情况下能够对村镇间的人流、物流、信息流等要素流强度进行有效估算。

$$T_{ij} = m \cdot \frac{m_i \cdot n_j}{(m_i + s_{ij})(m_i + n_j + s_{ij})} \tag{7-5}$$

式中，T_{ij} 为 g_i 村（镇）与 g_j 村（镇）的联系强度，m_i、n_j 分别为 g_i 村（镇）和 g_j 村（镇）的要素质量；s_{ij} 为 g_i 村（镇）到 g_j 村（镇）之间的影响范围[以 g_i 村（镇）为圆心、g_i 村（镇）到 g_j 村之间的距离为半径的圆]内所有村镇的质量总和（g_i、g_j 两地除外）。

在研究中，通常缺少不同区域之间的出发地与目的地实际联系数据，而在大规模的全网络中展开点对点的调查工作有较大难度，难以客观反映社会联系网络的真实情况。辐射模型能够较好地解决上述问题，它通过出发地、目的地、影响范围（以出发地为圆心、两地距离为半径的圆，出发地和目的地除外）的人口分布确定两地之间的人口流动强度。需要指出的是，在 Simini 等（2012）学者的研究中，辐射模型影响范围的确定基础是均质的理想空间[图 7-3（a）]，实际上，村镇空间联系以真实的地理空间为载体，各流要素的空间联系受到交通条件、地形地貌、土地利用状况等多种因素的综合影响[图 7-3（b）]。当时间成本一定时，流要素在各个方向上的空间移动距离各不相同[图 7-3（c）]。空间可达性基于地理本底的空间异质特征，可反映流要素在空间上的移动能力，对准确度量不同区域之间的空间联系具有重要影响。在研究中可尝试利用空间可达性方法，考虑综合交通的时间成本，通过划定出发地的等时圈确定两地空间联系的异质性影响范围，即：若 i 村镇到 j 村镇的时间成本为 t_{ij}，则 i 的等时圈 t_{ij} 为 i、j 两地之间空间相互作用的影响范围（i、j 两地除外）。范围的总质量 S'_{ij} 为其内部各村镇的综合实力总和（i、j 两地的质量除外）。通过空间可达性中的时间距离确定辐射模型的异质性影响范围，对村镇之间的空间联系进行综合测度。

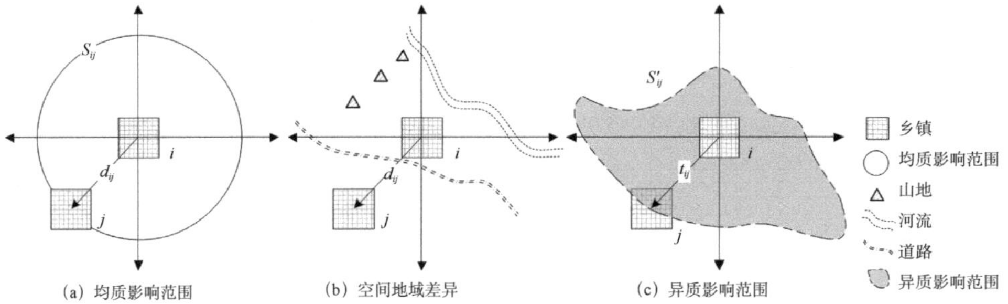

图 7-3　辐射模型修正示意图（侯贺平等，2013）

根据网络分析的思路，将各个村镇抽象为节点、村镇之间空间相互作用强度设为连接边构建城镇体系网络。具体构建步骤如下。

（1）网络节点定位

定义 G 是由 $g_1,g_2,\cdots,g_n$ 等 n 个村（镇）节点组成的集合，即 $g_1,g_2,\cdots,g_n \in G$，设置各村委会或镇政府所在地为村镇节点。

（2）村镇联系强度矩阵

对数据进行标准化并确定要素权重，异质性影响范围及其质量的计算过程如下：①从 i 村镇的空间可达性分布图中提取点 i 到点 j 的时间成本 t_{ij}，确定 i 村镇的等时圈 t_{ij}。②将 t_{ij} 设为参数，对点 i 空间可达性进行重分类，并将可达性分布图转为矢量数据。③利用 t_{ij} 等时圈切割空间联系能力分布图，并对 t_{ij} 圈内的综合实力统计求和得到影响范围的总质量 S_{ij}（属于 i、j 的图斑不予统计）。综上，通过辐射模型求得村镇之间的联系强度矩阵，计算各村镇综合要素质量，进而应用辐射模型计算村镇联系强度。

（3）网络简化

联系强度矩阵的结果为全连网络，虽然全连网络包含了所有节点之间的联系，但是其不可避免地包含了一些没有统计意义的数据，同时加大了网络特征分析和网络可视化的难度，所以需要对全连网络进行简化。在网络的简化中，关于阈值的选取主要分为两个方面：从全局出发在全网络中确定一个阈值，现有研究多用均值表示；根据每个节点的连接线权重的大小和统计特征确定每个节点联系的不同阈值，具有代表性的方法是 *n*-NNG（*n* nearest neighbor graph）。现有研究中网络提取考虑的因素主要有：突出网络的主体结构，保证网络的连通性（没有孤立点和孤岛），节点间联系的相对大小不改变。

（4）对称化处理

虽然村镇间的空间联系过程具有方向性，即两地间的人流、物流、资金流等从出发地流向目的地。这里旨在讨论村镇之间的空间联系及其空间网络结构演化，两地之间一旦发生要素流，无论方向如何，即建立了空间联系，同时对两地产生影响。因此在本书中忽略要素流的方向性差异，采取对称化处理的方式。

（5）二值矩阵转化

转换规则是：当 i 镇和 j 镇之间的联系强度大于 1，则对称矩阵单元（i，j）的数值转换成 1，反之则为 0。

3. 基于调查数据的村镇社会网络构建

主要采用问卷调查的方式，从村民日常活动中分离空间联系活动和非空间联系活动，进而对应构建村镇社会网络。关于被调查人和调查地的相关属性中，可选择表 7-1 中所列变量作为网络分析的潜在解释变量。

表 7-1　潜在解释变量

解释变量	具体变量	数据来源
个人情况	性别	实地问卷调查
	年龄	
	受教育程度	
	年收入	
	职业类型	

续表

解释变量	具体变量	数据来源
家庭情况	家庭成员 家庭收入来源 家庭年收入 家庭成员受教育情况	实地问卷调查
被联系人情况	性别 年龄 受教育程度 年收入 职业类型	实地问卷调查
地方属性	经济属性 人口	统计年鉴、乡卡等

注：可根据需要自行增加或删减解释变量。

根据实地调查数据可进行网络联系强度测算，联系强度定义为网络中每对节点的连接强度，是顶点对之间所有单个连接的加权和。根据联系类型，连接分为六种（j），即工作、访友、购物、娱乐、教育和就医，这六种类型均可划分为空间联系和非空间联系。

$$T_{AB}^{j}=\sum_{i=1}^{4}\frac{w_i\cdot n_{AB}^{ij}}{N_A} \tag{7-6}$$

$$T_{AB}=\sum_{j=1}^{6}T_{AB}^{j} \tag{7-7}$$

式中，T_{AB}^{j}为村镇 A 与村镇 B 之间 j 联系类型的联系强度，联系频率的给定权重用w_i表示；n_{AB}^{ij}为村镇 A 与村镇 B 有 j 联系的人数；N_A为村镇 A 中被调查者总人数，i 从 1 到 4，代表四种联系频率，1 表示联系频繁（如每天联系），2 表示联系较频繁（如每周联系），3 表示联系一般（如每月联系），4 表示联系很少（如每年联系）；T_{AB}为村镇 A 与村镇 B 之间的总联系强度。

7.2.2 网络特征分析

1. 基本特征分析

（1）网络密度

密度（density）是社会网络分析中最常用的一种测度指标，其定义为该网络中各村镇间实际拥有的连接关系数与可能拥有的理论最大关系数之比，描述了网络中各成员结点之间关联的紧密程度。有向网络的网络密度公式为：$m/[n(n-1)]$，其中，m 是实际关系数；n 是网络中的节点数。

（2）度数中心性分析

点度中心度（degree centrality）是根据村镇网络中的联接度数衡量结点处于网络中心位置的程度，反映网络中那些对于其他结点而言处于相对中心位置的结点。有向网络的点度中心度又分为出度和入度，引用热力学中的热量盈亏理论对点度进行分析，即用点入度减去点出度。如果为正值，说明点热量盈余；如果为 0，说明村镇的热量平衡；如果为负值，说明村镇的热量以流出为主，处于劣势地位。

（3）接近中心度

接近中心度（closeness centrality）是以距离来计算村镇中某一节点的中心程度，可以用以表达网络成员在网络中分享资源的能力。接近中心度值越高，则表明某一中心节点和其他节点间的联系程度越紧密，也可以得出与中心点距离最远的节点在信息资源、权力、声望和影响方面最弱这一结论。

在有向网络中，接近中心性分为内接近性（incloseness）和外接近性（outcloseness）。在村镇的规划和评价中，比较关注目的地接近难易程度，所以主要分析内接近中心性。

（4）中介中心度

中介中心度（betweenness centrality）是衡量成员对资源控制能力的程度，表示结点成员在多大程度上是网络中其他成员的中介。这种“中介”和“经纪人”的角色决定了网络中这个节点对其他成员的控制能力。

分析中介中心度，是为了衡量各街道中介和桥梁作用的大小。对于充当桥梁和踏脚石的点，在村镇社会网络分析过程中，需谨慎对待，以免大量孤立群体和孤立个体的出现。

2. 节点对称性分析

节点对称性（node symmetry indexes，NSI）最早由 Limtanakool 等（2007）提出，用于计算加权有向网络的对称性。NSI 的计算是基于网络中的节点入度（T_k^{in}）和节点出度（T_k^{out}），计算公式如下：

$$T_k^{\text{in}} = \sum_{m=1}^{n} T_{m\to k} \tag{7-8}$$

$$T_k^{\text{out}} = \sum_{m=1}^{n} T_{k\to m} \tag{7-9}$$

式中，$T_{m\to k}$ 表示从节点 m 流入到节点 k 的强度，$T_{k\to m}$ 表示从节点 k 流出到节点 m

的强度。

对于节点 k，NSI 计算如下：

$$\mathrm{NSI}_k = \frac{T_k^{\mathrm{in}} - T_k^{\mathrm{out}}}{T_k^{\mathrm{in}} + T_k^{\mathrm{out}}} \tag{7-10}$$

NSI 值的取值范围为[−1，1]，当其为 1，说明节点 k 村镇处于净流入状态；当其为−1，说明节点 k 村镇处于净流出状态；当其为 0，说明节点 k 村镇处于流出流入平衡的状态。村镇拥有越高的正 NSI 值，则越能吸引其他村镇的人来访。

7.3 村镇社会网络应用与聚落空间智能优化模型构建

7.3.1 村镇社会网络应用

1. 村镇体系识别

乡村聚落空间布局反映了农村经济活动在村镇间的空间组织形式和相互作用关系，如何将村镇社会网络关系融入乡村聚落空间重构体系中，面向不同村镇体系（城镇、中心村和基层村）对乡村聚落空间重构的引导，是当前乡村聚落空间重构过程中亟须解决的技术问题。

在收集整理各村镇总人口、城镇用地规模、乡村聚落规模和农村人均收入等要素数据的基础上，对数据进行标准化，在确定要素权重的基础上计算各村镇综合要素质量，进而应用重力模型或辐射模型计算村镇联系强度，生成村镇联系强度矩阵，并将其可视化为网络连接边，生成村镇社会网络。每个村镇网络节点对于其他节点的影响力和作用范围是不同的，这种差异可以通过个体的中心性得以体现。根据社会网络中不同村镇节点度的大小及其与周边节点的作用值，可以有效识别村镇体系，如刘仁八镇的镇区节点度最高，可以作为中心镇建设。

这里以图 7-2 构建的大冶市村镇社会网络为基础，对参与研究的 354 个行政村用自然断点法分成 3 级，识别强势村、一般村和弱势村，如图 7-4 所示，其中，强势村 87 个、一般村 100 个、弱势村 167 个。从分级结果来看，强势村基本分布于城镇和公路周边，城镇集聚效应和交通区位优势明显，而二者又相互影响并辐射周边；一般村多环绕强势村分布，呈现出向强势村集聚的趋势。此外，强势村和一般村多分布于中部平原地区，地势平坦，生产条件优越，人口分布密集，社会经济发展条件良好，具有强联系，发展潜力相对较大。与此相反，弱势村多分布于外围地区，特别是大冶市西南部丘陵山区，属于地质灾害高易发区；同时，该区域内优质农业资源较少，交通不便，人口分布零散，经济水平总体相对滞后，就业条件差，不利于村落发展。

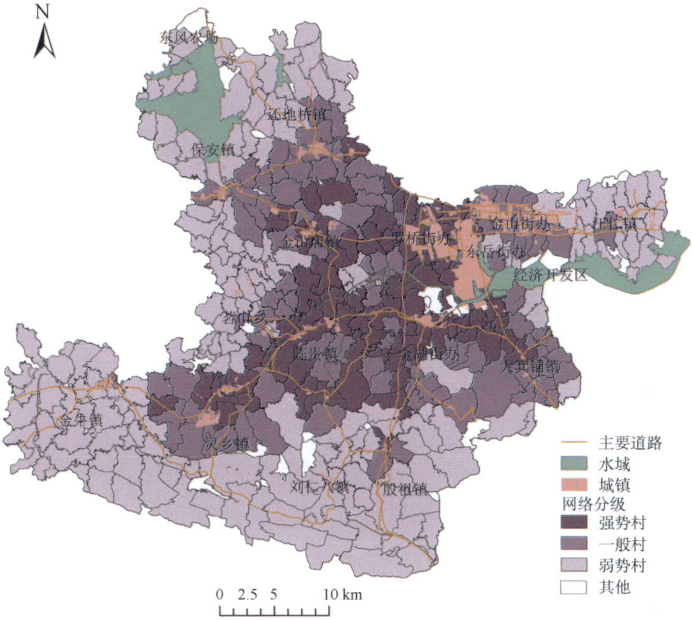

图 7-4　大冶市村镇社会网络

在乡村聚落空间重构中应根据不同的村庄类型实施不同的重构模式，包括中心村的建设，一般村庄的调整和边缘村的搬迁。在乡村聚落空间重构过程中，以中心村（镇）为重点建设方向，加强基础设施建设，利用优越的生产、生活条件，引导周围适宜度低且分散的零星居民点向其集聚。强势村受邻近城镇吸引并不断向其靠拢发展，加上自身交通、地形等优势对周边村落产生的吸引力，人流与资金在这里交互频繁，可以作为重点发展区发展；邻近城镇的强势村可以纳入城镇发展体系中，进行统一管理与规划，而其他强势村由于其自身经济发展具有一定活力，基础设施也较为完善，其功能逐步强化、规模不断扩大，可以作为中心村重点发展。一般村相对于强势村而言，社会经济发展尚处于起步阶段，用地较为粗放、布局相对混乱，可以作为一般发展区进行规划引导，一是加强交通网络构建与优化，增加其区位优势，二是通过政府相关政策鼓励村落自身发展建设，盘活存量建设用地，加大基础设施建设，进一步优化乡村聚落空间布局。弱势村受限于交通、地形等因素影响，自身发展动力不足，对其他村落无法产生吸引力，同时面临人力和资本的外流，大量耕地处于闲置或废弃状态，需要进行及时、有效的土地整治，对该区域可以通过引导人口外迁，推动宅基地腾退与用地置换等方式，实现土地资源的优化配置；此外，从地形因素来看，弱势村多处于地势陡峭、坡度较大的山区，是地质灾害的高发区，可利用耕地较少，生产资料匮乏，但该区域林地众多，生态资源较丰富，应将其可纳入生态保护区进行重点保护。

2. 村镇影响域识别与聚落重构分区

尽管不同村镇有确定的行政界限范围，但在乡村聚落重构中，村镇影响范围往往因其在社会网络中的作用而不同，这对乡村聚落空间重构有重要的影响，需进一步明确每个村镇网络节点的实际影响域。这里基于村镇社会网络识别的村镇体系，构建一种网络加权 Voronoi 图，其构建分为网络中心性测度和空间划分两个部分，网络中心性测度是建立在村镇网络构建与评价的基础上；空间划分则以网络加权 Voronoi 图指标确定的综合影响力为划分依据，生成网络加权 Voronoi 图，进而确定各村节点辐射域（作用范围）。

在评价村镇社会经济网络中心性特征的基础上，构建网络加权 Voronoi 图评价指标体系，该指标体系可以根据村镇实际发展情况自行构建。本章以大冶市刘仁八镇为例予以说明，选取了网络中心性、生活通达度、生产便捷度和生态适宜度 4 项综合指标，其中网络中心性包括点度中心性、中间中心性、接近中心性和特征向量中心性 4 项子指标，生活通达度包括居民点平均邻近距离、居民点距主干道距离和居民点距城镇距离 3 项子指标，生产便捷度包括地形地貌、平均耕作半径、耕居面积比和有效灌溉面积 4 项子指标，生态适宜度包括林地覆盖率和水域面积比例 2 项子指标，采用特尔菲法确定权重，生成网络加权 Voronoi 图，进而确定村镇网络节点辐射域。

g_i 村（镇）的 Voronoi 图节点辐射域为

$$V(g_i)=\{g\mid d(g,g_i)\leqslant d(g,g_j),i\neq j;i=1,2,\cdots,m;j=1,2,\cdots,n\} \quad (7\text{-}11)$$

即区域内的任意一点 g，距 g_i 的距离比平面中的其他点都近。

然而，各村（镇）节点对乡村聚落的实际空间影响大小并不同，该影响大小可用权重 w_i 衡量；因此，g_i 村（镇）的网络加权 Voronoi 图节点辐射域可表达为

$$V(g_i)=\{g\, d(g,g_i)/w_i\leqslant d(g,g_j)/w_j,i\neq j;i=1,2,\cdots,m;j=1,2,\cdots,n\} \quad (7\text{-}12)$$

式中，w_i 为村镇网络节点 g_i 的影响权重，d（g，g_i）为节点 g 到网络发生元 g_i 的网络路径距离，在本网络加权 Voronoi 图中，w_i 等同于上述指标加权后的综合指

标值。由此生成如图 7-5 所示的大冶市刘仁八镇村镇网络加权 Voronoi 图（辐射域）。通过划分村镇不同网络节点辐射域，重构乡村聚落空间，从而打破行政区界限的限制，解决当前乡村聚落空间重构分区空间指向性和社会关联性不足的技术问题，增强农村乡村聚落重构的科学性与可操作性。

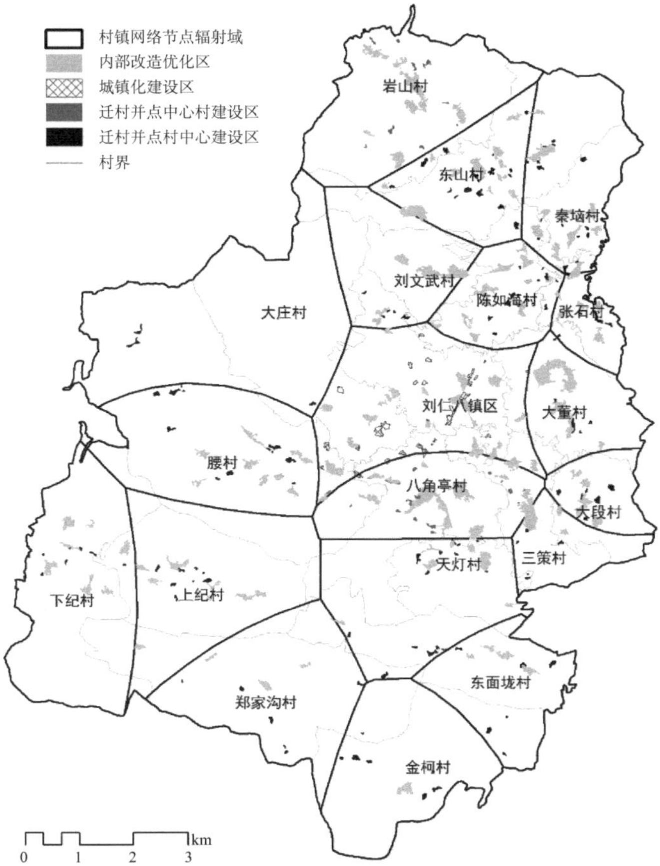

图 7-5　基于村镇网络辐射域的刘仁八镇乡村聚落重构分区

7.3.2　智能优化模型构建

鉴于村镇社会网络在乡村聚落空间重构中的重要作用，应将其作为重要的约束目标融入第 6 章构建的乡村聚落空间重构智能优化模型中，提出基于村镇社会网络特征的乡村聚落空间重构智能优化模型。该模型包括两个关键层次，即空间层次和社会层次（图 7-6）。空间层次可选择用地适宜性、空间紧凑度和搬迁距离反映空间重构导向。社会层次的目标表现为社会关系，可通过社会网络进行表征，从鸟瞰视角提供重构的方向。村镇社会网络的引入，丰富了乡村聚落空间优化配置研究的多目标约束体系，增强了乡村聚落空间重构的合理性，提高了农户人居满意度。

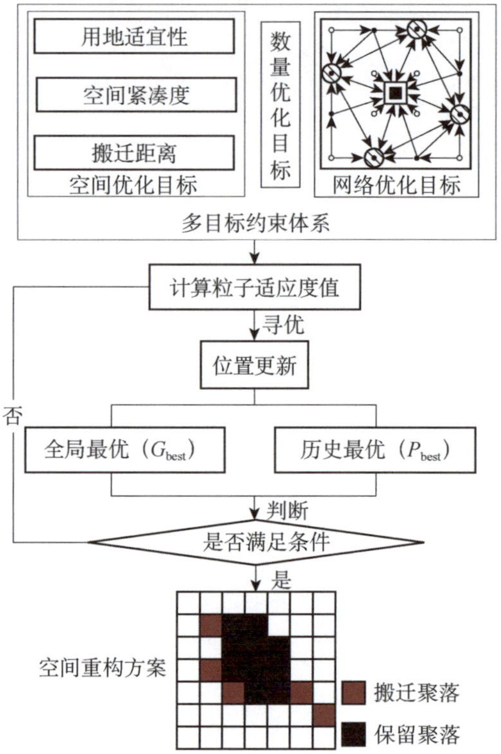

图 7-6 基于村镇社会网络特征的乡村聚落重构智能优化模型框架

1. 多目标约束体系

结合图 7-6 的模型框架，构建多目标约束函数，包括空间优化目标、社会网络优化目标和数量优化目标三个方面。

（1）空间优化目标

空间优化目标可结合乡村地区发展需求综合确定，可参考第 6 章相关适应度函数。这里选取用地适宜度、空间紧凑度和搬迁距离三个空间重构目标。一般情况下，从政府规划管理的视角而言，乡村聚落重构应以最好的用地适宜性和最高的空间紧凑度为目标；从农户主体而言，他们希望新建聚落离原聚落越近越好，最大的接受度往往是在原址建设。基于此，空间优化目标函数表达如下：

$$\text{Max } f_{\text{suit}} = \sum_{i=1}^{I}\sum_{j=1}^{J} S_{ij} \tag{7-13}$$

$$\text{Max } f_{\text{comp}} = \sum_{(i,j)\in\Omega} x_{ij} / N_{\Omega} \tag{7-14}$$

$$\text{Min } f_{\text{dist}} = \sum_{i=1}^{I}\sum_{j=1}^{J} D_{x_{ij}\to x'_{ij}} \tag{7-15}$$

$$\sum_{k=1}^{k} x_{ijk} \quad \text{is true,} \quad \forall\, i=1, 2, \cdots, I, j=1, 2, \cdots, J \tag{7-16}$$

式（7-13）是用地适宜性最大化目标，以确保新搬迁的居民点位于最适宜的土地单元中，S_{ij} 指单元（i，j）的适宜性值，式（7-14）是乡村聚落空间紧凑度最大化目标，以体现集中布局的原则。如果单元（i，j）是乡村聚落，则 x_{ij} 等于 1；否则，它等于 0。N_{Ω}是一个邻域（如 Moore 邻域）内的单元数。式（7-15）是拆迁居民点和新建居民点之间的空间距离最小目标，$D_{x_{ij}\to x'_{ij}}$ 是指单元 x_{ij} 和搬迁单元 x'_{ij} 之间的距离。在布置新居民点之前，应先获得与集中居住区相邻、适宜性较高的空间位置，按照就近原则，选址在被拆迁居民点附近。式（7-16）确保每个单元 x_{ij} 只能分配一种土地利用类型，k 表示土地利用类型。

（2）社会网络优化目标

社会联系按照是否发生空间接触或转移分为空间联系和非空间联系。空间联系和非空间联系按其联系目的可分为六种类型，包括工作、访友、购物、娱乐、教育和就医。乡村聚落空间重构过程中应尽量保障乡村社会网络的稳定性，最大化确保既有社会联系关系稳定，这可以通过网络联系强度指数来衡量（Jin et al., 2001），如式（7-17）所示。

$$T_{o\to p} = \sum_{l}^{L}\sum_{m}^{M} \frac{w_m^l \cdot n_{o\to p}^{lm}}{N_o} \tag{7-17}$$

式中，$T_{o\to p}$ 为指 o 村和 p 村之间的联系强度；l 为联系目的，即六种联系类型；$n_{o\to p}^{lm}$是在联系频率为 m 时与 p 村发生 l 连接的 o 村受访者人数；N_o 为 o 村的受访者总数；w_m^l 为 l 连接和 m 频率的权重，将联系频率 m 分为联系频繁、联系较频繁、联系一般和联系很少四类，可用德尔菲法确定权重。

据此，乡村聚落空间重构的社会网络优化目标公式表达如下：

$$\text{Max} \quad f_{\text{soci}} = \sum_{i=1}^{i}\sum_{j=1}^{j}\sum_{o=1}^{o}\sum_{p=1}^{p} (N_{ij}^{o\to p} \cdot T_{\text{soci}}^{o\to p} + M_{ij}^{o} \cdot T_{\text{soci}}^{o\to o}) \tag{7-18}$$

$$T_{\text{soci}}^{o\to p} = w_o \cdot T_{s-\text{soci}}^{o\to p} + w_p \cdot T_{ns-\text{soci}}^{o\to p} \tag{7-19}$$

式中，f_{soci} 为社会网络联系的综合值；$N_{ij}^{o\to p}$ 为从 o 村搬迁到 p 村的单元（i，j）数量；$T_{\mathrm{soci}}^{o\to p}$ 为 o 村和 p 村之间的社会联系强度；M_{ij}^{o} 为 o 村搬迁的单元（i，j）数量；$T_{\mathrm{soci}}^{o\to o}$ 为 o 村的自联系强度，在研究中通常设为 1；$T_{s-\mathrm{soci}}^{o\to p}$ 和 $T_{ns-\mathrm{soci}}^{o\to p}$ 分别为 o 村和 p 村之间的空间联系强度和非空间联系强度；w_o 和 w_p 是 $T_{s-\mathrm{soci}}^{o\to p}$ 和 $T_{ns-\mathrm{soci}}^{o\to p}$ 的相应权重。

（3）数量优化目标

农村土地节约集约利用是农村规划的基本目标。农村地区新建居民点通常比旧的拆迁居民点在空间上更加紧凑。乡村聚落用地整治可以很好地盘活农村闲置建设用地。根据我们在村庄的实地调查发现，那些社会联系不便、基础设施落后和分散居住的农民往往搬迁意愿较高，这与当地政府的规划目标导向相吻合，因为大量分散的居民点增加了政府的基础设施投资。因此，可根据各地实际情况，将分散居住的居民点（如两户及以下）确定为拆迁目标，由此确定数量优化目标，公式如下：

$$\mathrm{NA}=\frac{\mathrm{SA}}{\overline{A}}\times\mathrm{RA} \tag{7-20}$$

式中，NA 为新搬迁居民点面积；SA 为全国农村居民点人均面积，为了体现农村规划的灵活性，根据《镇规划标准》（GB 50188—2007），设定 SA 的范围为 120～150m^2。相应地，$\overline{A}$ 为研究区现状人均居民点面积，RA 为拆迁居民点的面积。

2. 粒子更新

乡村聚落空间重构包括拆迁聚落和安置聚落，单元（i，j）从 k 土地利用类型向乡村聚落的转化概率取决于多重空间关系和社会联系。在单一的空间引导或网络引导下，乡村聚落存在不同的候选优化布局（图 7-7）；这两个因素的共同作用使重构情况更加复杂，并可能产生额外的空间冲突单元。每个粒子必须平衡空间目标与社会联系之间的冲突，协调局部最佳位置与全局最佳位置之间的关系。通过搜索群体和个体在多目标基础上的最优位置，对模型进行迭代和更新。当模型找到最优解时，生成乡村聚落空间重构方案。为了提高粒子的搜索效率，将综合适应度值作为最终的评价标准，具体表示如下：

$$F=w_a\cdot f_{\mathrm{suit}}+w_b\cdot f_{\mathrm{comp}}-w_c\cdot f_{\mathrm{dist}}+w_d\cdot f_{\mathrm{soci}}\text{，}\ \forall\ \ w_a+w_b+w_c+w_d=1 \tag{7-21}$$

式中，w_a、w_b、w_c 和 w_d 分别为土地利用适宜性、空间紧凑度、搬迁距离和社会联系的权重。

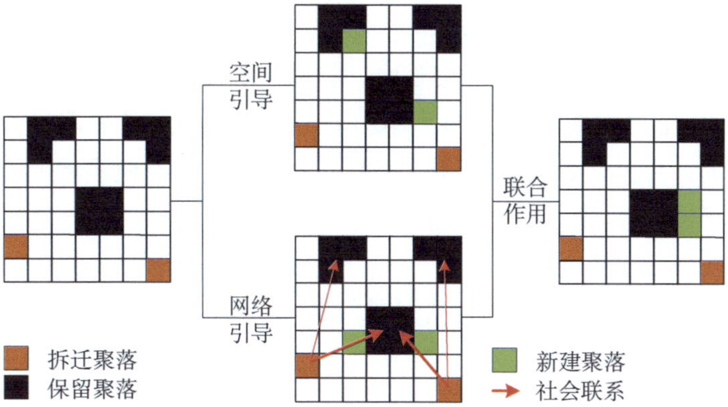

图 7-7　空间和社会引导共同作用下的粒子更新示意

7.4　案例分析：陈贵镇社会网络引导乡村聚落空间智能优化

7.4.1　案例区概况与数据来源

1. 案例区概况

陈贵镇位于湖北省大冶市中部，交通便捷，东接大广高速，西接 106 国道，咸黄高速、大金省道穿境而过，武灵铁路通过境内，与国内纵横交通枢纽接轨。2012 年，全镇土地面积 160.40km^2，辖 19 个行政村和两个居委会（社区），总人口 6.5 万人，其中农业人口 58428 人。陈贵镇乡村聚落总规模为 1060.70hm^2，人均居民点为 181.54m^2。该镇外出务工人口达到 25.63%，大量的乡村聚落处于闲置或低效利用状态，亟须通过乡村聚落空间重构提高土地集约利用水平。陈贵镇是湖北省百强乡镇和“四化同步”示范乡镇试点，是中部地区推进农村土地利用转型和乡村空间重构的典型区域，研究陈贵镇乡村聚落空间重构对于中部乡村振兴战略实施具有重要的现实意义和借鉴价值。

2. 数据来源

本章基础空间数据主要来源于大冶市自然资源和规划局（原国土资源局）提供的 2012 年大冶市土地利用变更调查图（比例尺 1：10000），按照第二次土地利用调查类型进行分类。陈贵镇户均居民点面积约为 652m^2，考虑到居民点搬迁以户为单位进行，为尽可能使模型运算中的土地利用斑块大小接近户均规模，这里将土地利用现状图转换为 25m × 25m 的栅格数据。乡村聚落用地适宜性评价数据根据第 4 章提出的评价指标和方法获取，永久基本农田和生态保护区数据来源于《大冶市土地利用总体规划（2006—2020）》；农村社会经济发展数据主要来源于大冶市农村统计年鉴（2012 年）和 2014 年 7 月开展的村镇实地调查问卷。基于 ArcGIS 10.3 工作平台进行数据统计与空间分析。

村镇实地调查包括两个步骤。第一步，对村干部进行广泛细致的访谈，了解各村常住人口、外出务工人口、农村居民点闲置率等基本情况，问卷按各村常住人口比例抽样。第二步，对每个村的参与者进行面对面访谈，问卷由空间联系和非空间联系两部分组成，被调查者需要确定他们访问或联系的村庄、访问目的、访问频率和使用的交通方式等。共有 925 人接受了随机抽样调查。有效问卷数量为 883 份，有效回收率为 95.46%（表 7-2），从问卷数据中提取 OD 信息。

表 7-2 被访问者的人口统计学特征

属性	分类	人数/人	比例/%
性别	男性	439	49.72
	女性	444	50.28
年龄	19～40 岁	352	39.86
	41～65 岁	459	51.98
	65 岁以上	72	8.16
教育程度	小学	275	31.15
	初中	375	42.47
	高中	167	18.91
	大专或学士	59	6.68
	硕士或以上	7	0.79
职业	农民	358	40.55
	兼业	382	43.26
	非农	143	16.19
年收入	10 000 元以下	345	39.07
	10 000～20 000 元	188	21.29
	20 000～30 000 元	167	18.91
	30 000～40 000 元	130	14.72
	40 000～50 000 元	42	4.76
	50 000 元以上	11	1.25

7.4.2　社会网络特征

运用式（7-6）和式（7-7）计算村庄间空间联系和非空间联系的强度，构建陈贵镇村庄空间联系和非空间联系网络（图 7-8）。19 个村庄共确定了 139 个空间联系，空间联系强度为 0.001～0.950。使用层次聚类法将所有联系强度分为弱（0.001～0.251）、中（0.252～0.592）和强（0.593～0.950）三类。相应地，19 个村庄之间存在 112 个非空间联系。非空间联系强度介于 0.016 和 0.656 之间，分为弱（0.016～0.250）、中（0.251～0.525）和强（0.526～0.656）三类。

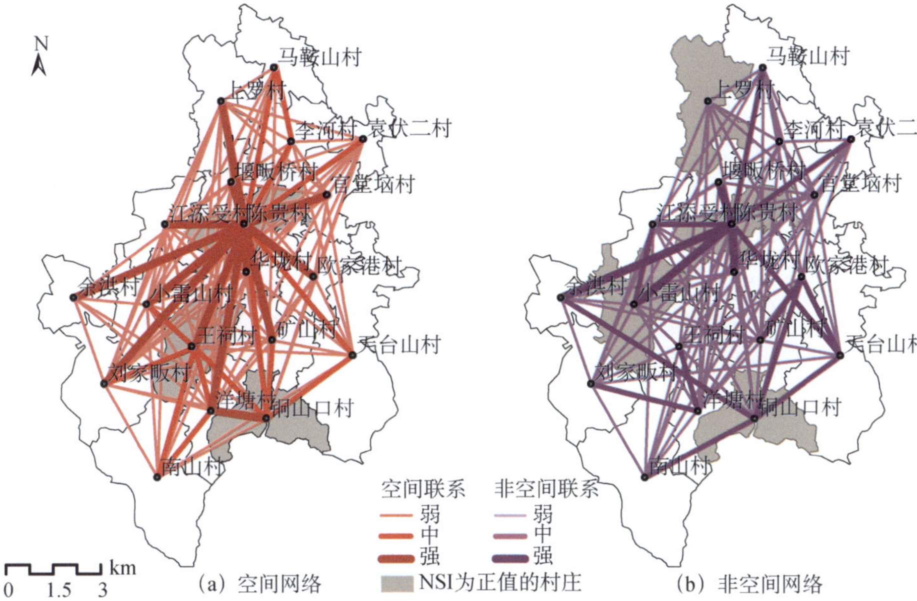

图 7-8　陈贵镇空间和非空间联系网络

陈贵镇空间联系和非空间联系网络的入度、出度和 NSI 特征如表 7-3 所示。在空间网络中，有 16 个村庄的 NSI 值为负值，这些村庄的联系目的地主要为陈贵、铜山口和王祠三个村庄。陈贵村 NSI 值最高（0.847），入度值高达 12.112，作为镇中心所在地，陈贵村基础设施完善，同时该村有一个集聚了 50 多家企业的工业园区，农民人均纯收入（12567 元），居全镇之首。这些优越的条件吸引着其他村庄的村民到陈贵村就业和购物；其次，铜山口村和王祠村的 NSI 值为 0.680 和 0.327，铜山口村的入度值与王祠村相近，但王祠村的出度值高于铜山口村，意味着王祠村人口外向流出更多。铜山口村是一个矿产资源丰富的村庄，工矿企业的分布提供了更多的就业机会。调查显示，陈贵村和王祠村都有一个集贸市场，附近村民常至此购买各种商品。非空间网络的特征与空间网络的特征极为相似。

铜山口村和陈贵村的 NSI 值均高于 0.5，但陈贵村的入度值却是铜山口的两倍多，表明其作为中心镇的吸引力更大。其他两个 NSI 值为正的村庄分别是小雷山村（0.161）和上罗村（0.064）。研究结果表明，陈贵镇社会联系呈现典型的中心-边缘特征，陈贵村和铜山口村是社会网络联系的重要节点。

表 7-3　陈贵镇村庄空间和非空间联系网络特征统计

村庄	空间网络			非空间网络		
	入度	出度	NSI	入度	出度	NSI
陈贵村（CG）	12.112	1.000	0.847	5.197	0.711	0.759
官堂垴村（GTN）	0.453	0.926	−0.343	0.323	0.809	−0.429
华垅村（HL）	0.492	1.008	−0.344	0.506	1.480	−0.490
江添受村（JTS）	0.339	1.300	−0.586	0.934	0.998	−0.033
矿山村（KS）	0.480	1.552	−0.527	0.934	0.956	−0.012
李河村（LH）	0.495	0.867	−0.273	0.399	0.709	−0.280
刘家畈村（LJF）	0.560	1.833	−0.532	0.846	0.940	−0.053
马鞍山村（MAS）	0.200	1.000	−0.666	0.286	0.878	−0.509
南山村（NS）	0.590	0.935	−0.227	0.550	0.753	−0.156
欧家港村（OJG）	0.214	1.167	−0.690	0.623	0.958	−0.212
上罗村（SL）	0.505	1.226	−0.417	0.349	0.307	0.064
天台山村（TTS）	0.183	1.286	−0.750	0.634	0.977	−0.213
铜山口村（TSK）	2.433	0.464	0.680	2.124	0.219	0.813
王祠村（WC）	2.446	1.240	0.327	0.499	1.236	−0.425
小雷山村（XLS）	1.021	1.531	−0.200	1.073	0.775	0.161
堰畈桥村（XFQ）	0.374	1.586	−0.618	0.407	0.998	−0.421
洋塘村（YT）	0.431	3.250	−0.766	0.778	0.786	−0.005
余洪村（YH）	0.195	0.808	−0.611	0.225	1.750	−0.772
袁伏二村（YFE）	0.276	0.821	−0.497	0.492	0.938	−0.312

空间与非空间网络的联系类型如图 7-9 所示。在空间网络中，购物联系所占比例最大（47.47%），其次是工作联系（24.42%）和访友联系（19.30%）。其他联系类型如娱乐（3.14%）、教育（5.25%）和就医（0.42%），仅占空间网络联系类型的一小部分。对于非空间网络，访友联系占 76.73%，这与空间联系结果有很大差异，意味着亲属关系在中国农村社会关系中仍发挥着重要作用；工作联系占 20.97%，频率较低的联系包括娱乐（1.27%）、购物（0.75%）和就医（0.28%），三者合计占比 2.30%。这些发现与 Gao（1999）的研究发现基本一致，村庄空间

联系类型比非空间联系类型更为多样化。工作联系和购物联系是由物质需求驱动的，而非空间联系更多表现为精神需求驱动下的亲友交往。

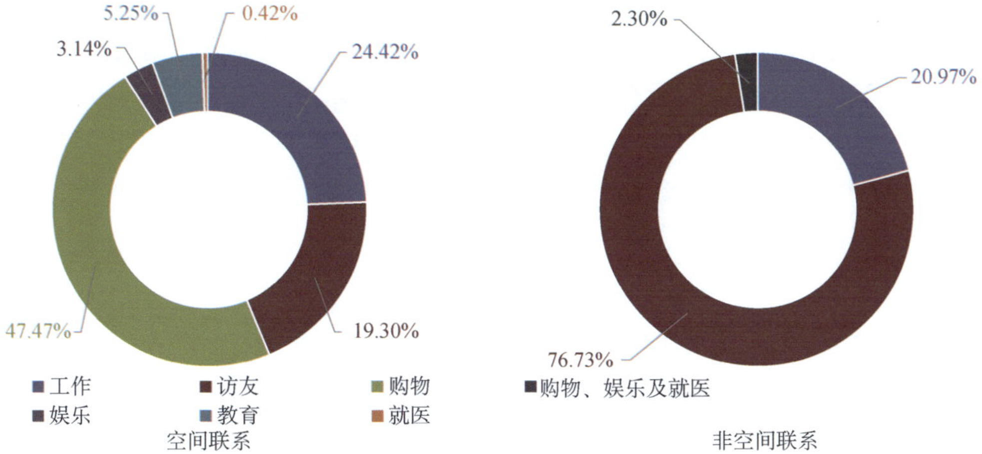

图 7-9　陈贵镇空间联系和非空间联系类型的结构比例

7.4.3　乡村聚落优化情景

1. 情景设置

乡村聚落空间重构优化模型基于 Visual C#.net 和 ArcObjects SDK 10.2 工具开发实现，针对陈贵镇乡村聚落优化目标，采用 7.3.2 章节中的多目标约束体系，基于粒子群优化算法模拟面向不同发展情景的乡村聚落重构布局。实验共设计了五种情景，包括土地利用适宜性导向（Ⅰ）、社会联系导向（Ⅱ）、空间紧凑度导向（Ⅲ）、搬迁距离导向（Ⅳ）和多目标权衡（Ⅴ）。情景Ⅰ至情景Ⅳ是指乡村聚落重构过程中采用明确的主导目标导向，以更好地探讨单个目标如何影响乡村聚落重构过程和结果；对于情景Ⅴ，采用折中方案分析多个目标之间的协同交互作用。在所有情景中，权重是对所有目标对进行比较后综合设定。表 7-4 呈现了式（7-23）中针对不同情景使用的不同权重。

表 7-4　不同情景的目标权重

情景	土地利用适宜性	社会连通性	空间紧凑度	搬迁距离
Ⅰ	0.50	0.15	0.20	0.15
Ⅱ	0.15	0.50	0.20	0.15
Ⅲ	0.20	0.15	0.50	0.15
Ⅳ	0.15	0.15	0.20	0.50
Ⅴ	0.25	0.25	0.25	0.25

每次优化实验在重构模型的固定参数设置下独立运行，重复 20 次。在该模型中，采用了 100 个粒子群来保持收敛能力和计算效率的平衡。通过迭代，惯性权重从 0.9 逐渐减小到 0.4，个体和社会加速度系数固定为 2.0，粒子的速度被限制在[−5，5]的范围内，最大迭代次数设置为 2000。图 7-10 展示了所有情景下模型的迭代过程曲线。在优化初期，曲线开始明显收敛，然后在大约第 400 次迭代后趋于平稳。值得注意的是，场景Ⅴ中的曲线在大约在 1100 次迭代时停止增加，这意味着多个目标的平衡对模型的收敛速度有负面影响。

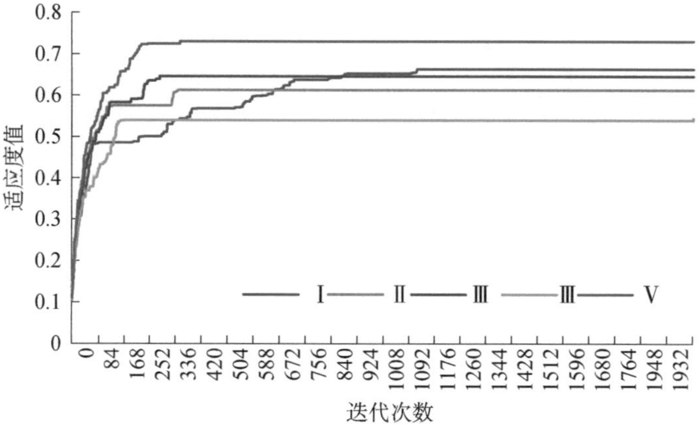

图 7-10　不同情景下的迭代次数与适应度值

2. 不同情景对比

基于优化模型中的多目标和参数设置，通过迭代优化获得每个情景下乡村聚落的空间重构布局（图 7-11）。所有情景的一个共同特点是，搬迁后的居民点呈现出向城镇及其周边地区集中的趋势，这些地区通常具有较高的用地适宜性，生活便捷性程度高，这一特点在情景Ⅱ中尤其明显[图 7-11（b）]，这与城乡互动的实际情况较为一致。

情景Ⅰ～Ⅳ采用了不同的目标导向和权衡策略，导致搬迁居民点的分布完全不同[图 7-11（a）～（e）]。对于情景Ⅰ，虽然搬迁的居民点集中在现有居民点或城镇附近，但可以观察到某些新建居民点在空间上是分散的[图 7-11（a）]。造成这一现象的主要原因是，由于多重目标的共同作用，居民点搬迁的可选区域被分割的较为细碎，而用地适宜性导向情景倾向于优先选择一些用地适宜性值较高的独立区域作为拆迁居民点安置区域。情景Ⅱ明确了搬迁居民点的重构方向，陈贵村作为陈贵镇的经济和行政中心，社会联系强度最高，吸纳了大量搬迁安置点[图 7-11（b）]。在以社会联系为导向的粒子搜索策略下，华垅村、王祠村等社会联系强度较高的村庄在搬迁安置点选址中明显具有较高的优先性。情景Ⅲ中分散搬迁明显减少[图 7-11（c）]，这清楚地反映了乡村聚落集中建设的基本原则。在情景Ⅳ中，存在一些零散的新建居民点[图 7-11（d）]，进一步比较发现，一些拆除的居民点也位于该区域；可以推断出，搬迁安置最小距离目标在乡村聚落空间重构中起着关键作用。多目标权衡情景是一种相对平衡的空间重构策略，图 7-11（e）既体现了搬迁的集中化，又体现了搬迁的分散化，平衡了空间紧凑度、土地利用适宜性和社会连续度；因此，在情景Ⅴ中很难找到明确的空间重构方向。

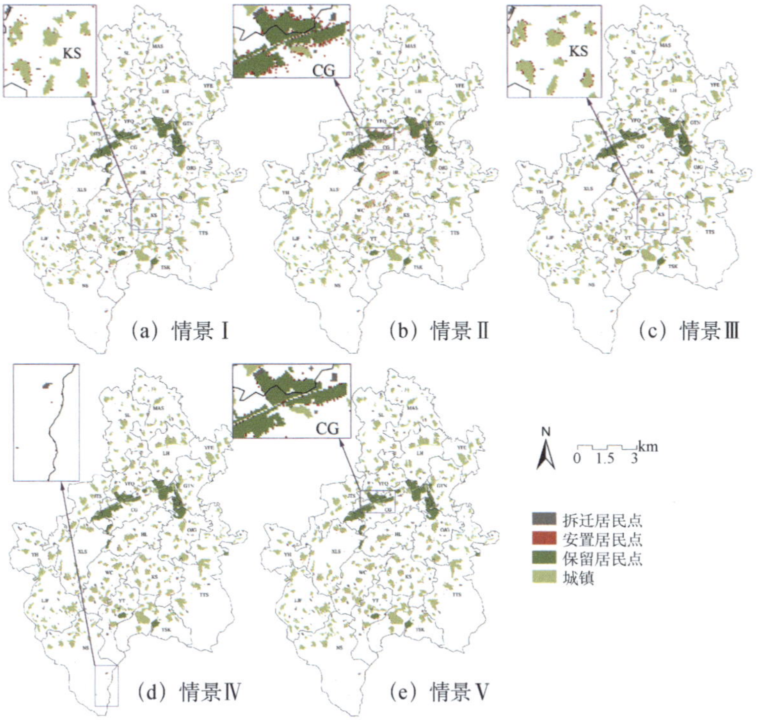

(a) 情景Ⅰ　(b) 情景Ⅱ　(c) 情景Ⅲ　(d) 情景Ⅳ　(e) 情景Ⅴ

图 7-11　陈贵镇乡村聚落空间重构的五种情景

为了进一步比较不同情景的空间重构差异，表 7-5 给出了不同优化目标的统计数据。土地利用适宜性、社会联系度和搬迁距离的最佳值均出现在情景Ⅱ中。土地利用适宜性与社会联系度之间存在直接关系。由于农民经常进城务工、拜访亲友、购物等，各村与陈贵村社会联系紧密，对提高城镇交通可达性起到了积极作用，从而提高了城镇及其周边地区的土地利用适宜性。情景Ⅲ在紧凑度优先目标导向下具有最佳紧凑度，但用地适宜性和搬迁距离的最优值并未像预期那样出现在情景Ⅰ和情景Ⅳ中，这是因为优化过程受到多个目标共同作用的影响，单个主导变量不能完全决定最终的空间重构结果。在情景Ⅴ中可以观察到每个优化目标的相对平衡状态，乡村聚落布局随不同情景的变化而变化，以同时满足模型中的数量优化、空间约束和社会联系目标。

表 7-5　不同情景乡村聚落空间重构结果统计

情景	优化目标				搬迁面积/hm^2
	土地利用适宜性	社会连通性	空间紧凑度	搬迁距离/m	
Ⅰ	1443	214.5	2415	170.7	67.1875
Ⅱ	1523	254.4	2718	163.8	61.8750
Ⅲ	1353	200.1	3475	169.9	62.0625
Ⅳ	1284	214.1	3208	168.5	65.5000
Ⅴ	1371	213.0	3230	165.5	63.5000

3. 社会网络对乡村聚落空间重构的影响

研究发现，村镇社会联系直接影响着乡村聚落的空间重构结果。如图 7-12 所示，19 个村庄居民点安置面积与其社会联系强度之间呈现出高度一致性，即越多人访问或联系的村庄越倾向于安置搬迁区农户。陈贵村居民点安置区面积为 17.3750hm^2，占全镇安置区总面积的 28.08%。同样，陈贵村的社会联系强度（从其他村到陈贵村）占全镇总社会联系强度的 26.66%。此外，华垅村、王祠村和矿山村也安排了大量搬迁安置点。这些村庄有两个共同的特点，一是它们在空间上靠近陈贵村，二是这些村庄的社会联系强度值相对较高；前者反映了城镇附近的集聚效应，后者则反映了社会联系的影响。铜山口村虽然具有较高的社会联系强度值，但该村的居民点安置面积相对较少，这主要与其他约束目标未达到优化要求相关，进一步说明社会联系对乡村聚落重构的影响同时受到其他优化目标的制约，体现了多目标协同约束的本质。

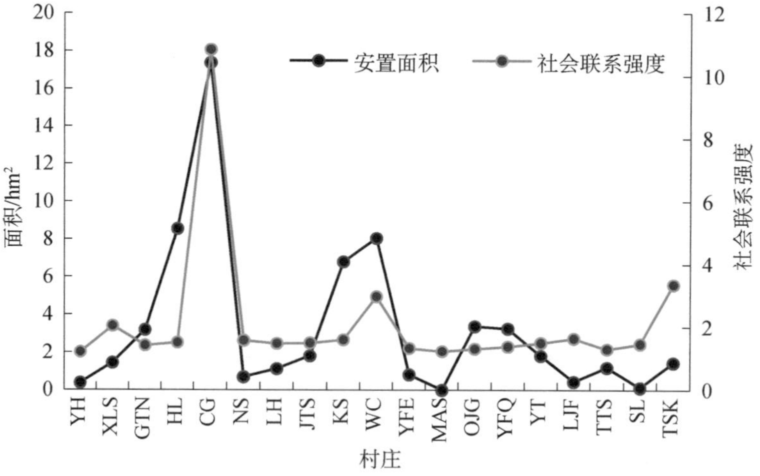

图 7-12　情景Ⅱ中乡村聚落安置面积和社会联系强度

乡村聚落的空间布局在一定程度上是社会联系的外在表现。图 7-13 说明了村庄与社会联系之间关系的演变。在乡村聚落形成初期，单个村庄相对封闭独立，与其他村庄没有任何关系。但随着时间的推移，村庄之间注定会发生商品交换、农耕协作等社会联系。由于这些新的社会联系，村庄格局发生了变化，而这种变化又可能反过来影响社会联系。一些小村庄可以与周边规模大、社会联系强的村庄合并。最终形成有序的村镇体系和稳定的社会关系。然而，社会联系对乡村聚落布局的影响并不像乡村聚落布局对社会联系的影响那么明显；在乡村聚落空间重构后，原来的社会联系会立即受到影响，而社会联系对移民安置的影响则是一个相对隐蔽和漫长的作用过程。此外，尽管大多数村民承认社会关系对于他们生活的重要性，但实际上，经济因素在他们的移民搬迁决策中发挥着关键作用。在高额经济补偿面前，农民通常忽视他们的社交需求，直到他们搬进新的住所之后才发现各种生产生活的冲突。村镇决策者和规划者应深入把握乡村聚落重构与社会联系的整体关系，全面提升乡村聚落空间重构的合理性和科学性。

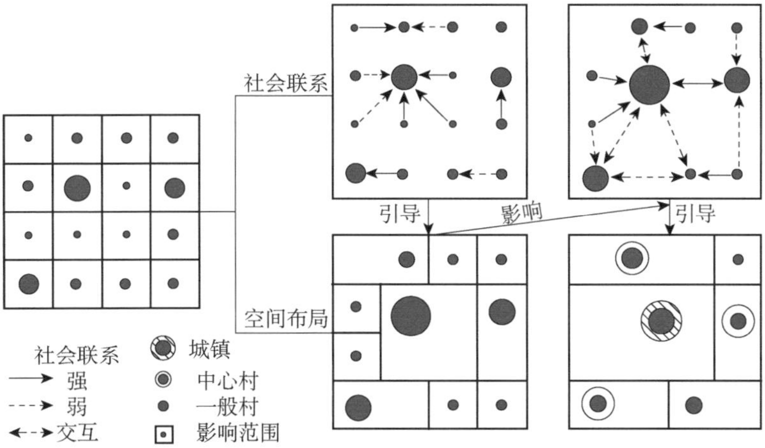

图 7-13　乡村聚落与社会联系的交互作用示意

7.4.4　模型应用启示

1. 不同优化情景的适用性

乡村聚落重构涉及两个不同的过程。一是由社会经济发展驱动的自然演化过程，另一个是通过政府规划推动的人为作用过程。这两个过程的多个目标被纳入本章构建的优化模型中。在实践中，研究结果能够为乡村聚落空间重构提供备选方案。情景 I 更适合丘陵地区的乡村，那里的聚落比平原地区的聚落更分散，自然条件制约着聚落的集聚建设，其规划重构应以提高居民点的居住适宜性为主要目标，特别是位于偏远地区的乡村聚落。情景Ⅱ为乡村聚落重构提供了明确的空间指导，更适合于远距离移民安置和以城镇为中心的乡村空间重构；一般而言，城镇是区域乡村社会联系网络的中心，搬迁安置点更倾向于集中分布在城镇周围，这既有利于提升村民生产和生活便捷度，也有利于城乡建设用地统筹规划。情景Ⅲ适用于平原地区，这些地区几乎不受自然条件的限制，并且具有良好的基础设施，能够为乡村聚落的集中布局提供足够的便利。情景Ⅳ是一种短距离安置，目的是在村庄的行政边界内安排安置点，在这种情况下，村民可以方便地耕种他们原来的农田。情景Ⅴ不存在明显偏向，通常为其他四种情景调整重构策略提供重要参考。

需要指出的是，乡村聚落空间重构没有统一的模式，不同情景的重构结果为规划者提供了可能的方案。除了重构模式中提到的优化目标外，政府政策和农民的实际需求也在农村结构调整中发挥着关键作用。政府应该努力保持政策的稳定性，并考虑农民的需求，尤其是与农户社会关系相关的需求。尽管在实际的村庄规划中很难了解和反映每个农民对乡村聚落重构的真实想法，但在兼顾空间和社会需求的情况下，优化调整方案的可操作性和可接受度将得到显著提高。

2. 共生关系与乡村重建的空间尺度

土地利用变化是由人类和自然条件不断变化驱动的复杂动态转变过程。乡村聚落作为一种重要的土地利用类型，随着周边环境的变化而变化，进而影响这些环境的变化。动态过程和相互作用要求乡村聚落重构考虑土地利用现状、自然和社会环境，并考虑未来土地利用趋势和共生关系，其中涉及共享设施和基础设施、生产合作伙伴关系以及企业社区环境。乡村聚落分布在农业用地附近，便于农业社会的生产。随着社会经济的发展，交通可达性的改善减少了乡村聚落对空间距离的依赖，并为农民安排定居点提供了更多的选择。此外，大规模的农业经营使远距离移民成为可能。研究表明，乡村聚落重构的生产约束正在减少，而生活条件正在发挥越来越重要的作用。农民更喜欢沿着公路和邻近大型社区（中心村庄或城镇）建造新的房屋。因此，道路和村镇的变化必将影响未来乡村聚落的重构方向。

不同聚落由不同的人口、土地利用类型和产业组成，这些要素在不同的空间尺度上有着不同的表现形式。在区域尺度上，村庄可以抽象为点要素，要素流可以抽象为线要素；在地块尺度上，村庄通常被视为一个具有不同地块的平面，由此带来不同共生关系的考量。然而，在实践中，乡村聚落整治往往是通过单个项目来实施的，这限制了土地整治的范围，没有将整体规划与项目设计相结合，本章提出的粒子群优化模型很好地融合了这两个空间尺度。在区域尺度上计算村际社会联系，以确定每个村庄在社会网络中的地位和作用，并根据村庄的行政范围将村际社会联系的属性分配给每个土地单元。

3. 社会联系的可靠性和未来研究工作

社会联系随着地理环境变化、经济发展和技术进步而变化，中国已进入社会经济转型的关键阶段，社会联系的形式越来越多样化。由于互联网的普及，社会联系发生了巨大变化，一些空间接触活动，如购物和拜访亲友，已经被非空间活动所取代。虽然当前中国农村社会联系呈现出多种形式，但社会联系的本质是不变的，即人的归属感和怀旧感。在快速城市化进程中，尽管农村居民主要由老年人口、妇女和儿童组成，但他们对社会联系的需求是真实的，不应被忽视。此外，他们的社会联系在一定程度上也会影响其在城市生活和工作的家庭成员的搬迁安置决定。从长远来看，农村很可能是这些流动人口年老时定居的地方。考虑到社会联系的可靠性，将其纳入乡村聚落空间重构十分必要。

尽管所提出的智能优化模型在乡村聚落重构中表现出良好的空间和社会多目标组织能力，但对其他土地利用类型的动态变化考虑较少。例如，城市扩张对乡村聚落的影响；新道路建成后，乡村聚落的土地利用适宜性可能会发生变化等等；社会联系影响着这种变化，并随着动态过程的变化而变化。在重构过程中，新的社会联系可能会取代旧的社会联系。此外，实际生活中，不同类型的社会联系影响作用是不一样的，虽然本章确定了六种社会联系类型，但尚未深入分析每种类型对乡村聚落空间重构的影响。为了进一步提高乡村聚落规划的科学水平，未来工作中可以研究不同类型子网络之间的相互作用以及村内联系的影响，进而更好地引导乡村聚落空间重构。

第8章　乡村聚落空间重构的路径优化与模式创新

乡村聚落空间重构是一个乡村内生发展需求和外源驱动力综合作用过程，随着大数据技术和人工智能技术的发展，聚落空间重构已逐步从传统经验规划向人工智能规划转型，在乡村振兴战略的背景下，全国掀起了一片乡村治理和人居环境改善的热潮，智能规划在大尺度和高精度乡村聚落重构规划中发挥了重要作用，极大地提高了村庄规划的效率，有助于快速识别乡村聚落居住和使用中存在的问题，实现面向不同主体、不同重构方向和不同约束目标的动态模拟和智能优化布局。然而，智能规划并不是全能规划，乡村聚落空间重构不是纯粹的技术问题，其重构过程深受国家宏观政策、农户生计方式和空间规划理念的影响，从规划方案生成到指导地方实践仍有相当长的距离。近些年，乡村聚落空间重构的地方实践也面临越来越多的困境和挑战，亟须从规划和实践相结合的视角深入思考乡村聚落空间重构的路径和模式。

8.1　乡村聚落空间重构的路径依赖与优化

8.1.1　路径依赖

乡村振兴战略为乡村建设提供了重大机遇，全国各个省份相继出台振兴计划，吸引大量社会资本进入乡村建设；乡村发展迎来了重要契机，地方政府对于乡村建设的热情和用力之猛前所未有，乡村振兴进入亢奋期（申端锋和杨盼盼，2018）。然而，随着乡村建设如火如荼地开展，一系列问题也随之突显，一些地方将农村人居环境改善简单理解为改天换地的乡村改造，以乡村聚落为载体的重构动辄投资上亿，在实施路径上过分强调乡村外在的物质环境改造，忽略了乡村社会治理与文化重建，带来乡村发展的不可持续问题。这种不可持续性主要体现在资金、人口和土地三个方面。

（1）资金不可持续——政策依赖

乡村聚落空间重构（特别是集中居住区建设）是一个系统工程，需要投入大量资金，包括拆旧区的农户赔偿费、建新区的房屋建设费以及配套设施建设费等。从地方实践来看，往往由地方政府与农户共同承担相应建设费用，政府投资部分主要来自其城乡建设用地增减挂钩结余指标的有偿流转。然而，随着新型城镇化发展战略的实施和人口红利的消退，城镇土地需求量逐渐下降，城乡建设用地增减挂钩的土地增值收益也随之下降，集中居住区建设模式的推广，可能会使资金紧张问题进一步加剧。与此同时，农户在拆旧建新过程中也需要承担一定额度的新旧房屋差价，以及简单装修、家具更新等费用；同时，农户集中居住后，生活条件虽得到大幅度改善，但生活成本也可能面临大幅度上涨，少数农户无力承担这一部分费用，需要进行特殊扶持，这些在无形中都增加了地方政府的财政负担。

各地政府为了打造乡村振兴示范村，都不留余力地投入巨量资金，从专业团队规划设计到项目实施落地，砸进去大量的真金白银，也如愿打造了地方政府引以为傲的豪华版美丽乡村。但在聚落重构过程中，政府与农民两大主体通常形成一种主次分明的惯性依赖，即地方政府主导乡村聚落重构的全过程，寄希望于巨量资金投入美丽乡村建设，并在短期内取得立竿见影的成效，忽略了乡村振兴深层次的内在需求，缺乏对乡村土地、人口和产业的长期规划；农民在美丽乡村建设中通常将自己放置在从属地位，尽管部分农民主观上可能有对建设美丽乡村的真实想法，但在重构过程中缺乏有效的参与机制和平台，因此大多情况下还是把决策权交予政府，形成依赖政府的惯性思维，农民实际的自主性、创造性和参与性并不高。这种惯性依赖使乡村建设脱离了乡村社会经济发展的实际和农民生产生活需求，很难真正起到示范带动作用。示范村之外的其他村落，更无法享受到示范村的政策和资金待遇，村庄外在的人居环境无法得到有效改善，更别提内在的社会治理和产业振兴等。由此可见，资金的限制使得当前推广的诸多美丽乡村示范村往往成为“只可复述、无法复制”的典型村，具有很强的政策依赖性，缺乏推广的普及性和实施的可持续性。

（2）人口不可持续——生计依赖

乡村不仅仅是人们留住乡愁的牵挂，更应是提升生计水平的摇篮，稳定的就业是民生之本和长久之计。然而，在城镇化背景下，农民作为理性的经济人，更大可能在城镇集聚区从事高利润收益的非农行业，农村劳动力非农化程度越来越高，农民对农业的依赖程度日益降低。随着城镇化的推进，农村大量青壮年劳动力源源不断地流向城镇，这直接带来乡村人口发展的两个直接后果，一是乡村人口总量的不断减少，二是乡村人口老龄化严重。人口总量的减少意味着同等生产力水平下生产能力和消费需求的降低，在城乡发展对比中，农村经济总量和作用变得越来越小，导致生产要素进一步向城镇集中，而乡村地区吸引力进一步下降，很难想象一个人力资源不足的乡村如何去振兴？由谁去振兴？而人口老龄化容易导致乡村社会缺乏活力和创造力，并随之带来大量老龄人口社会保障问题，这意味着生产力下降的同时需要更高的资本维护和保障，不利于乡村可持续发展。

当前，乡村聚落空间重构存在明显的“头痛医头、脚痛医脚”问题，缺乏与乡村聚落匹配的人口和产业规划。部分新建的美丽乡村集中安置区在谋划产业发展时，没有有效结合当地的资源禀赋和基础条件等实际情况，凭政府的主观感觉进行盲目的产业规划。例如，在村庄实际调研中，当与村委会干部交流村庄产业发展思路时，几乎所有的村庄都提出发展乡村旅游产业，就是乡乡搞旅游，村村建景点，这不可避免带来产业发展的同质化和相互竞争问题。绝大多数示范村，尤其是政府重金打造的样板村，不管条件具不具备，都把乡村旅游作为发展新产业的首选，乡村旅游的开发方式大多是效仿其他已成功的地区，不少旅游项目都存在抄袭模仿、粗制滥造和平庸无奇等问题。由于产业发展薄弱，就业机会缺乏，农村很难留住青壮年人口，更别提吸引外地人才。尽管部分乡村在巨资改造后样貌焕然一新，短期吸引了村庄部分人口回流，但回村后并不能找到合适的工作，乡村不能提供给他们稳定的生计和预期的收入，在短期停留后他们往往又重新踏上城镇打工的征程。

（3）土地不可持续——空间依赖

无论是独立新建农村社区还是向中心村镇周边集中建设，乡村聚落空间重构都需要一定规模且集中连片的土地。然而，国家对耕地尤其是永久基本农田实行严格保护，城镇和乡村建设严禁占用永久基本农田。为了严格落实永久基本农田保护制度，各地都确定了较高的永久基本农田保护目标，尤其在平原乡村地区，其耕地基本上已划定为永久基本农田，与永久基本农田保护区冲突的区域严禁安排建设，导致很多农村地区的集中居住区选址面临无地可安排的境地。这从保障国家粮食安全的角度而言是无可厚非的，但也在很大程度上限制了乡村聚落空间重构的方向和地方政府参与乡村聚落规划建设的热情。同时，自上而下的用地指标配额制度也使地方新增建设用地指标十分紧张，为保障区域发展，各地首先考虑将有限的规划空间和用地计划用于基础设施、民生工程和城镇建设，留给村庄集中建设的空间十分有限。

此外，随着生态文明建设的深入推进，国家对于生态用地保护也提升到前所未有的高度，位于生态保护红线范围内的用地也严禁安排村庄建设，使得可供乡村聚落规划建设的空间更加狭小。这客观上驱使乡村聚落重构更容易向两类方向发展，一是乡村聚落城镇化，即通过拆迁安置的方式向城镇内部集中，这客观上加快了农民城镇化的过程，促进他们生产生活的彻底转型；另一个是就地社区化，即通过先拆迁后安置的方式在聚落原址建设，这是一个乡村聚落推倒重建的过程，在从拆到建的过程中农民可能需要临时安家或寄居亲友，但短暂的生活不便换来的是全面且长期的人居环境改善。

尽管有相当多的乡村聚落在重构中变得更好，但仍有大量的乡村聚落处于凋敝和衰退过程中，大多乡村在面临人口流失的同时，既缺乏有效的资金支持，也缺少足够的土地空间供给，乡村聚落空间重构之路任重道远。

8.1.2　路径优化

乡村因农业而存在，聚落因农民而发展，乡村聚落空间重构不能脱离乡村地域地理环境和人文关系而独立运行。乡村振兴战略驱动下的乡村聚落空间重构是一个典型的外源驱动过程，具有突变性特征，容易打破乡村固有的人地关系和发展趋势。人口是乡村社会系统的行为主体，产业是乡村经济系统的内生动力，而土地则是乡村社会与经济系统的空间载体。在城乡生产要素快速流动与交互作用下，实现乡村人口、土地和产业等基本生产要素协调发展，是保障区域乡村可持续发展，推进实施乡村振兴的关键。因此，破解当前重构过程中的政策、生计和空间依赖问题，需要回到乡村发展内生动力的溯源去思考。乡村聚落空间重构本质上是对乡村人地关系的优化和调整，在以民为本的基础上，盘活土地、激发活力是乡村聚落空间重构优化的基本目标。基于此，本章构建了一套以解决人口、土地和资金不可持续问题为靶心，以政策绅士化和资本化、生计产业化和多元化、空间有序化和集约化为路径的乡村聚落重构优化体系，如图 8-1 所示。

1. 乡村政策绅士化——重民意

乡村绅士化的概念源于西方，主要是指城市中产阶级向乡村聚落迁移，寻求居住与休闲空间，从而带来乡村社会阶级结构的改变，并造成乡村地区的住房紧张与原居民的搬迁。这里对其概念进行演绎和拓展，包含少数村民的绅士化、村民整体的绅士化和外来者的绅士化三个阶段，即通过少数乡贤治理带动村民整体素质提高，主观积极参与乡村治理和重构，全面改善乡村人居环境，进而逐渐吸引外部绅士化群体入住。乡村政策绅士化强调乡村聚落空间重构过程中的村民主

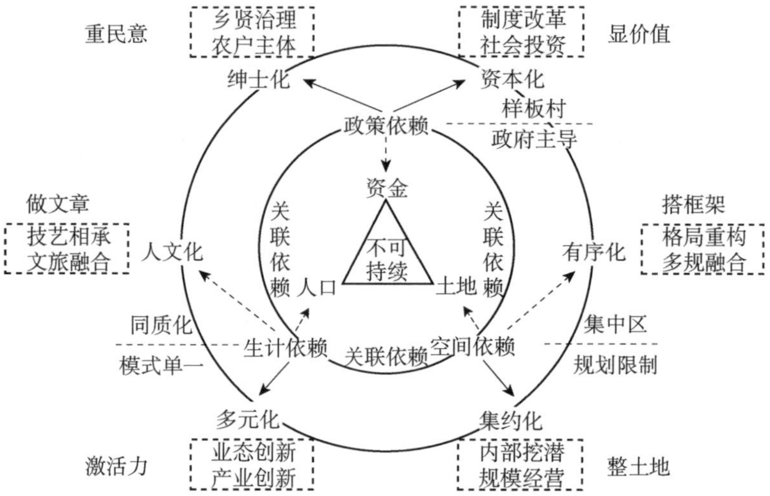

图 8-1　乡村聚落空间重构的路径优化

体地位和乡贤治理，充分体现农民意愿和利益。当前乡村聚落空间重构中的大多问题不是政府干预不够，而是村民参与过少造成的。政府拥有政策制定者、规划主导者和资金提供者等多个身份，作为乡村聚落使用主体的村民却习惯性地听从政府安排，这种包办式的规划重构增加了政府的压力和负担，也使得村民诉求难以真正满足，从而降低了村民对重构聚落的满意度。

村民在乡村聚落重构中参与过少的原因大致可以归纳为两点，一是政策未提供有效的参与机会，二是自身缺乏参与的能力。前者需要优化现有的村庄治理模式，发挥少数乡贤在村庄治理中的重要作用，传统社会正是靠乡贤治理让国家意志达到千家万户；后者直接关系到乡村教育公平性和均等性的问题，当前教育资源过度向城镇集中，乡村中小学大量撤并不利于乡村长期建设和发展。为了子女享受更好的教育，许多村民往往在留乡还是入城中选择后者，这客观上加快了乡村人口空心化进程。因此，相关政策应优先考虑如何优化乡村教育资源，提升村民文化素质和参与意识，促进村民整体绅士化。乡村聚落空间重构，不仅仅是我们看得见的乡村房屋与景观，更是一种社会重构与转型。乡村绅士化将由内到外改变乡村的原有面貌，打造出新的绅士化景观，推动乡村社区的活化、重建和更新。

2. 乡村政策资本化——显价值

乡村聚落空间重构涉及面广，工作量较大，只有增加乡村聚落整治项目的投入资金，才能使乡村聚落规划更好地按照全局利益的要求实施。然而，很多农村地区经济发展水平较低，资金相对缺乏，成为当前制约乡村聚落空间重构的最大障碍，而以城乡建设用地增减挂钩增值收益为主要来源的单一投资也使得全国很多乡村面临规划难以实施的窘境。因此，在政策层面，应积极探索乡村聚落重构的市场化资金运作模式，建立多元化的投融资渠道和资金保障机制，可以通过采取政府和社会资本合作模式、以奖代补等方式，积极引导农村集体经济组织、农户和新型农业经营主体等投资美丽乡村建设。

但需要说明的是，资本具有逐利性，社会资本介入乡村聚落重构必然是有利可图的，这个利从何而来？又如何保障资本安全性和农村社会稳定性？从严格意义上来说，资本的自由逐利性和农村社会稳定性是相背离的，但在乡村发展亟须资本注入的情况下，需要找到两者有机结合的平衡点。长期以来，以农村宅基地为主体的乡村聚落，其资产和资本价值一直没有得到充分体现。农村集体应具备两个基本特征，一是集体成员的共同决策，二是集体成员的利益共享；前者在政策绅士化中已强调村民参与规划和体现民意的重要性，后者则需要通过集体资产的价值显化和政策制度优化予以实现。近年来，国家积极探索农村宅基地的“三权分置”改革，为乡村聚落价值显化提供了契机。因此，在保障宅基地集体所有权、宅基地农户资格权和农民房屋财产权的基础上，适度放活宅基地和农民房屋使用权，促进宅基地从资源到资产再到资本的转型，形成既活村富民又惠及社会资本的良性互动，将成为有效解决乡村聚落重构过程中资金不足问题的重要改革路径（韩高峰等，2019）。

3. 乡村生计多元化——激活力

农户生计方式与乡村聚落空间布局存在密切的关联，生计非农化是造成乡村聚落空心化的重要原因。聚落空心化有两种显性形态，一是村庄内部存在大量的废弃或闲置宅基地形成的多点分散式空心化；二是在村庄外围新建了大量居民点形成的内部连片空心化。前者的形成是因为村庄存在大量的外出务工人口，他们长年累月在城镇谋生，造成农村宅基地长期闲置；后者是这些外出务工人口摆脱传统农业的生计依赖后，形成多样化的收入结构，在家庭经济条件明显改善的基础上回乡改扩建农村住房，向原聚落周围粗放扩展。由此可见，大规模迁徙式生计容易导致乡村人口与宅基地资源配置失调，在以人定地的规划目标导向下增加了乡村聚落空间重构的难度和不确定性，亟须提升乡村产业发展水平，为农户提供可持续生计的保障能力。

产业振兴是乡村振兴的重中之重。当前产业振兴需摆脱单一化农业发展和同质化乡村旅游模式，加快发展乡村特色产业，大力发展现代农产品加工业和乡村新型服务业，不断推动业态创新、模式创新和产业创新，为乡村产业发展丰富内容，为农民增收拓宽渠道。与此同时，乡村发展需要走出以村镇定界的行政思维，有效整合产业资源，加强与周边村镇的交流合作，促进产业现代化、专业化和规模化发展；依托本地农业特色产业，推进第二、第三产业的发展与融合，形成产业延伸链条，构建特色产业体系；如湖北省积极发展农村新产业新业态新载体，打造特色化的“中国农谷”“中国有机谷”“硒谷”“虾谷”“橘谷”“药谷”，在激活省域内乡村产业活力的同时，聚集乡村人气，改善农户生计。乡村振兴在带来更多创业就业机会的同时，降低乡村人口的流动性，乡村聚落才能真正体现安居乐业的稳定性。

4. 乡村生计人文化——做文章

乡村聚落空间是以乡村建筑为载体的独特空间，反映了乡村地域文化、现代生活方式和历史文化烙印。乡村生计人文化是指深入挖掘乡村特色的历史文化，并对其进行“活化”，培育新型文化业态和文化消费模式，为市场提供具有生命力的文化产品，实现乡村文化的市场价值。乡村文化产业是一种典型的绿色经济，对自然资源依赖程度低，需求弹性大，产品附加值高，价值链长，就业容量大，将极大丰富乡村产业发展的形式和内容。中国乡村积淀着千百年的农耕文化，浓缩了中华文明的变迁历史，发展与乡村文化关联的产业大有可为。

然而，乡村文化在城镇化浪潮下逐渐从大众的视野里消退，取而代之的是城市快节奏的文化生活，那些承载乡村文化记忆的建筑也被尘封在钢筋混凝土的藩篱之中，千村一面的城镇式聚落随处可见，乡村文化却日渐贫瘠。文化需要传承，产业需要市场，而大量乡村面临的情形是文化无处传承，市场无人挖掘。破解这一难题可从两个方面同步推进，一是加强乡村公共文化服务建设，打造看得见的乡村建筑，如村史馆、祠堂等，由表及里强化乡村文化和历史记忆，让乡村文化迸发新的生命力；二是活化乡村文化资源，以文旅融合为契机提振乡村文化经济，是重塑乡村产业业态、促进乡村经济社会发展的重要路径，如举办农业节庆、乡村庙会、民间杂技艺术等提升乡村旅游的文化附加值，既提升消费需求和购买力，又促进乡村传统文化技艺的传承与推广。

5. 乡村空间有序化——搭框架

乡村聚落镶嵌在广袤的农村土地上，是乡村人地关系互动的载体，厘清乡村聚落重构中的空间关系需要自上而下的鸟瞰视角，更需要刚性和弹性相结合的规划理念和框架设计。乡村聚落重构过程中的诸多空间限制，是多规冲突历史遗留问题和新时期国家战略发展共同形成的结果。2018 年，自然资源部的组建意味着

“多规合一”进入实质性的体制改革阶段，之前相互矛盾的土地利用总体规划、城乡规划、生态环境保护规划等空间规划权力明确由自然资源部门集中统一行使。同时，自然资源部正抓紧推进空间规划体系建设，各地有序推进空间规划的编制，为解决乡村聚落空间重构中的空间依赖问题提供了重要契机。

在规划理念和政策层面，需要适当转变惯有的城镇用地主导城乡关系的发展思维，将乡村聚落空间重构与城镇用地发展同等纳入城乡空间规划体系，而不是习惯性地用增减挂钩的思维将乡村聚落看作新增城镇用地的指标来源；同时，在新增建设用地指标上予以一定的配额或比例，以保障乡村建设发展需求。在空间冲突协调和实践层面，不断细化管控标准，在划定生态、农业和城镇 3 类空间及生态保护红线、永久基本农田和城镇开发边界 3 条控制线（简称“三区三线”）的基础上，进一步明确不同管控区内部管控标准的差异；在避免不同规划间的空间冲突的同时保障乡村聚落建设发展需求，促进城乡发展一体化，实现城镇、农业和生态空间的有序管控。抓住国土空间规划体系重构的机遇，充分运用国土空间规划的空间留白和弹性机制，为乡村聚落建设和发展预留空间；实施城乡空间格局重构，将农村集中居住区规划作为一项重要内容纳入国土空间规划体系，明确集中居住区的规模、布局、选址、时序，使乡村成为与城市空间相对应的低密度、自然生态的开敞空间，形成规划有序的城镇村聚落体系。

6. 乡村空间集约化——整土地

乡村聚落空间布局整体上较为分散，聚落内部集约化程度不高，分散性一定程度上加大了农村基础设施和环境改善的成本，低水平的居民点利用则造成大量的土地资源闲置和浪费。因此，如何通过农村土地整治引导乡村聚落合理集约发展，实现乡村聚落由大散居、小聚居的状态转向规范有序、合理科学的新农村，已成为当前农村土地集约节约利用亟待解决的现实问题。

促进用地集约化是政府力推乡村聚落用地整治的原动力，其主要原因在于城乡建设用地增减挂钩的利益驱动，即通过乡村聚落用地整治提升用地集约水平，并将结余指标用于城镇用地发展以保障地方经济发展需求。在统一的国土空间规划体系下，“三区三线”对城乡建设用地发展的约束力越来越强，横向扩张式的乡村聚落建设几乎没有土地可用，纵向集约化发展是必然趋势。积极开展乡村聚落用地整治规划工作，有利于重塑城乡关系，改善农村人居环境的同时提升人居满意度与幸福感，将有力助推乡村振兴战略实施，促进人与自然和谐发展。此外，乡村聚落用地整治也为农业发展提供了重要后备资源，在国土空间全域整治的背景下，乡村聚落用地整治与农用地整治不谋而合，是乡村生活空间与生产空间的有机融合，将有效促进乡村社区化建设和农业规模化经营。

上述六个方面的优化路径为破解当前乡村聚落空间重构中的资金、人口和土地难题提供了思路，但方法是用来解决问题的，作为政府决策者和规划管理者都需要回到乡村聚落空间重构的本源思考，什么样的乡村才是真正意义上的美丽乡村？什么样的乡村才是村民真正需要的乡村？在乡村聚落重构过程中，需要的不仅是每个乡村都“看上去很美”，更重要的是“住进去心里更美”。乡村聚落空间重构不是简单的拆迁并点，这一过程直接影响农户生活与生产方式，必须切实考虑农户的内在诉求与整治意愿。然而，当前乡村聚落空间重构往往是一种自上而下的政府主导式行为，不可避免地带来规划中的长官意识和目标导向，一定程度上降低了规划的实际可操作性。如何在充分尊重农户意愿的基础上，让乡村聚落规划“有灵气、接地气”，是值得深入思考的问题。

8.2 乡村聚落空间重构的地方实践与模式创新

随着乡村振兴战略的实施，农村土地整治的重心已逐步由以增加耕地为主的农用地整治转移到以改善人居环境为主的乡村聚落用地整治，各地在实际工作中，因地制宜地探索出一些行之有效的乡村聚落空间重构模式。

8.2.1 地方实践

从地方实践来看，乡村聚落空间重构可概括为大调整和微更新两个方面，大调整是指通过村庄并点的空间重构方式引导农村人口集中居住，实现产业规模集聚发展和居民点集约利用；微更新是指通过村庄内部空间治理的重构方式改善人居环境，提升农村地区生产生活便捷性和村庄治理能力。

1. 村庄并点式集中居住

促进合理规模的聚落相对集中，既符合新时期乡村振兴战略的发展要求，又能够反映乡村田园空间肌理特色，体现乡村人居环境景观。村庄并点式集中居住适用于交通条件不便、位于地质灾害频发等区域内不适宜居住的村庄，以及空心化严重的村庄。地方实践中，该模式主要体现为三个典型集中方向：一是向城镇集中，如城镇周边相对集中居住区，农民在这类地方集中居住后，更容易得到非农就业，而且也能够利用已经相对完善的基础设施和公共服务，同步推进农民身份市民化，享受与城市相同的社会保障和公共服务。2005 年，天津市积极探索“以宅基地换房”建设新型小城镇和新农村的路子（崔宝敏，2010）；在坚持承包责任制不变、可耕种土地不减和尊重农民自愿的原则下，农民以其宅基地无偿换取小城镇中的一套住宅，迁入小城镇居住，原有宅基地统一组织整理复耕，实现耕地占补平衡，实现农民生产方式的转变和土地高效集约利用。二是向道路集中，即在交通便捷的区域安置新建区，一般建议居住区人口规模为 1000～2000 人，人均建设规模控制在 60～90m^2，住宅以规整式布局为主；这种模式以追求交通便捷性为主要目标，在国道、省道过境的乡村地区，道路两侧通常整齐地分布着大量农村居民点，其中不少居民点是通过易地搬迁的方式向道路集中。三是向社区集中，尤其是向中心村安排建设集中居住区。近年来，苏北各地在尊重农民意愿的基础上，采取优先进城、鼓励进镇、积极集中的措施，改善苏北地区农民群众的住房环境，稳步推进苏北乡村振兴和高质量发展，根据地形地貌条件和村庄发展现状，积极推进农村社区集中居住模式，引导交通不便、人居环境较差的聚落向主干道集中和中心村镇迁并，加大乡村示范型社区建设的政策和资金支持。

从村庄的实地调查发现，农民集中居住的意愿受多种原因的影响。农户大致可以划分为四类（图 8-2）：一类是农村低保家庭及处于低保边缘的家庭，他们有一定的集中居住意愿，但缺乏拆旧建新的能力；第二类是因为乡土情结没有集中居住意愿，但有一定的支付能力的农户；第三类是那些因为原有住房较新、造价较高或者位置较好等而缺乏集中居住意愿的农户；第四类是具有搬迁意愿，并具有一定支付能力的农户。然而，村庄合并涉及农民生活方式、生产方式以及社会关系的变迁。从外在的聚落环境来看，重构后的村庄整体居住环境得到了明显改善，但在农村人口异质化和需求多样化的背景下，不同家庭和不同阶层的人群从中受益的程度有差异，部分家庭或农户的生计状况甚至因迁村并点的重构受到较大的冲击。村庄合并能否顺利进行并大范围推广，关键看农民对拆迁合并的支持度和满意度。

2. 村庄内部空间治理

村庄内部空间治理是一种典型的微更新改造过程，包含对村民自有的宅基地私人空间和集体共有的公共空间的治理；前者是指对村庄内部的闲置与废弃宅基地和危旧房等进行整治，加大内部低效土地的挖潜力度，促进村庄用地集约节约利用；后者是指对村民公共使用的空间，包括公共生产空间、公共服务设施空间、公共基础设施空间和公共资源（简称“三空间一资源”）进行治理，以改善农村生态环境、提高农民生活质量为核心的村庄整治工程（仇高尚和梅瑞松，2019）。

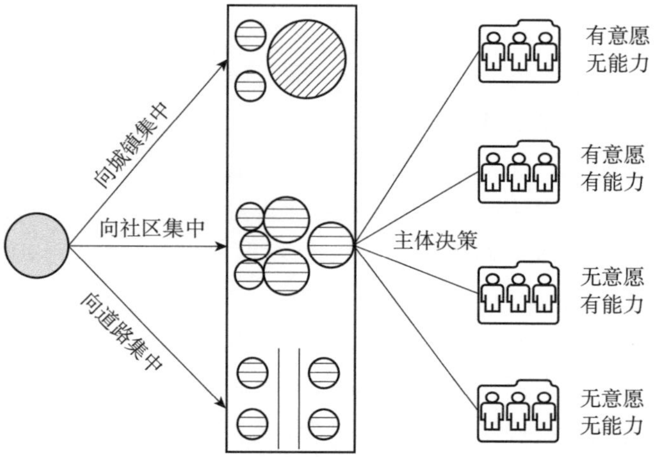

图 8-2　村庄并点式集中居住方向和农户类型示意图

村庄内部空间治理的重点区域包括公共利益受损区、公共秩序混乱无章区、公共环境卫生脏乱差区和公共服务缺失区等，确保每个地块效益最大化和共享、共建、共治（图 8-3）。

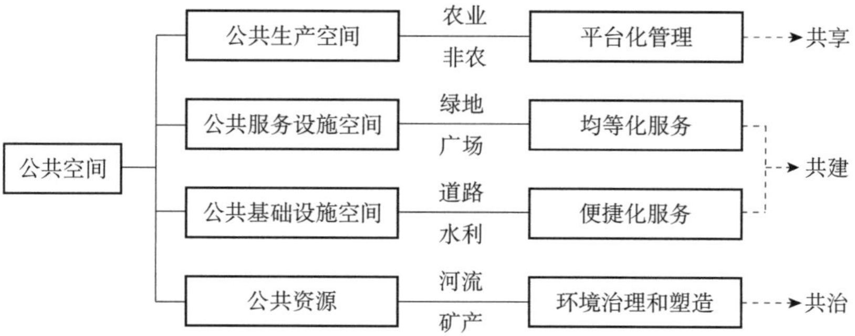

图 8-3　公共空间类型与治理方向

村庄内部空间治理重点围绕三个方面开展，一是精准“腾空间”，基于农村集体土地确权登记数据，建立统一翔实的集体资源资产台账和农村公共空间问题台账，对不合理流转土地“及时收”，对自愿退出的宅基地“有偿收”，对集体闲置流失的资源资产“全面收”；二是精心“美空间”，结合农村人居环境整治工程，大力推动垃圾治理、污水治理、厕所革命和村容村貌提升；三是精致“用空间”，按照边治理边建设的原则，合理安排拆旧建新区，引导乡村聚落统筹规划和整合利用（段全猛等，2021）。

2003 年，浙江省启动的千村示范万村整治工程即属于典型的村庄内部空间治理模式，从治理“脏乱差散”入手，完善农村基础设施、推动农村经济社会发展、保持乡村功能和传承历史文化（武前波等，2017）。2008 年，重庆提出“地票”的村庄治理模式，将闲置的农村宅基地及其附属设施用地、乡镇企业用地、农村公共设施和农村公益事业用地等农村集体建设用地进行复垦，变成符合栽种农作物要求的耕地，经由土地管理部门严格验收后腾出的建设用地指标，由市国土房管部门发给等量面积建设用地指标凭证；该模式使农村多余的建设用地通过复垦形成指标以进行交易，为土地流转、土地集约高效利用提供制度平台，缓和了城市建设用地和农村耕地资源紧张的局面，但在实践中也面临指标交易指标难以落地的问题（黄美均和诸培新，2013）。2016 年，江苏省邳州市把城乡公共空间治理作为推动经济社会发展的重要抓手，创新社会治理体制、改进社会治理方式，全市通过村庄内部公共空间治理共梳理出集体资源 18 万亩、房屋资产 46.5 万 m^2，进入产权交易平台成交总额 6.1 亿元，村年均集体增收 18.11 万元；随着公共空间治理的深入推进，背街小巷、农贸市场等环境得到彻底整治，私占乱植、私搭乱建、乱堆乱放现象基本消除，全市农村人居环境得到明显改善。

8.2.2　模式创新

然而，当前乡村聚落空间重构的规划实践缺乏对乡村人地关系理论的规范性和系统性的集成研究，地方政府的行政干预色彩过浓，未能充分考虑农村发展实际情况和农户内心需求，过多地追求乡村聚落规划效果的“短、平、快”，带来重构模式的单一化和趋同化，这不可避免导致乡村聚落重构缺乏系统性和可操作性，难以有效支撑乡村振兴战略的实施，亟须推进乡村聚落空间重构的模式创新，实现乡村地域生产要素聚集、结构优化与功能提升。

1. 倡导城乡统筹型乡村聚落重构

传统乡村聚落重构秉承以单个项目为载体的整治思路，局限于村组的地块范围，缺乏从村镇乃至县市域的更大范围的规划和顶层设计，割裂了村镇体系城乡人口、土地和产业的内在关联。新时期乡村聚落空间重构需要具有全局视角，需要聚焦乡村聚落在村镇、地块和农户不同层次的尺度效应，根据城乡的区域差异和人地关系，统筹各区域聚落重构，形成聚落体系规划的“一盘棋”，防止“千村一面”的同质化建设以及各自为政的“破碎化”建设，促进城乡人口、土地与产业等生产要素的协调发展，亟须倡导城乡统筹型乡村聚落空间重构。

该模式的基本思路是将“自上而下”的顶层设计和“自下而上”的重构需求相结合。“自上而下”的顶层设计是指基于对城乡发展的全局认知，把握乡村聚落空间重构的方向，对乡村聚落整治项目进行精准布局，做到科学选址（定点）、合理布局（定量）；“自下而上”的重构需求是指以农户生产、生活与生态的现实需求为指引，有序安排乡村聚落整治项目建设。如图 8-4 所示，在村镇层次，采用“鸟瞰式”视角，根据不同村镇的聚落规模、人居密度和经济条件等发展现状，评价村镇的区位特色与功能定位，统筹布局城乡聚落体系和整治项目；在农户层次，采用“虫观式”视角，基于大量农村入户调查数据，分析评价不同类型农户对聚落空间与功能的需求，将这种需求与村镇层次的发展定位相结合，统筹到地块层次，突出不同层次的空间与功能的关联作用，提高乡村聚落重构的科学性与可操作性。在为城镇建设提供空间的同时，实现乡村土地资源的盘活，形成城乡融合发展的新格局。

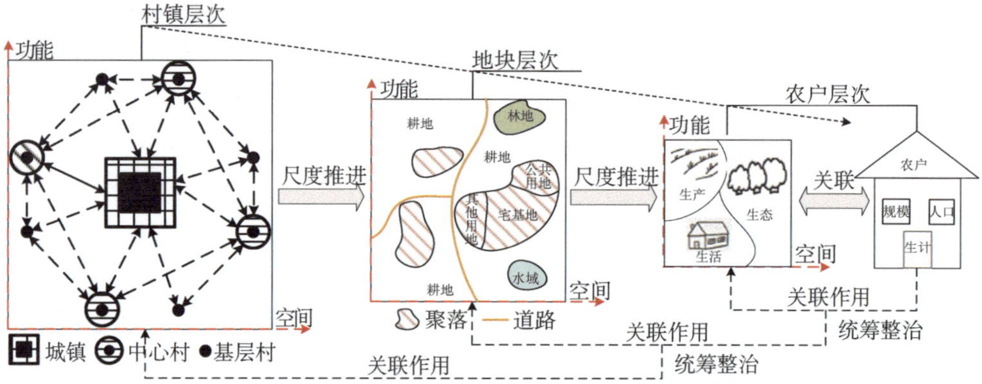

图 8-4　城乡统筹型乡村聚落重构的层次和要素

2. 推广人居环境改善型公共空间治理

改善农村人居环境，建设美丽宜居乡村，是实施乡村振兴战略的一项重要任务。开展农村人居环境整治，已不是单一的乡村聚落用地整治问题，而是以农村人地关系协调和人居满意度提升为目标的综合整治。在解决乡村聚落用地“散、乱、空”等问题的基础上，应大力推进农村基础设施建设和城乡基本公共服务均等化，引导财政资金和社会资金投入农村，促进城乡土地资源、资产、资本有序合理流动，全面改善村庄面貌和农民生活环境。

随着美丽乡村建设的深入实施，很多村庄面貌已焕然一新。然而，村民生活方式的转变与文化理念的提升却不是一蹴而就的。村庄内部存在大量的公共空间，外在的新居环境并不能立刻改观农民对公共空间潜在的占有欲，这易造成每一个人都倾向于过度使用公共空间，从而造成资源枯竭或环境恶化的“公地悲剧”，随着时间的推移将会出现一系列农村社会治理难题。社会治理创新是推进国家治理体系和治理能力现代化的重要组成部分，公共空间的合理利用彰显了乡村文明之风，体现了农民综合素质的提高。乡村聚落重构应在聚焦外部空间置换的同时，关注内部公共空间的治理和微改造。推广人居环境改善型公共空间治理是实现提升人居满意度的重要路径，将有效促进农村社会治理方式的形成，塑造文明乡风。

3. 聚焦乡村聚落共生空间的协同治理

乡村聚落是融自然生态、社会生活和经济生产为一体的共生系统，其空间重构需充分考虑村民生产需求和地域生态保护。农业是乡村的产业支撑和发展根本，生态是乡村自然生命力的象征，它们与乡村聚落形成交互影响的共生界面。然而，部分地区的乡村聚落空间重构过于强调聚落本身的整治，忽略了聚落与村民日常生产的关系，大规模的移民搬迁可能造成生态景观破坏和乡村文化同质化。聚落空间重构需在用地适宜性评价的基础上，深化聚落与农业生产及村民生活之间的匹配度分析，加强聚落与生产空间的村级道路和生产道路建设，以及聚落体系（城镇、中心村、自然村）之间的生活联系；积极打造多尺度的农村庭院生态系统、聚落生态系统和乡村生态系统，在聚落外部以绿色基础设施建设为抓手，建设林道、林网等生态隔离带和缓冲系统，提升生态景观连通性和可达性；在聚落内部打造公共生态空间和农户房前屋后的私人绿色空间，提升聚落生态环境品质与文化景观特质，通过生态景观塑造和历史文化嵌入增强聚落的生态性和文化性。

改善农村人居环境和优化乡村地域人地关系是乡村聚落空间重构的根本目的，乡村聚落空间重构需兼具规划视角的城乡统筹性和设计视角的空间联动性，在重视生活功能提升的基础上，协同提升综合生产功能与生态服务价值。同时，既有的乡村聚落重构内容和模式已形成一定的惯性，打破这种惯性需要政策层面的积极引导，也需要实践层面的不断探索。全面认知与理解乡村聚落空间重构中的要素关联性、功能复合性及发展前瞻性，是创新乡村聚落空间重构模式的关键。

8.3　案例分析：苏北地区乡村聚落空间重构实践的调研报告

改善农村人居环境，建设美丽宜居乡村，是实施乡村振兴战略的一项重要任务。为深入贯彻乡村振兴战略，加快城乡融合发展，顺应农民群众对美好生活向往和改善居住条件的迫切要求，江苏省委、省政府发布《关于加快改善苏北地区农民群众住房条件推进城乡融合发展的意见》(苏发〔2018〕19号)(以下简称《意见》)，明确了改善苏北农村住房条件的主要目标和重点工作。为落实《意见》关于苏北地区农村住房条件改善的部署和要求，2018年9月，本书研究调研组开展了"苏北地区乡村聚落空间重构实践"的专题调研，深入了解苏北乡村聚落发展、住房条件和改善需求等方面的情况，调查了乡村聚落空间重构的主要做法与问题，并提出了相关对策建议。

8.3.1 苏北地区乡村人居环境概况

苏北地区包括徐州、连云港、宿迁、淮安、盐城5个地级市，辖17个市辖区、3个县级市和17个县。2017年，苏北地区总人口为3035.27万人，其中农业总人口为1153.56万人，城镇化率为61.99%，实现地区生产总值20268.77亿元，人均地区生产总值为66777元，但农民人均收入仅为16519元（表8-1），城乡收入差距明显。苏北地区农村发展和住房条件明显落后于苏南地区，农户住房多以平房为主，有相当数量的房屋是建于20世纪八九十年代的土坯房和砖瓦房，房屋破旧，环境脏乱。苏北农村人均住房面积为51.74m^2，农村宅基地空心化、基础设施落后、环境污染严重等问题不容忽视。总体而言，苏北地区农村人居环境状况较差，农户改善住房条件的意愿强烈，适时推进苏北农村住房条件改善工作，符合苏北地区城镇化发展阶段与农户意愿。

表8-1 苏北五市基本情况统计表

地市	城镇化率/%	地区生产总值/亿元	农民人均收入/元	农村人口/万人	农村人均住房面积/m^2
徐州	63.76	6605.95	16697	317.59	54.00
连云港	61.70	2640.31	15273	173.05	51.40
宿迁	58.53	2610.94	15268	203.81	47.80
淮安	61.25	3328.88	15601	190.42	53.70
盐城	62.90	5082.69	18711	268.69	50.90

调研组实地走访了徐州市贾汪区张场村、睢宁县高党村、邳州市酒店村、盐城大丰区恒北村和盐都区仰徐村五个村庄（图8-5），通过与当地国土部门和村委会相关负责人座谈、农户访谈及实地调查等形式，深入了解了各被调研村庄的土地利用、居住条件、农业生产等基本情况，获取了集中居住区农户满意度、生活与生产便捷度等第一手资料。按照农村人居环境改善建设工程的实施情况，可将

五个调研村庄划分为已实施（高党村、恒北村和仰徐村）、部分实施（张场村）和拟实施（酒店村）三类。未实施人居环境改善建设工程的农居点房屋整体布局分散杂乱，缺乏有序规划，内部道路狭窄且路面未硬化；宅基地利用较为粗放，户均宅基地占地面积达到 800m^2 左右，村庄住房空置率约占 15%，农房以砖瓦结构的破旧平房为主，居住条件较差，农户有强烈的村庄整治意愿。而已实施人居环境改善建设工程的农居点规划有序、环境优美，内部道路均已硬化，通达性好；统一建设了供电、供气、通信、供排水、污水处理、路网等基础设施，还建有村史馆、幼儿园、卫生室、文体中心等公共服务设施；宅基地集约利用，户均占地面积约 200m^2，农民居住满意度高。

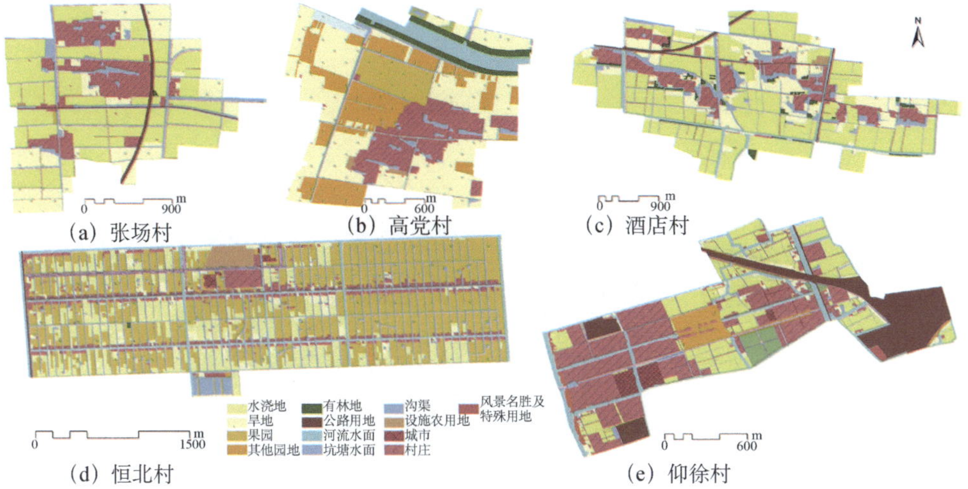

图 8-5　苏北五个调研村庄土地利用图

8.3.2　主要模式归纳

地方政府、村集体与农户是乡村聚落空间重构的主要推动者和利益相关者，在村庄建设与人居环境改善方面都发挥着重要作用。从被调研的五个村庄来看，按照不同利益主体在乡村聚落空间重构中的主导作用和建设路径，可划分为地方政府主导的集中安置模式、村集体引导的农户自建模式和村集体能人推动的置换模式三种类型。

1. 地方政府主导的集中安置模式

政府主导型模式是当前农民集中居住区建设的主要模式，这种模式无论是在建设主体还是建设过程中，都有一定的行政化迹象。从调研情况来看，睢宁县高党村与大丰市恒北村在推进农民集中居住的过程中，地方政府发挥了积极作用，是集中居住区工程建设项目得以成功实施的关键。以高党村为例，其所在的睢宁县政府实施了“全域规划”，将全县400个行政村、2800多个自然村，优化调整为232个集中居住区，高党村就是232个集中居住区之一，也是全县第一个建成并搬迁的集中居住区（图8-6）。新的高党集中居住区占地220亩，总投资1.4亿元，建筑面积9.7万m^2，安置户数660户，通过集中居住增加耕地约500亩。集中居住区采取政府统建为主的方式，统一规划用地，通过建设用地增减挂钩项目实现城乡土地的空间置换，获得土地增值效益，为集中安置区建设提供了资金支持；同时，财政、交通、环保、城管、水利等相关部门负责抓好资金配套、环境整治、道路建设等方面的工作；借黄河故道综合开发的契机，呼应群众心声，全方位推进高党村集中居住，取得了良好成效。

图8-6　高党村政府主导的集中安置房

2. 村集体引导的农户自建模式

村集体引导的农户自建模式以提高农户居住满意度为目标，完善农村基层治理结构，充分发挥农民群众的积极性，实现政府主导建设向政府引导、村民自建为主转变，逐步形成决策民主、建设规范、投入高效、运行安全的建设管理机制，扎实推进农村人居环境建设。盐都区仰徐村在村庄人居环境建设中，充分运用并发挥了该模式的运作路径与特点优势。仰徐村集体自2008年就从整治村容村貌入手，重点实施了道路通达、污水处理、河道治理等惠民工程，村集体出资为农民办理农村新型合作医疗，参保率达100%。在村庄整体环境明显提升的基础上，村集体经法定程序申请报批，统一划定两个集中安置区，同时邀请专业规划机构统一设计集中安置区的整体布局与房屋内部结构，引导农户自筹资金，按照统一规划设计要求自建住房。如今的仰徐是康居示范村，居住条件好，环境美，村民的精神境界也不断提高，真正成了令人向往的美丽乡村（图 8-7）。

图 8-7　仰徐村统一标准的农户自建房

3. 村集体能人推动的置换模式

村集体能人推动的置换模式是由新乡贤、新乡绅或者村庄体制外精英推动实施的集中安置建设。苏北地区由于经济相对落后，很多村两委无法有效提供村庄相关公共服务，难以满足农民对于自身利益保护、乡村状况改善和纠纷调解等需求，一些具有一定经济能力和社会影响力的“新乡贤、新乡绅或者村庄体制外精英”开始在乡村社会中扮演“权威代言人”的作用，他们获得主导村庄治理的支配性地位，形成基层政治中的“能人治村”现象。贾汪区张场村的农村集中区建设是“能人治村”的典型，该村村支书对于村庄的发展具有系统性和前瞻性思考，坚持改善人居环境的发展思路，从 2009 年开始动工推进农村住房条件改善工作，主动协调政府部门及社会各界，共计拆迁 91 户，建成 194 户。在具体实施中，修筑农村道路 8000m、修筑沟渠 600m，添置垃圾桶 200 个、灭火器 150 个、健身器材 2 套、社会主义核心价值观宣传板 50 多块，基础设施建设投入 17 万多元，不仅改善了居民的生活条件，而且节约了 30 余亩地。同时，该村村支书利用其灵活的经济头脑，通过企业引进、特色农产品打造等方式，激活了张场村的农业发展活力。张场村先后获得“省级康居示范村”“江苏省环境整治星级示范村”等多项荣誉称号（图 8-8）。

图 8-8　张场村村集体主导的集中安置房

8.3.3　存在问题分析

（1）人居环境建设的资金可持续性不足

乡村聚落空间重构的资金多由地方财政专项资金支持，渠道相对单一。从睢宁县高党村的集中安置区投资来看，户均投资约 21.21 万元，地方政府与农户共同承担相应建设费用，高党村资金投入的一大优势在于其增减挂钩项目收益相对较好；但苏北其他地区增减挂钩项目的收益并不乐观，政府在财政资金紧张的情况下，难以维持大规模集中区的统一规划与建设，归根结底就是资金问题。此外，农户在拆旧建新过程中也需要承担一定额度的新旧区差价费，这个费用因拆旧区的赔偿额度不同会有一定差异，从高党村、恒北村和张场村来看，农户需承担大 6 万～10 万元的差额费用。但苏北农村经济落后，部分农户无法承担这一部分费用而不得不放弃集中居住区住房。

另外，苏北农村住房相对破旧、居住环境相对较差，农民对改善住房条件的需求迫切，现阶段补偿心理预期相对苏中苏南较低，改造成本相对较低；但随着拆迁工作的推进和农户心理认知的变化，部分农民看到地区赔偿标准的不一致后，形成反差，从而产生“不公平”心理，在未来人居环境建设中可能会有提高其赔偿标准的诉求与行为，这些都无形中增加农村住房条件改善的资金压力，对于大规模农村人居环境建设而言，政府财政的可持续性是一大挑战。

（2）居住区规划选址空间限制性较多

规划的居住区在用地选址上需要科学的论证，对公共环境、基础设施、配套项目、交通条件等需要系统考虑，这对用地空间提出了较多需求。规划居住区选址在土地调整上涉及的面比较大，有的要跨组，甚至跨村调整，这样的调整从目前来看难度较大。一是用地规划和用地计划的制约，农民集中居住区规划和上一轮土地利用总体规划还未衔接，因不能逾越基本农田保护区这条红线，而制约了农民集中居住区工作的推进。同时，农村集中居住区建设用地从 2005 年起纳入地方年度用地计划，这又与经济社会事业发展争挤用地计划。二是土地流转的制约。即使符合用地规划的土地，由于农村两轮土地承包责任制的政策规定，土地调整不可能用行政措施强制推行，土地流转和土地跨村调整工作也很难开展。

（3）农村新居有潜在“小产权房”交易的风险

农村新居是在集体土地上由村里统一规划建房，安置时按本集体经济组织内的成员人口或户数分配住房面积。这种房屋只能供农业人口解决居住问题，土地性质是集体土地宅基地性质，在当前的法律规定下不允许上市交易。但在快速城镇化的背景下，部分农户保持了城乡流动的双栖身份，即在城镇安居就业，同时保持着农村的集体户口身份。农村规划新建的居住区提供的住房外形时尚美观、配套设施一应俱全，且周围环境优美，这在一定程度上会吸引城镇居民的眼光，部分城镇居民可能会通过与农户私下交易的形式，购买农村新建居住区住房，这直接滋生了“小产权房”交易的市场。在实地调研中，已有农户反映了这种“小产权房”交易的现象。如何有效防止该类问题的产生，是农村人居环境建设中需要重点考虑的问题。

（4）产业发展的同质化可能会导致二次空心化

就业是民生之本，是影响拆迁安置工作满意度的重要因素之一。农村劳动力非农化程度高，农民收入结构多元，以工资性收入为主，农民对农业及农村土地的依赖程度日益降低。部分村庄在发展产业时，没有根据当地自然资源、基础条件等实际情况发展农村产业，产业发展凭主观感觉和跟风式建设，如在调研中发现，几乎所有的村庄都提出通过乡村旅游带动村庄产业活力，不可避免带来产业发展的同质化和相互竞争。部分村庄由于缺乏较强实力的龙头企业的带动，导致产业链短、基地分散、规模过小，没有形成一二三产业融合发展格局。调研中发现，部分青壮年因为集中居住区美丽的环境而回到农村，但在农村就业选择上仍较为迷茫。年龄越大，失地农民面临的就业压力往往也越大，由于年龄、知识、技能方面明显处于劣势地位，就业竞争能力低，求职比较困难。产业发展直接关系到农户生活的稳定感和幸福指数，农村人居环境建设应科学规划居住区的产业配套，吸引农村青壮年回流，防止农村新区的二次空心化。

8.3.4 对策建议

（1）多渠道拓宽专项资金投入

推进增减挂钩节余指标省域流转，对苏南经济发达地区来说拓展了用地空间，对苏北贫困地区来说，释放了土地活力，为脱贫攻坚提供了资金保障。节余指标流转收益将全部用于当地脱贫攻坚，为农村人居环境改善、扶贫产业发展提供资金支持。坚持以政府为主导，尝试建立农村人居环境建设专业建设开发公司，全面负责项目的融资、建设、管理和土地复垦，可将项目本身资产及其收益作为还款担保，以土地抵押为主要形式，开展融资。采取“谁投资、谁经营、谁受益”等市场化原则参与投资，以弥补政府在拆迁安置中的“缺位”，从而扩展市场化资金渠道。

（2）因地制宜采取集中安置模式

将政府主导型和村民自建型有机结合起来。政府主导模式的好处在于有政府的推进，建设效率高。但是这一模式使得政府资金负担过重，财政压力大，并且不利于调动农民与村集体的积极性，容易产生政府与农民的矛盾，难以保障农民利益不受损害。村民自建型农户参与程度高，政府资金投入压力小，但对农户自身经济实力有一定要求。在推进人居环境建设过程中，应当将政府主导型和村民自建型有机结合起来，在苏北经济较发达的农村地区实行村民自建为主、政府投入为辅的主导方式；在经济较不发达地区实行政府投入为主、村民自建为辅的主导方式，通过分区、分模式的灵活方式，提高农村人居环境建设的可实施性。

（3）建立村庄居住用地规划协调机制

乡村聚落空间重构是一项社会化系统工程，涉及多领域和多部门，环节多，政策要求高，社会影响大。为提高工作效率，实行科学决策。在居住区规划选址过程中，国土部门应首先基于国土资源数据平台，扣除县城与中心集镇周边后，挑选出一定规模且不占用基本农田、符合条件的现状村庄作为新建居住区备选地块；在此基础上，重点突出主干道沿线的、交通便利、配套便捷的村庄作为主要待选区。同时，主动协调规划、住建部门，并与镇村规划、土地利用总体规划进行有效衔接，进一步争取自然资源部“双挂钩”试点，抓住政策机遇，组织部分有条件、成规模的集中居住区统一上报，争取更多的用地指标。按照“适度集聚、节约用地、有利农业生产、方便农民生活”的原则，充分考虑与基础设施和公共服务设施的协调配套情况，科学规划农村新区。

（4）探索农村居住区多用途开发途径

农村居住区建设是有别于城市房地产开发的一项惠民工程，首先要考虑农民的购买需求与购买能力，千方百计降低建设成本和准入门槛，要灵活用好土地政策，可采取以租代征等方式减少土地成本，也可借鉴部分地区的做法，让群众将宅基地（或承包田）与集中居住区宅基地进行置换，在基本满足农民居住的前提下，拿出一部分土地进入市场经营，增加收入后再反哺集中居住区的设施建设。政府应出台优惠政策，降低办理“两证”的费用，为村民购买集中居住区的住房提供贷款方便；在控制总量和保障农户利益的条件下，可尝试探索允许农村居住区的房屋产权进入市场流转的规范化途径。

（5）构建人地业三位一体规划体系

实施乡村振兴战略的总要求是产业兴旺、生态宜居、乡风文明、治理有效、生活富裕。做大做强农村产业在于引导和推动更多资本、技术、人才等生产要素向农业农村流动，其中最为重要的就是引导人才的流动与集中。人才的集中带来技术的创新、资金的聚集，只有将人紧紧聚集于农村，让年轻人扎根农村，农村产业才能兴旺。在做好农村人居环境硬件建设的同时，必须协调处理好农村人口、土地与产业发展的相互关系。农村人居环境建设应以优化土地结构、改善住房条件为着力点，发展特色农业和农产品加工业，增强农村人口吸引力，形成人地业三位一体规划体系，切实提高农村人居满意度和幸福感。

参 考 文 献

毕硕本，凌德泉，计晗，等. 2017. 郑洛地区史前聚落遗址人居环境宜居度指数模糊综合评价. 地理科学，37（6）：904-911.

陈翠芳，孔雪松，朱思阳，等. 2021. 基于脱钩模型的湖北省乡村人—耕—居变化关联模式分析. 地理与地理信息科学，37（1）：59-65.

陈燕飞，杜鹏飞，郑筱津，等. 2006. 基于 GIS 的南宁市建设用地生态适宜性评价. 清华大学学报：自然科学版，46（6）：801-804.

陈逸敏，李少英，黎夏，等. 2010. 基于 MCE-CA 的东莞市紧凑城市形态模拟. 中山大学学报（自然科学版），49（6）：110-114.

崔宝敏. 2010. 天津市"以宅基地换房"的农村集体建设用地流转新模式. 中国土地科学，24(5)：37-46.

段全猛，李长辉，谭春梅，等. 2021. 宿迁镇村规划建设实践与探索的十年路. 城乡建设，6：53-57.

费孝通. 2008. 乡土中国. 北京：人民出版社.

高红艳. 2006. 社会网络与"新生存空间"的生成. 上海：上海大学.

高燕，叶艳妹. 2004. 农村居民点用地整理的适宜性评价指标体系及方法研究. 土壤，36（4）：365-370.

郭杰，肖善才，欧名豪，等. 2007. 基于参与主体意愿的农村居民点整理现实潜力测算. 中国土地科学，31（10）：86-94.

郭晓东. 2013. 乡村聚落发展与演变——陇中黄土丘陵区乡村聚落发展研究. 北京：科学出版社.

韩高峰，袁奇峰，温天蓉. 2019. 农村宅基地：从资源、资产到资本. 城市规划，43（11）：20-30.

韩茂利. 2017. 十里八邨：近代山西乡村社会地理研究. 北京：生活·读书·新知三联书店.

贺艳华，唐承丽，周国华，等. 2014. 论乡村聚居空间结构优化模式——RROD 模式. 地理研究，33（9）：1716-1727.

贺瑜. 2009. 基于多智能体的土地利用行为研究. 武汉：武汉大学.

侯贺平，刘艳芳，李纪伟，等. 2013. 基于改进辐射模型的乡镇人口流动网络研究. 中国人口·资源与环境，23（8）：107-115.

黄美均，诸培新. 2013. 完善重庆地票制度的思考——基于地票性质及功能的视角. 中国土地科学，27（6）：48-52.

黄木易，岳文泽，冯少茹，等. 2019. 基于 MCR 模型的大别山核心区生态安全格局异质性及优化. 自然资源学报，34（4）：771-784.
黄贤金. 2018. 论土地生态经济学与国土空间用途管制——兼论王万茂教授《土地生态经济学》的学科贡献. 中国土地科学，32（2）：1-5.
黄宗智. 2003. 中国革命中的农村阶级斗争：从土改到文革时期的表达性现实与客观性现实. 北京：商务印书馆.
季民河，Michael M，Miguel A. 2009. 基于多代理模型的城市土地利用博弈模拟. 地理研究，28（1）：85-96.
景楠. 2007. 基于多智能体与 GIS 的城市人口分布预测研究. 北京：中国科学院研究生院.
孔雪松. 2011. 基于元胞自动机与粒子群的农村居民点布局优化. 武汉：武汉大学.
孔雪松，陈俊励，刘殿锋，等. 2021. 农村宅基地退出潜力空间分异与分层协同分区：以湖北省宜城市为例. 资源科学，43（7）：1322-1334.
孔雪松，金璐璐，郄昱，等. 2014. 基于点轴理论的农村居民点布局优化. 农业工程学报，30（8）：192-200.
孔雪松，蒋献佳，刘叶，等. 2020. 国土空间开发强度与资源环境承载时空耦合及规划启示：以江苏省为例. 中国土地科学，34（6）：10-17.
孔雪松，刘艳芳，邹亚锋，等. 2010. 基于农户意愿的农村居民点整理潜力测算与优化. 农业工程学报，26（8）：296-301.
孔雪松，刘耀林，邓宣凯，等. 2012. 村镇农村居民点用地适宜性评价与整治分区规划. 农业工程学报，28（18）：215-222.
孔雪松，王静，金志丰，等. 2019. 面向乡村振兴的农村土地整治转型与创新思考. 中国土地科学，33（5）：95-102.
孔雪松，谢世娇，朱思阳，等. 2019. 湖北省人口—土地—产业城镇化的时空分异与动态耦合分析. 经济地理，39（4）：93-100.
孔雪松，朱思阳，金志丰. 2020a. 国土空间用途管制刚性与弹性的互动逻辑及优化路径. 规划师，36（11）：11-15.
孔雪松，朱芷晴，刘殿锋. 2020b. 江苏省乡村聚落演化的多尺度特征与空间关联性分析. 农业工程学报，36（12）：247-256.
黎夏. 2013. 协同空间模拟与优化及其在快速城市化地区的应用. 地球信息科学学报，15（3）：321-327.
黎夏，叶嘉安，刘小平，等. 2007. 地理模拟系统：元胞自动机与多智能体. 北京：科学出版社.
李金华. 2009. 网络研究三部曲：图论、社会网络分析与复杂网络理论. 华南师范大学学报（社会科学版），2：136-138.
李梦楠，贾振全. 2014. 社会网络理论的发展及研究进展评述. 中国管理信息化，17（3）：133-135.
李新延，李德仁. 2005. 应用多主体系统预测和分析城市用地变化. 武汉大学学报（工学版），38（5）：109-113.
李亚静，孔雪松，何建华，等. 2021. 湖北省乡村地域功能评价与转向特征分析. 中国土地科学，

35（3）：80-88.
梁发超，刘丽惠. 2020. 不同模式下农村宅基地退出的农户选择偏好及其影响因素：基于福建省晋江市的实证分析. 中国农业资源与区划，41（9）：128-135.
梁鹤年. 2021. 自存与共存平衡. 中国投资，7：20-21.
林爱文，庞艳. 2006. 农村居民点用地整理适宜性的递阶模糊评价模型. 武汉大学学报：信息科学版，31（7）：624-627.
刘军. 2004a. 社会网络分析导论. 北京：社会科学文献出版社.
刘军. 2004b. 社会网络模型研究论析. 社会学研究，1：1-12.
刘奇. 2021. 九园之乡：中国乡村的未来. 中国发展观察，1：57-60.
刘守英，王一鸽. 2018. 从乡土中国到城乡中国——中国转型的乡村变迁视角. 管理世界，10：128-232.
刘涛，曹广忠. 2010. 城市用地扩张及驱动力研究进展. 地理科学进展，29（8）：927-934.
刘思源，孔雪松. 2016. 基于村镇空间相互作用关系的村落发展类型识别. 测绘与空间地理信息，39（6）：59-62.
刘艳芳，孔雪松，邹亚锋. 2011. 不同农村居民点整理模式下的耕地潜力评价模型. 武汉大学学报：信息科学版，36（9）：1124-1128.
刘彦随. 2018. 中国新时代城乡融合与乡村振兴. 地理学报，73（4）：637-650.
刘彦随. 2020. 中国乡村振兴规划的基础理论与方法论. 地理学报，75（6）：1120-1133.
刘彦随，周扬，李玉恒. 2019. 中国乡村地域系统与乡村振兴战略. 地理学报，74（12）：2511-2528.
刘耀林. 2007. 从空间分析到空间决策的思考. 武汉大学学报：信息科学版，32（11）：1050-1055.
龙花楼. 2003. 土地利用转型——土地利用/覆被变化综合研究的新途径. 地理与地理信息科学，19（1）：87-90.
龙花楼. 2012. 论土地利用转型与乡村转型发展. 地理科学进展，31（2）：131-138.
卢晖临. 2003. 革命前后中国乡村社会分化模式及其变迁. 北京：商务印书馆.
罗惠，胡守庚，吴思. 2019. 中国土地利用转型研究动态与发展趋势. 中国国土资源经济，32（3）：65-74.
罗平，李全. 2010. 城市土地利用演化预警及政策仿真. 北京：科学出版社.
彭金金，孔雪松，刘耀林，等. 2016. 基于智能体模型的农村居民点空间优化配置. 地理与地理信息科学，32（5）：52-58.
齐增湘，廖建军，徐卫华，等. 2015. 基于 GIS 的秦岭山区聚落用地适宜性评价. 生态学报，35（4）：1274-1283.
仇高尚，梅瑞松. 2019. 深耕农村公共空间 探索乡村振兴路径. 江苏农村经济，11：21-23.
曲衍波，张凤荣，宋伟，等. 2012. 农村居民点整理潜力综合修正与测算——以北京市平谷区为例. 地理学报，67（4）：490-503.
任国平，刘黎明，孙锦，等. 2018. 基于 GRA 和 TOPSIS 模型的都市郊区乡村景观多功能定位. 地理研究，37（2）：263-280.

申端锋，杨盼盼. 2018. 适度积极：乡村振兴的路径优化. 中共天津市委党校学报，5：70-75.

孙华生，黄敬峰，金艳，等. 2007. 基于 GIS 技术的县域居民点空间分布特征分析及其优化布局. 浙江大学学报：农业与生命科学版，33（3）：348-354.

孙建伟，孔雪松，田雅丝，等. 2017. 基于空间组合特征的农村居民点重构方向识别. 地理科学，37（5）：748- 755.

汤放华，汤慧，孙倩，等. 2013. 长江中游城市集群经济网络结构分析. 地理学报，68（10）：1357-1366.

屠爽爽，龙花楼. 2020. 乡村聚落空间重构的理论解析. 地理科学，40（4）：509-517.

屠爽爽，龙花楼，刘永强，等. 2015. 农村居民点整治潜力测算方法研究进展与展望. 自然资源学报，30（11）：1956-1968.

王金岩，何淑华. 2012. 从“树形”到“互动网络”——公交引导下的村镇社区空间发展模式初探. 城市规划，10：68-74.

王凌，刘波. 2008. 微粒群优化与调度算法. 北京：清华大学出版社.

王万茂. 2006. 土地利用规划学. 北京：科学出版社.

王文博，蔡运龙. 2008. 城镇化水平差异的模糊综合评价——以西安市临潼区为例. 人文地理，99（1）：48-51.

魏艺. 2019. “韧性”视角下乡村社区生活空间适应性建构研究. 城市发展研究，26（11）：50-57.

吴传钧. 1991. 论地理学的研究核心——人地关系地域系统. 经济地理，11（3）：1-5.

武前波，俞霞颖，陈前虎. 2017. 新时期浙江省乡村建设的发展历程及其政策供给. 城市规划学刊，6：76-86.

夏周青. 2010. 农村城镇化与社区建设：统筹城乡发展的两大路径. 理论学刊，196（6）：72-75.

宣慧玉，张发. 2008. 复杂系统仿真及应用. 北京：清华大学出版社.

杨忍，张菁，徐茜，等. 2021. 城乡融合视角下农村闲置建设用地拆旧复垦的资本化效应：以广东省为例. 地理科学进展，40（1）：114-123.

易钢. 1998. 毛泽东、邓小平对中国传统重农思想的新发展. 毛泽东思想研究，6：64-68.

余强毅，吴文斌，唐华俊，等. 2011. 复杂系统理论与 Agent 模型在土地变化科学中的研究进展. 地理学报，66（11）：1518-1530.

禹文豪，艾廷华. 2015. 核密度估计法支持下的网络空间 POI 点可视化与分析. 测绘学报，44（1）：82-90.

张鸿辉，曾永年，金晓斌，等. 2008. 多智能体城市土地扩张模型及其应用. 地理学报，2008，63（8）：869-881.

张军，詹志辉. 2009. 计算智能. 北京：清华大学出版社.

张琴，张友静，张滔. 2012. 改进的案例推理 CA 模型及土地覆盖变化模拟. 地理与地理信息科学，28（3）：59-62.

张维迎. 2004. 博弈论与信息经济学. 上海：上海人民出版社.

张衍毓，刘彦随，王业侨. 2009. 统筹城乡视角下村庄整治建设的模式与途径：以三亚市为例. 地理科学进展，28（6）：977-983.
赵建吉，刘岩，朱亚坤，等. 2020. 黄河流域新型城镇化与生态环境耦合的时空格局及影响因素. 资源科学，42（1）：159-171.
赵之枫. 2001. 城市化加速时期村庄集聚及规划建设研究. 北京：清华大学.
钟一文. 2005. 智能优化方法及其应用研究. 杭州：浙江大学.
周成虎，孙战利，谢一春. 1999. 地理元胞自动机研究. 北京：科学出版社.
周洁，姚萍，黄贤金，等. 2013. 基于模糊物元模型的南京市失地农民可持续生计评价. 中国土地科学，27（11）：72-79.
朱彬，尹旭，张小林. 2015. 县域农村居民点空间格局与可达性——以江苏省射阳县为例. 地理科学，35（12）：1560-1567.
朱晓翔，朱纪广，乔家君. 2016. 国内乡村聚落研究进展与展望. 人文地理，31（1）：33-41.
宗跃光，王蓉，汪成刚，等. 2007. 城市建设用地生态适宜性评价的潜力—限制性分析——以大连城市化区为例. 地理研究，26（6）：1117-1126.
Bousquet F，Page C L. 2004. Multi-agent simulations and ecosystem management：A review. Ecological Modelling，176：313-332.
Boyd M. 1989. Family and personal networks in international migration：Recent developments and new agendas. International Migration Review，23（3）：638-680.
Brown D G，Riolo R，Robinson D T，et al. 2005. Spatial Process and data models：Toward integration of agent-based models and GIS. Journal of Geographical Systems，7：25-47.
Carpenter S，Walker B，Anderies J M，et al. 2001. From metaphor to measurement：Resilience of what to what? Ecosystems，4（8）：765-781.
Cassidy L，Barnes G D. 2012. Understanding household connectivity and resilience in marginal rural communities through social network analysis in the village of Habu，Botswana. Ecology & Society，17（4）：97-114.
Caulfield M，Bouniol J，Fonte S J，et al. 2019. How rural out-migrations drive changes to farm and land management：A case study from the rural Andes. Land Use Policy，81（2）：594-603.
Chen H X，Zhao L M，Zhao Z Y. 2017. Influencing factors of farmers' willingness to withdraw from rural homesteads：A survey in Zhejiang，China. Land Use Policy，68：524-530.
Choldin H M. 1973. Kinship networks in the migration process. International Migration Review，7（2）：163-175.
Daraganova G，Pattison P，Koskinen J，et al. 2012. Networks and geography：Modelling community network structures as the outcome of both spatial and network processes. Social Networks，34（1）：6-17.
Day A. 2008. The end of the peasant？New rural reconstruction in China. Boundary 2，35（2）：49-73.
Erath A，Löchl M，Axhausen K W. 2009. Graph-theoretical analysis of the Swiss road and railway networks over time. Networks and Spatial Economics，9（3）：379-400.

Ettema D. 2011. A multi-agent model of urban processes：modelling relocation processes and price setting in housing markets. Computers，Environment and Urban Systems，35（1）：1-11.

Faust K, Entwisle B, Rindfuss R R, et al. 2000. Spatial arrangement of social and economic networks among villages in nang rong district，thailand. Social Networks，21（4）：311-337.

Flávia F F，Quang B L，Paul L G V. 2011. Multi-agent simulator for urban segregation（MASUS）：A tool to explore alternatives for promoting inclusive cities. Computers，Environment and Urban Systems，35（2）：104-115.

Folke C. 2006. Resilience：The emergence of a perspective for social-ecological systems analyses. Global Environmental Change-Human and Policy Dimensions，16（3）：253-267.

Gao M. 1999. Gao village：A portrait of rural life in modern China. Hawaii：University of Hawaii Press.

Getis A，Ord J K. 1992. The analysis of spatial association by use of distance statistics. Geographic Analysis，24（3）：189-206.

Gibbins N，Harris S，Shadbolt N. 2004. Agent-based semantic web services. Web Semantics：Science，Services and Agents on the World Wide Web，1：141–154.

Golledge R，Stimson R. 1997. Spatial behavior：A geographic perspective. New York：The Guilford Press.

Heijman W J M，Hagelaar J L F，van der Hiede M. 2007. Rural resilience as a new development concept. Paper presented at the Development of Agriculture and Rural Areas in Central and Eastern Europe. Proceedings of 100th Seminar of EAEE，Novisad，Serbia.

Hoang L A, Castella J C, Novosad P. 2006. Social networks and information access：Implications for agricultural extension in a rice farming community in northern Vietnam. Agriculture and Human Values，23（4）：513-527.

Illenberger J，Nagel K，Flötteröd G. 2013. The role of spatial interaction in social networks. Networks and Spatial Economics，13（3）：255-282.

Janson S，Merkle D. 2005. A new multi-objective particle swarm optimization algorithm using clustering applied to automated docking. Paper presented at the In Hybrid Metaheuristics，Second International Workshop，Springer Lecture Notes in Computer Science.

Jantz C A, Goetz S J, Donato D, et al. 2010. Designing and implementing a regional urban modeling system using the SLEUTH cellular urban model. Computers，Environment and Urban Systems，34：1-16.

Jin E，Girvan M，Newman M. 2001. Structure of growing social networks. Physical Review E，64（4）：046132.

Keith H，Angel P. 2001. What rural restructuring? Journal of Rural Studies，17：41-62.

Kelly C, Ferrara A, Wilson G A, et al. 2015. Community resilience and land degradation in forest and shrubland socio-ecological systems：Evidence from Gorgoglione，Basilicata，Italy. Land Use

Policy，46：11-20.

Kim G，Kang W，Lee J. 2020. Knowledge structures and components of rural resilience in the 2010s：Conceptual development and implications. Sustainability，12（22）：9769.

Kong X，Liu D，Tian Y，et al. 2021. Multi-objective spatial reconstruction of rural settlements considering intervillage social connections. Journal of Rural Studies，84：254-264.

Kong X，Liu Y，Jiang P，et al. 2018. A novel framework for rural homestead land transfer under collective ownership in China. Land Use Policy，78：138-146.

Kong X，Liu Y，Liu X，et al. 2014. Thematic maps for land consolidation planning in Hubei Province，China. Journal of Maps，10（1）：26-34.

Le Q B，Park S J，Vlek P L G. 2010. Land use dynamic simulator（ludas）：A multi-agent system model for simulating spatio-temporal dynamics of coupled human-landscape system：2. Scenario-based application for impact assessment of land-use policies. Ecological Informatics，5（3）：203-221.

Li X. 2003. A non-dominated sorting particle swarm optimizer for multi-objective optimization. Lecture Notes in Computer Science，2723：37-48.

Li X，Yang Q，Liu X. 2008. Discovering and evaluating urban signatures for simulating compact development using cellular automata. Landscape and Urban Planning，86（2）：177-186.

Li Y，Kong X，Zhu Z. 2020. Multiscale analysis of the correlation patterns between the urban population and construction land in China. Sustainable Cities and Society，61：102326.

Ligtenberg A，van Lammeren R J A，Bregt A K，et al. 2010. Validation of an agent-based model for spatial planning：A role-playing approach. Computers Environment and Urban Systems，34（5）：424-434.

Ligtenberg A，Wachowicz M，Bregt A K，et al. 2004. A design and application of a multi-agent system for simulation of multi-actor spatial planning. Journal of Environmental Management，72（1-2）：43-55.

Limtanakool N，Dijst M，Schwanen T. 2007. A theoretical framework and methodology for characterising national urban systems on the basis of flows of people：Empirical evidence for France and Germany. Urban Studies，44（11）：2123-2145.

Liu D，Kong X，Zhou B，et al. 2019. Spatial optimization of rural settlement relocation by incorporating inter-village social connections under future policy scenarios. Transactions in GIS，23：688-704.

Liu X P，Li X，Ye GO. 2006. Multi-agent systems for simulating spatial decision behaviors and land-use dynamics. Science in China（Series D：Earth Sciences），49（11）：1184-1194.

Liu Y，Kong X，Liu Y，et al. 2013. Simulating the conversion of rural settlements to town land based on multi-agent systems and cellular automata. PLoS One，8（11）：e79300.

Liu Y，Li Y. 2017. Revitalize the world’s countryside. Nature，548：275-277.

Long H，Liu Y. 2016. Rural restructuring in China. Journal of Rural Studies，47：387-391.

Long H，Tu S，Ge D，et al. 2016. The allocation and management of critical resources in rural China under restructuring：Problems and prospects. Journal of Rural Studies，47：392-412.

Long H，Zou J，Pykett J，et al. 2011. Analysis of rural transformation development in China since the turn of the new millennium. Applied Geography，31（3）：1094-1105.

López J R，Schellekens M P，Valero O. 2009. An extension of the dual complexity space and an application to Computer Science. Topology and its Applications，156：3052–3061.

Luna F，Stefansson B. 2004. Economic Simulation in Swarm：Agent-based modelling and object oriented programming. Beijing：Social Sciences Documentation Publishing House.

Magliocca N，Safirova E，McConnell V，et al. 2011. An economic agent-based model of coupled housing and land markets（chalms）. Computers，Environment and Urban Systems，35（3）：183-191.

Marco L S，David M，Claude M. 2010. Discovering Semantic Web services using SPARQL and intelligent agents. Web Semantics：Science，Services and Agents on the World Wide Web，8：310-328.

Marsden T. 1996. Rural geography trend report：The social and political bases of rural restructuring. Progress in Human Geography，20（2）：246-258.

Mena C F，Walsh S J，Frizzelle B G，et al. 2011. Land use change on household farms in the Ecuadorian Amazon：Design and implementation of an agent-based model. Applied Geography，31（1）：210-222.

Milbourne P，Kitchen L. 2014. Rural mobilities：Connecting movement and fixity in rural places. Journal of Rural Studies，34：326-336.

Mok D，Wellman B，Basu R. 2007. Did distance matter before the Internet：Interpersonal contact and support in the 1970s. Social Networks，29（3）：430-461.

Mostaghim S，Teich J. 2003. Strategies for finding good local guides in multi-objective particle swarm optimization（MOPSO）. Paper presented at the In Proceedings of the 2003 IEEE Swarm Intelligence Symposium.

Mulligan G. 1984. Agglomeration and central place theory：A review of the literature. International Regional Science Review，9（1）：1-42.

Oberhauser A M. 2016.（Re）constructing rural–urban spaces：Gendered livelihoods，migration，and natural resources in South Africa. GeoJournal，81：489-502.

Pan J，Du J. 2011. Alternative responses to ‘the modern dream’：The sources and contradictions of rural reconstruction in China. Inter-Asia Cultural Studies，12（3）：454-464.

Parsopoulos K E，Vrahatis M N. 2002. Particle swarm optimization method in multi-objective problems. Paper presented at the In Proceedings of the 2002 ACM Symposium on Applied Computing（SAC’2002）.

Parzen E. 1962. On estimation of a probability density function and mode. Annals of Mathematical

Statistics，33（3）：1065-1076.

Paton D，Millar M，Johnston D. 2001. Community resilience to volcanic hazard consequences. Natural Hazards，24（2）：157-169.

Porta J，Parapar J，Doallo R，et al. 2013. High performance genetic algorithm for land use planning. Computers，Environment and Urban Systems，37（6）：45-58.

Ray T，Liew K M. 2002. A swarm metaphor for multi-objective design optimization. Engineering Optimization，34：141-153.

Robinson P S. 2003. Implications of rural settlement patterns for development：A historical case study in qaukeni，eastern cape，South Africa. Development Southern Africa，20（3）：405-421.

Rosenblatt M. 1956. Remarks on some nonparametric estimates of a density function. Annals of Mathematical Statistics，27（3）：832-837.

Russell B H. 2005. The Development of Social Network Analysis：A Study in the Sociology of Science. Social Networks，27（4）：377-384.

Santé I，García A M，Miranda D，et al. 2010. Cellular automata models for the simulation of real-world urban processes：A review and analysis. Landscape And Urban Planning，96（2）：108-122.

Shi Y，Eberhart R C. 1998. Modified Particle Swarm Optimizer. Paper presented at the Proceeding of the IEEE International Conference on Evolutionary Computation.

Simini F，Gonzalez M C，Maritan A，et al. 2012. A universal model for mobility and migration patterns. Nature，484（7392）：96-100.

Skerratt S. 2013. Enhancing the analysis of rural community resilience：Evidence from community land ownership. Journal of Rural Studies，31：36-46.

Smith W，Davies C C，Mackay A，et al. 2011. Social impact of the 2004 Manawatu floods and the ‘hollowing out’ of rural New Zealand. Disasters，35（3）：540-553.

Stewart C. 1958. The urban rural dichotomy：Concepts and uses. American Journal of Sociology，64：152-158.

Symanzik J. 2013. Exploratory Spatial Data Analysis. Handbook of Regional Science. Berlin：Springer.

Tian G，Ouyang Y，Quan Q，et al. 2011. Simulating spatiotemporal dynamics of urbanization with multi-agent systems—a case study of the Phoenix metropolitan region，USA. Ecological Modelling，222（5）：1129-1138.

Tian Y，Kong X，Liu Y. 2018. Combining weighted daily life circles and land suitability for rural settlement reconstruction. Habitat International，76：1-9.

Tian Y. Kong X，Liu Y，et al. 2016. Restructuring rural settlements based on an analysis of inter-village social connections：A case in Hubei Province，Central China. Habitat International，57：121-131.

Tietenberg T. 1992. Enviromental and natural resources. New York：Harper Collins.

Tsai S，Sun T，Liu C，et al. 2010. An improved multi-objective particle swarm optimizer for multi-objective problems. Expert Systems with Applications，37（8）：5872-5886.

Valbuena D，Verburg P H，Bregt A K，et al. 2010. An agent-based approach to explore the effect of voluntary mechanisms on land use change：A case in rural Queensland，Australia. Journal of Environmental Management，91（12）：2615-2625.

Valencia S C，Flanders D N，Kozak R A. 2010. Participatory landscape planning and sustainable community development：Methodological observations from a case study in rural Mexico. Landscape And Urban Planning，94（1）：63-70.

Wang C，Huang B，Deng C，et al. 2016. Rural settlement restructuring based on analysis of the peasant household symbiotic system at village level：A casestudy of Fengsi Village in Chongqing，China. Journal of Rural Studies，47：485-495.

Woods M. 2009. Rural geography：Blurring boundaries and making connections. Progress in Human Geography，33（6）：849-858.

Woods M. 2011. Rural. London and New York：Routledge.

Woods M. 2012. Rural geography Ⅲ rural futures and the future of rural geography. Progress in Human Geography，36（1）：125-134.

Wooldridge M，Jennings N R. 1995. Intelligent agents：Theory and practice. Knowledge Engineering Review，10（2）：115-152.

Wu F，Webster C J. 1998. Simulation of land development through the integration of cellular automata and multi-criteria evaluation. Environment and Planning B，25：103-126.

Xia C，Wang H，Zhang A，et al. 2018. A high-performance cellular automata model for urban simulation based on vectorization and parallel computing technology. International Journal of Geographical Information Science，32（2）：399-424.

Zhang H，Wang Y J，Liu C Z. 2007. Research on evaluation of degree of complexity of mining fault network based on GIS. Journal of China University of Mining & Technology，17（1）：63-67.

Zhang H，Zeng Y，Bian L，et al. 2010. Modelling urban expansion using a multi agent-based model in the city of Changsha. Journal of Geographical Sciences，20（4）：540-556.

Zhu S，Kong X，Jiang P. 2020. Identification of the human-land relationship involved in the urbanization of rural settlements in Wuhan city circle，China. Journal of Rural Studies，77：75-83.

Zhu Z，Kong X，Li Y. 2020. Identifying the static and dynamic relationships between rural population and settlements in Jiangsu Province，China. Chinese Geographical Science，30（5）：810-823.